被误解的马其诺防线

1940年法国崩溃前的抵抗

翁伟力 编著

台海出版社

图书在版编目（CIP）数据

被误解的马其诺防线 ：1940 年法国崩溃前的抵抗 / 翁伟力编著. -- 北京 ：台海出版社，2022.1

ISBN 978-7-5168-3178-6

Ⅰ. ①被… Ⅱ. ①翁… Ⅲ. ①防御－工事－法国 Ⅳ. ①E951.1

中国版本图书馆 CIP 数据核字（2021）第 259166 号

被误解的马其诺防线：1940 年法国崩溃前的抵抗

编　　著：翁伟力

出 版 人：蔡　旭　　责任编辑：戴　晨
装帧设计：杨静思　　策划编辑：王晓兰 朱章凤

出版发行：台海出版社
地　　址：北京市东城区景山东街 20 号　　邮政编码：100009
电　　话：010－64041652（发行，邮购）
传　　真：010－84045799（总编室）
网　　址：www.taimeng.org.cn/thcbs/default.htm
E－mail：thcbs@126.com

经　　销：全国各地新华书店
印　　刷：重庆长虹印务有限公司
本书如有破损、缺页、装订错误，请与本社联系调换

开　　本：787毫米×1092毫米　　1/16
字　　数：300千　　印　　张：18.5
版　　次：2022年1月第1版　　印　　次：2022年1月第1次印刷
书　　号：ISBN 978-7-5168-3178-6

定　　价：99.80元

缩略词对照表

缩略词	法语	英语	中文
A	Ouvrage	Military designation, as inA19	要塞，军事编号
AA		Anti-aircraft	防空
AC	Anti-char	Anti-tank	反坦克
AC47	Anti-char 47	47mm anti-tank gun	47 毫米反坦克炮
AM	Armes-Mixtes	Mixed arms turret or cloche	混合武备炮塔或钟型塔
AP	Avant-Poste	Advanced post	前沿哨所
AR		Artillery Regiment (German)	炮兵团（德军）
BAF	Bataillon Alpin de Forteresse	Alpine Fortress Battalion	阿尔卑斯要塞营
BCA	Bataillon des Chasseurs Alpins	Light Alpine Infantry Battalion	阿尔卑斯轻步兵营
BCC	Brigade de Char de Combat	Tank Brigade	坦克旅
BCHM	Bataillon de Chasseurs de Haute Montagne	Light Alpine Mountain Infantry Battalion	阿尔卑斯高山轻步兵营
BCM	Bataillon de Chasseurs Mitrailleurs	Light Infantry Machine-gun Battalion	轻步兵机枪营
BCP	ataillon de Chasseurs à pied	Light Infantry Battalion	轻步兵营
BCPyr	Bataillon de Chasseurs Pyrénéens	Light Pyrenean Infantry Battalion	比利牛斯轻步兵营
BEF		British Expeditionary Force	英国远征军
BM	Bataillon Mitrailleuse	Machine-gun Battalion	机枪营
C	Casemate	Military designation, as in C24	炮台，军事编号
CAF	Corps d'Armée de Forteresse	Fortress Army Corps	要塞军
CDF	Commision de Défense de la Frontière	Commission for the Defence of the Frontier	边境防御委员会
CDT	Commission de Défense du Territoire	Commision for the Defence of the Homeland	国土防御委员会
CEC	Compagnie d'Équipages de Casemates	Casemate Crew Company	炮台守军连
CEO	Compagnie d'Équipages d'Ouvrages	Fortress Crew Company (French)	要塞守军连（法军）
CEZF	Commission d'Étude des Zones Fortifées	Commission for the Study of the Fortifed Zones	要塞区域研究委员会
CM	Compagnie de Mitrailleuses	Machine-gun Company	机枪连
CORF	Commission d'Organisation des Régions Fortifées	Commission for the Organization of the Fortifed Regions	筑垒地域组织委员会

缩略词	法语	英语	中文
CSG	Conseil Supérieure de Guerre	Supreme War Council	最高战争委员会
DBAF	Demi-Brigade Alpin de Forteresse	Alpine Fortress Half-Brigade	阿尔卑斯要塞半旅
DCA	Défense Contre-Avions	Anti-air defences	对空防御
DI	Division d'Infanterie	Infantry Division (French regular)	步兵师（法军常规部队）
DIF	Division d'Infanterie de Forteresse	Fortress Infantry Division	要塞步兵师
DIM	Division d'Infanterie Motorisée	Motorized Infantry Division (French regular)	摩托化步兵师（法军常规部队）
DINA	Division d'Infanterie Nord-Afrique	North African Infantry Division	北非步兵师
DLC	Division Légère de Cavalerie	Light Cavalry Division (French)	轻骑兵师（法军）
DLM	Division Légère Mécanisé	Light Mechanized Division	轻型机械化师
DM	Division de Marche	Marching Division	行进师
EH	Entrée d'Hommes	Troop (men's) entrance	人员入口
EM	Entrée de Munitions	Entrance for munitions and supplies	弹药入口
FCR	Fortifcation de Campagne Renforcée	Reinforced field blockhouses	加强野战隔段工事
FM	Fusil-mitrailleuse	Automatic rife	自动步枪
GA	Groupes d'Armées (GA1, GA2, etc.)	Army Groups (French)	陆军集团军群（法军）
GFM	Guetteur-Fusil-Mitailleuse	Cloche for sentry with automatic rife	自动步枪哨戒钟型塔
GO	Gros-Ouvrage	Large artillery fort	大型炮兵要塞
GQG	Grand Quartier Général	General Headquarters (French)	最高统帅部（法军）
GRCA	Groupe de Reconnaissance de Corps d'Armée	Corps Reconnaissance	军属侦察队
GRDI	Groupe de Reconnaissance de Division d'Infanterie	Divisional Reconnaissance	师属侦察队
GRM	Garde Républicaine Mobile	Mobile Republican Guard (French border)	机动共和国卫队（法国边境）
ID		Infantry Division (German)	步兵师（德军）
IR		Infantry Regiment (German)	步兵团（德军）
IRGD	Infanterie-Regiment Grossdeutschland	Grossdeutschland Infantry Regiment (German)	大德意志步兵团（德军）
JM	Jumelages de Mitrailleuses	Paired machine guns	双联装机枪
LG	Lances-Grenades	Grenade launcher cloche	榴弹发射器钟型塔
M	Magasin (M1, M2, M3)	Munitions magazines	弹药库

缩略词	法语	英语	中文
MAC	Manufacture d'Armes de Chattelerault		查特勒尔特兵工厂
MF	Maison Forte	Fortifed dwelling	要塞工事房
MLR	Ligne Principale de Resistance (LPR)	Main line of resistance	主防御带
MOM	Main d'Oeuvres Militaire	Military construction	军事建设
NATO		North Atlantic Treaty Organization	北大西洋公约组织
NCO	Sous-Offcier	Non-commissioned Offcer	士官
O	Observatoire	Military designation–observatory, as in O12	观察哨，军事编号
PA 1,2,etc.	Points d'Appuis	Strongpoints–forward outposts	前哨站
PAF	Points d'appui fortifés	Fortifed strongpoints	永备支撑点
PAL	Position Avancée de Longwy	Advanced Position of Longwy	隆维前哨点
PC	Poste de Commande	Command Post	指挥所
Pi.		Pioneer (German)	工兵（德军）
PJ	Panzerjäger	Tank Hunter (German)	坦克猎手（德军）
PO	Petit-Ouvrage	Small infantry fort	小型步兵要塞
R	Raccourci, as in 75mm Raccourci	Gun with shortened barrel	短管炮
RA	Régiment d'Artillerie	Artillery Regiment	炮兵团
RAC	Régiment d'Artillerie Coloniale	Colonial Artillery Regiment	殖民地炮兵团
RAF	Régiment d'Artillerie de Forteresse	Fortress Artillery Regiment (French)	要塞炮兵团（法军）
RALA	Régiment d'Artillerie Lourde d'Armée	Heavy Artillery Regiment	重炮兵团
RAM	Régiment d'Artillerie Motorisée	Motorized Artillery Regiment (Mobile)	摩托化炮兵团（机动）
RAMF	Régiment d'Artillerie de Forteresse Motorisée	Motorized Fortress Artillery Regiment (Mobile)	摩托化要塞炮兵团（机动）
RAP	Régiment d'Artillerie de Position	Positional Artillery Regiment (French)	阵地炮兵团（法军）
RATT	Régiment d'artillerie tous terrains	Artillery Regiment –All Terrain	全地形炮兵团
RDP	Régiment de Dragoons Portés	Dragoon Regiment (Motorized)	龙骑兵团（摩托化）
RF	Région Fortifée	Fortifed Region	筑垒地域
RI	Régiment d'Infanterie	Infantry Regiment (French regular)	步兵团（法军常规部队）

缩略词	法语	英语	中文
RIC	Régiment d'Infanterie Coloniale	Colonial Infantry Regiment	殖民地步兵团
RIF	Régiment d'Infanterie de Forteresse	Fortress Infantry Regiment (French)	要塞步兵团（法军）
RM	Région Militaire	Military Region, as in a type of blockhouse	地方性军事要塞
RMIC	Régiment de mitrailleurs d'infanterie colonial	Colonial Machine-gun Regiment (French)	殖民地机枪团（法军）
RMIF	Régiment de mitrailleurs d'infanterie de forteresse	Fortress Machine-gun Regiment (French)	要塞机枪团（法军）
RRT	Régiment Régional de Travailleurs	Regional Labour Regiment (French)	地方工人团（法军）
S	Section	120mm interval feld artillery battery in SF Haguenau, S1, S2, etc.	阿格诺要塞区的 120 毫米间隔野战炮兵连
S/S	Sous-Secteur	Sub-Sector of a SF	次级要塞区
SAA	Schwere Artillerie Abteilung	Heavy Artilley Detachment (German)	重炮营（德军）
SD	Secteur Défensive	Defensive Sector	防御区域
SES	Section d'Éclaireurs skieurs	Ski patrols in theAlps	阿尔卑斯山区滑雪巡逻队
SF	Secteur Fortifé	Fortifed Sector	要塞区
SFBR	Secteur Fortifé Bas-Rhin	A type of blockhouse along the Rhine–Type SFBR	莱茵河沿岸防御隔段工事
SRA	Service de Renseignements d'Artillerie	Artillery information service	炮兵信息处理区
SRI	Service de Renseignements d'Infanterie	Infantry information service	步兵信息处理区
SRO	Service de Renseignements d'Ouvrage	Ouvrage information service	要塞信息处理区
STG	Section Technique du Génie	Engineering Technical Section	工程技术部
TM	Tourelles Mitrailleuse	Machine-gun turret	机枪炮塔
TSF	Transmissions sans fls	Wireless radio (French)	无线传输（法军）
UEC	Unités d'Équipages de Casemate	CasemateTeams (SFVosges)	炮台单位（孚日要塞区）
VA	Vorausabteilung	Advanced Detachment (German)	先遣部队（德军）
VDP	Vision Direct et Periscopique	Cloche for periscope and direct vision	折射观察和直接观察钟型塔
VP	Vision Periscopique	Cloche for periscope	折射观察钟型塔

目 录

概论

“从5月10日起，我们就是一群住在同一个壳里的蜗牛，与世隔绝，我们生活在永不休止的戒备状态（qui-vive）中——无止境的警戒，孤立无援，还有随时可能被活埋的沮丧感。”

这段话出自原马其诺防线克鲁斯内斯（Crusnes）要塞区西克鲁斯内斯炮台（Casemate Crusnes Ouest，也称为C24炮台）观察员克劳德－阿曼德·马森（Claude-Armand Masson）的回忆录《无用的前一天》（*La Veille Inutile*），它算得上是对数以万计有名或无名的马其诺防线老兵的战时经历的一个高度概括。事实上，马其诺防线守军从未有过关上装甲门和百叶窗并置身战争之外的奢侈生活，从5月12—13日夜间隆美尔（Rommel）的第7装甲师在比利时胡尔（Houx）渡过默兹河（Mosa）起，马其诺防线守军就开始经历战争的残酷，甚至比那些参加野战的常规部队士兵经历的痛苦更多。他们和常规部队一样被坦克击中，同样遭到重炮轰击，同样被手榴弹、步枪和机枪攻击，并同样遭到飞机轰炸。混凝土墙也不能使痛苦和死亡减少分毫。他们中有人在德军的坦克和高射炮将混凝土要塞打得千疮百孔时被炸成齑粉，也有人在弹尽粮绝后选择了举手投降，还有人选择为了守护马其诺防线守军的尊严而坚持到了战争的“最后”——停战协定规定的停火时间。

马其诺防线从过去起一直被神话和误解所包围，在战后相当长一段时间里，很多关于法兰西战役的历史记载中都鲜有发生在马其诺防线上以及围绕其展开的战斗的相关内容。有一种相当普遍的观点是，马其诺防线的构筑和防御耗费巨大却毫无价值，是历史上最大的军事错误之一。得出这样的恶评看似非常顺理成章——马其诺防线被包抄，法国在 6 个星期内就沦陷了。然而德军为了突破并摧毁马其诺防线，在战斗中几乎使出了“十八般武艺”，除了将包括 210 毫米、305 毫米和 420 毫米等口径在内的攻城炮拉上前线，还动用了包括在西班牙内战中逞凶一时的 Ju–87 “斯图卡”（德语：Sturzkampfflgzeug，意为“俯冲轰炸机”）俯冲轰炸机和 88 毫米高射炮。Ju–87 可以挂载重磅炸弹对要塞工事进行精确的俯冲轰炸，投掷的成吨炸弹命中要塞时，爆炸的巨大威力震撼大地，并将人驱赶到地下深处。由德国空军炮组操作的 88 毫米高射炮能将军事工程师所使用过的最坚固的建筑材料制成的钢筋混凝土整个撕碎，该炮配装的设计用于打击空中飞机的高初速防空炮弹从近距离将混凝土和钢筋一截截切碎，甚至能将一些要塞工事的厚钢制墙壁撕得粉碎。在德军空地一体的打击下，历经 10 年时间精心规划建造的要塞炮台被打得面目全非。当然它们也许有可能坚持更长一段时间——身为战争英雄的战争部长安德烈·马其诺（André Maginot，1877—1932 年）为建设防线而奔走呼吁时，他绝不会想到自己计划中的铜墙铁壁最终会变成一件“残次品”。受制于预算等因素，计划中防线的规模和长度都被缩减，多隔段炮兵要塞变成小型步兵要塞，成对的炮台变成单炮台，单炮台则被削减，最后取而代之的是建造了一个没有装甲射击孔的薄弱隔段工事。这样持续的削弱留下的是一条不仅缺乏凝聚力同时缺乏纵深和火力的断裂防线。这些射击区域的缺漏和要塞防线上几处区域的缺口使德国人得以包围和消灭其中较弱的隔段工事，从而导致莫伯日（Maubeuge）要塞区的陷落和阿登（Ardennes）、默兹河、萨尔（Saar）、孚日山脉（Vosges Mountains）等地和之后实力较强的莱茵河（Rhine）地区防御的瓦解。

法军内部的混乱无序对马其诺防线守军而言同样致命。6 月 12 日，法军正在节节败退。德军从 6 月 5 日开始实施“红色计划”（Case Red）。为了保存有生力量，6 月 13 日，法军配属给马其诺防线的部队从马其诺防线要塞间隔中撤出，加入向南转进的队伍。而马其诺防线上的要塞区指挥官则接到命令，称从 6 月 13 日起部分马其诺防线要塞部队将转为行进部队，6 月 14—17 日，马其诺防线各要塞将分 3 个阶段被破坏然后放弃。要塞部队对这一命令的反应是难以置信、震惊、愤怒、悲伤以及绝望，有人诅咒千里之外的将军和政治家们，另一些人则在啜泣或者安慰那些啜泣的人。作为男人，他们无法想象他们将摧毁他们的战舰并放弃它，更重要的是，作为军人的他们在训练如何依托防线作战时所花费的不计其数的时间和法国人民寄托在防线上的希望全都化为乌有。但到了6月17日，法军最高统帅部看到了利用马其诺防线牵制可观数量德军部队从而让法军主力撤退的机会，遂下令此时还坚守在马其诺防线的守军竭尽所能多坚守一段时间。虽然命令无常，但剩余守军在接下来的8天里做到了“坚守到底”，在为撤往南方的法军部队进行殿后作战的同时承受住了德军攻城炮以及突击部队可怕的猛攻。

在南线，法军取得了完胜，阿尔卑斯地区的军队击退了意大利军队一波接一波试图突破狭窄关隘直捣尼斯（Nice）的坦克和步兵的攻势。在位于芒通（Menton）的法意边境线上的圣路易斯桥（Pont Saint–Louis）上，9名驻守在狭小岗哨内的守军挫败了意大利人沿着狭长海岸公路推进的所有企图。阿尔卑斯地区的马其诺防线炮兵打得有声有色，每次都能准确命中意大利军队，没有一个主要要塞被攻破。位于最偏远哨所的守军在夜间或大雾中经历了无止境的恐惧，但攻打他们的进攻者们一次次被邻近要塞的炮火驱走。这就是马其诺防线的预设作战方式：出色的枪炮设计、迅捷的通信和观察的有机结合，共同反击一切敌军的行动。由于地形因素，阿尔卑斯地区的战术状况与北部大不相同，但这并没有削弱要塞守军一次次拯救前哨部队的勇气和决心。

在北部，费尔蒙特（Fermont）要塞抵挡住了多轮进攻，阿施巴赫（Aschbach）和奥博洛德恩（Oberroedern）炮台遭到德军猛烈打击，德军工兵站在了入口外，但邻近的朔恩伯格（Schoenenbourg）和霍赫瓦尔德（Hochwald）要塞的炮火将他们驱赶，迫使其后撤，并取消了之后所有的进攻。6月末，米歇尔斯伯格（Michelsberg）和韦尔奇山（Mont des Welches）成了考虑不周的进攻的目标，邻近的伯莱（Boulay）要塞的枪炮火力挫败了德军工兵所有向前推进的企图。在福尔屈埃蒙（Faulquemont）要塞区，巴姆贝斯赫（Bambesch）要塞和科尔芬特（Kerfent）要塞在遭到重创后宣布投降，但邻近的洛德雷方（Laudrefang）和特丁（Téting）在情况始终没有好转的情况下一直坚守到停战也没有打白旗投降。从最小的隔段工事到最大的要塞，类似的故事还有很多。

6月22日后，唯一仍在战斗的法军部队就是马其诺防线要塞部队，他们坚守着从阿尔萨斯（Alsace）到隆吉永（Longuyon）的已不存在的边境线沿线的要塞工事，而阿尔卑斯山脉的部队占据着防线的南部堡垒以抵挡意大利军队的大规模入侵。大多数要塞仍在运作，并被证明是工程上的杰作和精密的强大战争机器，在训练有素的专家和技术人员操作下，在受尊敬的指挥官指挥下，能爆发出强大威力。为要塞发电的发电机仍然嗡嗡作响，换气扇将新鲜空气送入要塞又将硝烟排出。观察员们继续为炮兵和步兵指挥官们报告目标。命令被嘶喊着传出，难以置信的法国要塞枪炮发射了数以千计的枪炮弹药。在战争的最后几天里，马其诺防线的枪炮给予德军重大杀伤，迫使其放弃了数十次进攻。

1940年6月25日0时35分，法国和德国间的停战协定正式生效，法兰西战役宣告结束。在马恩河（Marne）、索姆河（Somme）、埃纳河（Aisne）、摩泽尔河（Moselle）和默兹河的河谷，曾守卫法国东北免遭侵犯的古老堡垒如今已是寂静无声。法国村庄已经空无人烟，徒留下余烟袅袅的灰烬。

不可否认，法兰西战役就是法军一次接一次的溃败，但这并不能掩盖一部分马其诺防线守军的勇气和荣誉。保卫要塞的军队几乎天然是步兵所无法比拟的，一个守卫一座诸如混凝土炮台或者地下炮兵要塞的士兵不能退到下一个位置，他的使命就是守卫在他被指定守卫的混凝土隔段内，马其诺防线守军在1940年5月和6月就生动地展示了这一点。正如一战期间法军凡尔登要塞军事长官库唐索（Coutanceau）将军的那句被刻在要塞墙壁上的信条："与其投降，不如葬身要塞废墟之下。"许多在马其诺防线服役的守军被德军炮弹和毒气杀死在混凝土室内，但也有未被德军攻克的要塞，这些要塞指挥官中的很多人都是优秀的领导者，他们的部下服从命令，直至用尽防御手段。虽然"败军之将难以言勇"，但"马其诺防线"这个被视作二战法国象征般的存在应当得到属于它的荣誉。

马其诺防线大事年表1922—2015

1922年8月	法国最高战争委员会设立“国土防御委员会”以研究法国防御现状
1925年12月	成立“边境防御委员会”以进一步研究边境防御系统
1927年9月20日	在“边境防御委员会”出台其研究成果后设立“筑垒地域组织委员会”以研究新系统技术细节
1928年	要塞原型开始在阿尔卑斯地区修建以应对墨索里尼（Mussolini）的威胁，并在北部某些地区展开修建
1930年1月14日	法国政府拨款修建将被命名为“马其诺防线”的防线
1934年	开始向东北地区修建延伸防线——被称为“新防线”
1936年3月7日	德国重新占领莱茵兰（Rhineland），法军首次进入马其诺防线
1938年3月	希特勒吞并奥地利时，防线进入战备状态
1939年9月1日	德国入侵波兰，法国下令总动员
1939年9月9日	法军对德国萨尔地区发动进攻，马其诺防线炮火进行第一轮射击
1940年4月12日	北部地区发出总警报，4月21日取消
1940年5月9日	卢森堡（Luxembourg）边境发现大量德军活动
5月10日4时35分	德军入侵卢森堡行动命令下达，法兰西战役打响
5月12日	德军第1装甲师进攻色当（Sedan）以北防线要塞工事，3个装甲师进攻色当，于夜间渡河
5月12日	隆美尔麾下第7装甲师于迪南（Dinant）附近渡过默兹河，向莫伯日开进
5月13日	隆维前哨点被德军攻陷，德军向齐尔斯河（Chiers）谷地推进
5月13日	色当防御崩溃
5月14日	法军放弃齐尔（Chier）地区防御，使得拉法耶特（La Ferté）小型步兵要塞被暴露
5月16日	隆美尔麾下的装甲部队进攻索尔勒堡（Solre-le-Chateau）地区薄弱边境防御，坦克群很快突破要塞工事，在边境线上打开一道20千米缺口并向莫伯日进军
5月18日	莫伯日以南奥斯特尼斯（Ostergnies）炮台被德军88毫米高射炮轰击，防御力被迅速削弱，德军包围莫伯日
5月16—19日	拉法耶特要塞被德军工兵通过系统摧毁要塞防御的方式拿下，109名要塞守军窒息而亡，这是马其诺防线上第一个陷落的要塞
5月20日	甘末林（Gamelin）被马克西姆·魏刚（Maxime Weygand）将军取代
5月22—23日	莫伯日要塞在遭到德军重炮猛轰之后投降
5月26日	魏刚会见提议放弃马其诺防线的加斯东·普雷特莱（André-Gaston Prételat）将军
5月22—27日	德军进攻并削弱艾斯凯尔特（l’Escaut）要塞区
5月29日—6月6日	萨尔要塞区哨所遭到进攻
6月5日	德军发动“红色计划”，法兰西战役第二阶段开始
6月5—12日	法军自索姆河和艾尼斯（Aisnes）一线撤退，前线陷入崩溃
6月13日	6月13—14日夜间开始撤离并破坏马其诺防线的命令被下达
6月14日	第一批要塞步兵师开始从防线撤退
6月14日	德军发动“老虎行动”（Operation Tiger）以突破萨尔格米纳（Sarreguemines）和圣阿沃德（Saint-Avold）之间的马其诺防线，突破于6月15日早晨达成

6月14—15日	工程师开始准备摧毁马其诺防线的作战能力，包括枪炮、弹药、照门、电动机和通风设备，摧毁工作分类别由特定部门完成，尤其是在蒙特梅迪（Montmédy）要塞区
6月14日	德军第162和第161步兵师计划对克吕斯内斯（Crusnes）要塞区和蒂永维尔（Thionville）要塞区发动攻击
6月15日	德军第183步兵师的一支大规模护送车队在试图穿过隆吉永时被费尔蒙特要塞火炮击中
6月15日	德军第95步兵师穿过萨尔隘口并迂回到马其诺防线后方
6月15日	德军第262步兵师攻击罗尔巴赫（Rohrbach）要塞区前沿哨所
6月15日	德军第264步兵师攻击阿格诺（Haguenau）要塞区的前哨站防线，要塞火炮击退进攻
6月15日	数千名蒂永维尔要塞区、伯莱要塞区和福尔屈埃蒙要塞区要塞守军开始向南逃亡
6月15日	来自德军第218和第221步兵师的部队在莱茵河上发动攻势——“小熊行动”（Kleiner Bär），一举突破薄弱的莱茵河防御，使得德军向孚日山区进军
6月10日	墨索里尼向法国宣战
6月17日	来自意大利“查伯顿”（Chaberton）炮兵连的8门149毫米炮塔炮向法军多菲内（Dauphin）要塞区的布赖恩索奈（Briançonnais）开火以掩护意大利军队对法国谷地的一次进军
6月21—25日	意大利阿尔卑斯军团对萨沃伊（Savoie）要塞区发起“贝尔纳多”（Bernardo）行动，法军哨所和隔段工事守军阻止了意大利军队突破隘口
6月21—25日	4个意大利师试图突破塞尼斯山口（Col du Mont Cenis），但被法军小型步兵边境哨所守军所阻挡
6月21—24日	意大利军队向阿尔卑斯山区马其诺防线最强要塞区所在的莫达讷（Modane）发起进攻，要塞火炮阻挡住了意大利军队进攻
6月22日	“查伯顿”炮台的火炮在被法军280毫米重炮轰击数日后最终被打哑
6月17—24日	十字岩石（Roche-la-Croix）要塞打出数千发炮弹，挫败了人多势众的敌人在乌巴耶谷地[Vallée de l'Ubaye，乌巴耶又称巴塞罗内特（Barcelonnette）]发起的进攻
6月20—24日	意大利军队对阿尔卑斯-滨海（Alpes-Maritimes）要塞区的索斯佩尔（Sospel）次级要塞区的多次进攻均被法军蒙特格罗索（Monte-Grosso）要塞和阿盖森（d'Agaisen）要塞的火炮所阻挡
6月14—17日	圣艾格尼斯（Sainte-Agnès）、阿格尔山（Mont-Agel）和马丁角（Cap Martin）的火炮持续打击意大利军队对峭壁公路（Corniches）次级要塞区的进犯
6月20日	一支规模庞大的意大利军队对芒通发起进攻，企图突破通往尼斯的滨海公路，圣路易斯桥小型哨所阻挡了所有沿滨海公路的进军，9名守军抵挡住意大利军队长达6日
6月22日	马其诺防线的火炮阻挡了意大利军队对整个次级要塞区正面的一次总攻，意大利军队试图包抄圣路易斯桥哨所并渗透进芒通，但被打退
6月24日	意大利军队从芒通近郊发起的进攻一直打到了地中海海岸，但被马丁角和阿格尔山的火炮阻挡，这是1940年意大利军队阿尔卑斯攻势达成的最大成果
6月17日	德军对马其诺防线的合围导致最终的撤离和自毁命令被撤销，要塞部队被命令就地坚守尽可能长的时间
6月17日	贝当宣布需要停火和停战，严重挫伤守军士气
6月18日	德军继续进攻阿格诺要塞区的前哨站防线
6月19日	来自德军第215步兵师的两支特遣队对孚日要塞区的隔段工事和炮台发起进攻，在法军防御上打开一个缺口

6月20日	德军针对阿施巴赫炮台和奥博洛德恩炮台发起猛攻，经过激烈的近距离战斗后德军被击退，法军防线被保住
6月20日	德军第339步兵团从背后进攻福尔屈埃蒙要塞区，巴姆贝斯赫要塞遭到88毫米高射炮轰击而投降
6月21日	科尔芬特要塞成为同日在防线上遭到进攻并投降的又一个要塞
6月21日	福尔屈埃蒙要塞右翼的3个防御工事——艾因塞灵（Einseling）、洛德雷方和特丁遭到德军炮兵轰击，艾因塞灵击退一次突击，要塞群一直坚守到停战
6月21日	德军306毫米炮是在第161步兵师试图攻占费尔蒙特要塞过程中动用的最大口径列车炮之一，尽管遭到轰击，要塞的所有火炮依然能够运作，德军进攻失败
6月21日	上普里耶尔（Haut-Poirier）要塞遭到德军炮兵和步兵进攻，由于缺乏支援炮兵，该要塞于6月22日投降
6月22—23日	维尔朔夫（Welschof）要塞是防线上下一个遭到攻击的要塞，要塞遭到轰击，于6月23日投降
6月21日	德军第257步兵师的部队进攻了比特克（Bitche）附近的比森伯格（Biesenberg）集群，但被大霍赫基尔（Grand-Hohekirkel）要塞的火炮阻挡
6月22日	伯莱要塞区的米歇尔斯伯格要塞遭到来自德军第95步兵师的部队进攻，该要塞区周围要塞的火炮同样强大，德军进攻失败
6月24—25日	一些最激烈的战斗发生在最后的数小时内，6月25日0时35分战斗结束
6月27日	马其诺防线要塞开始向德军投降，移交工作于7月初完成
1944年11月末	美军第7集团军逼近孚日山脉
12月9日	美军第12装甲师A装甲战斗团穿过辛格林（Singling）和罗尔巴赫之间的原马其诺防线防御要塞
12月11日	美军第100步兵师进攻西斯塞克（Schiesseck）要塞和西姆塞霍夫（Simserhof）要塞，经过几天时间的稳扎稳打，围困并消灭坑道内德军后占领要塞
11月9日	美军第90步兵师越过摩泽尔河并沿哈肯伯格（Hackenberg）山脊线下行。工兵将德军从梅特里希（Métrich）要塞和以南一些炮台中逐出
11月15日	美军部队遭到来自哈肯伯格要塞的75毫米火炮轰击，炮兵被连夜召唤以摧毁德军火炮，美军继续向德国境内推进
1998年	法军第1集团军在将罗雄维勒尔（Rochonvillers）要塞作为指挥所使用多年后放弃
2015年6月	霍赫瓦尔德要塞内的法军雷达站被停用，霍赫瓦尔德要塞被放弃

第一章
马其诺防线的缘起与发展

第一次世界大战落幕时，法国已经显而易见地在几乎所有方面都跻身赢家行列，不仅从战败的德国手中成功收复了之前被割让的阿尔萨斯和洛林（Lorraine）地区，还能在战后许多年里获得后者支付的巨额战争赔款。然而事实并非完全如此，德国虽然输掉了战争，但在很多方面依然对法国保有优势；战火并没有蔓延到德国西部尤其是鲁尔（Ruhr）工业区和萨尔工业区，德国的工业生产能力依旧存在。而反观法国，其主要产业基地以及整个北部地区——成千上万平方英里[①]的土地都在战争中毁于一旦，化学毒气污染了土壤，数百万枚被遗留在农田和林地中的未爆炸弹和地雷仍将在战后数十年间贻害无穷。数以百计的法国村镇被摧毁，成片树林被夷为平地，一些地区则干脆被宣布由于受到战争的严重荼毒而不适合人类定居耕种，并获得了一个专有名词——“红区”（Zone Rouge），直到今天依旧荒无人烟。可以说，法国这个惨胜者急需重建整个北部地区。

相比之下，德国并没有蒙受如法国这样的毁灭性损失，因此无须进行任何代价高昂的战后重建。人力资源方面也是如此。德国军队在战时承受了数百万人伤亡的巨大损失，大约相当于9.8%的男性人口。法国有140万军人阵亡，大约相当于10%的人口，但法国人口将很难再迅速增长，根据统计，法

① 1英里≈1.61千米；1平方英里≈2.59平方千米。

国人口将在 20 世纪 30 年代达到危机的临界点。到 1935 年，作为战争人口损失的直接结果，法国的征兵基数将降到谷底，在此之前，法国军队必须想出解决办法并实施。

为了维持战争机器,法国已经负债累累,虽然根据《凡尔赛条约》(*Versailles Treaty* ）法国将获得约合 1.65 亿马克的战争赔款，但这些远不足以支付战后重建所需费用，而且这还得算上之后德国令人诟病的屡次支付违约，到最后，根据 1932 年洛桑会议（Lausanne Accords）和之后达成的共识，德国暂停支付战争赔款，从而一举“解套”。

《凡尔赛条约》重新划定了边境线，法国重新得到了阿尔萨斯和洛林北部，还获得了占领莱茵兰“非军事区”并驻军 15 年的权利，而如果德国并未支付战争赔款，占领期限则相应顺延——这就成为之后两国争议的焦点之一。同时德国被禁止修筑要塞工事，其军队员额被限制在 10 万人。表面上看,《凡尔赛条约》对法国非常公平，实际上却隐藏着大量问题，随着时间推移，情况会越来越糟。

对付德国已经让法国焦头烂额，此时意大利又迅速成为新的威胁。独裁者墨索里尼在他的一次浮夸的罗马阳台讲话中狂妄地称要从法国手中夺回尼斯和萨沃伊及其邻近区域①,这样的表态无疑增加了战争风险。最关键的是,法国现有的要塞已经老朽不堪而且在战争中损毁严重，而收复阿尔萨斯和洛林后这些“新领土”也急需被守卫。对法军统帅部的决策者们而言，军事防御的本质无外乎是选“剑”或者选“盾”，是驾驭一支曾经所向披靡、战功赫赫却已显疲态并将在 30 年代末期处于最虚弱状态的军队投入战斗，还是在边境建起一道铜墙铁壁。经过长时间的争论，最终法国选择了“盾”。

1871—1918 年，法德边境一直被坚固却又逐渐衰败的塞雷·德·里维埃（Séré de Rivières）要塞群守卫，这一始建于 19 世纪 80 年代的要塞体系贯穿法比和原有的法德边境，由连成防线的要塞和填充在要塞之间的火炮碉堡和屯兵

① 1860年，作为法国皇帝拿破仑三世和开启了统一意大利进程的撒丁王国国王维克托·伊曼纽尔二世（意大利语：Vittorio Emanuele II，英语：Victor Emmanuel II）之间达成的政治协议——《都灵条约》（*Treaty of Turin*）的一部分，经由全民公决，萨沃伊与尼斯郡一道被并入法国。

掩蔽所等构成。整个体系实际上是通过一系列孤立的“中间要塞”所连接的永备工事系统，城市群则被要塞群环环包围，其中的主体永备工事分别位于凡尔登（Verdun）、图勒（Toul）、埃皮纳勒（Épinal）和贝尔福特（Belfort）。在第一次世界大战爆发前几年，这些要塞工事进行了现代化改造，包括在砖石结构表面增加一层混凝土、安装带装甲防护的火炮炮塔以及修筑地下混凝土营房以便为要塞驻军提供更高等级防护。然而，在这一要塞体系中最强大的用以守卫查姆斯缺口（Charmes Gap）的芒翁维勒尔（Manonvillers）要塞却在遭到德军大口径攻城炮数小时的炮击后即告失守，由此在1915年一年内就有许多要塞被放弃。但凡尔登战役中法军依托凡尔登要塞进行防御并最终取胜后，以永备要塞作为防御的可靠手段这一概念再次受捧。

凡尔登要塞保卫战是战后决定推进新永备防御工事体系建设的一个主要因素，当时法国最伟大战争英雄之一的菲利普·贝当（Philippe Pétain）元帅宣称凡尔登要塞群“履行了它们的使命”。而法国陆军第2军工兵指挥官的德柯蒂斯（Descourtis）将军则指出混凝土要塞“表现良好”。很显然，这些原本为过去战争修筑的永备要塞在这次战争中再次证明了自身的价值。

20世纪20年代出版的关于组织国土防御的论文可谓层出不穷，其中贝克（Becq）上校在他发表于1923年3月的论文《国土防御组织报告会》（*Conférence sur l'organisation défensive du territoire*）中提出了如下几种边境防御方案：

1. 由连成连续防线的坚固支撑点组成的野战要塞工事；
2. 观察所、带机枪和反坦克炮的掩蔽所、指挥塔、火炮碉堡。

在论文中，他将自己的理想设定与德国在梅斯（Metz）以南奇瑞塞（Cherisey）布置的防御体系进行了对比，在那里，德国人修筑了正面全长12千米、纵深3~4千米的防线，防线上分布着2500个由1.5米厚的混凝土墙作为防护的掩蔽部，掩蔽部之间由坑道连接。

贝克的方案包括两个阶段：

第一阶段：在前沿地带复种树木，以便掩蔽战备公路和沿途带有观察所、掩蔽部和指挥所的0.6米轨距战备铁路，掩蔽树林至少要达到10千米纵深。

第二阶段：仅仅依靠树木遮蔽远远不够，法国必须回归到混凝土构筑工事的思路上。未来50年内德国技术的进步使得法国必须构筑起一道堪比中国长城的铜墙铁壁（这样的观点比即将到来的现实更加超前）。虽然在第一次世界大战中 2.5 米厚混凝土要塞防御已经足以抵御 420 毫米攻城炮的射击，但未来要塞外护墙体厚度必须翻倍。相隔 1000~2000 米的堡垒要完善地下设备并配备发电机、通风设备和水源。最后，要塞火炮要被保护在钢制炮塔中。

伯奇勒（Birchler）上校在他发表于 1922 年 10 月 2 日的一份“摘要”（résumé）中设定了为机枪设计的装甲炮塔和炮台、战斗掩蔽所、装甲观察所、驻军使用的地下掩蔽所等要塞设施，而作为拦阻火力的炮兵火力则包括火炮炮台和用于侧射的“布尔日型”（Bourges-type）炮台。此外，75 毫米野战炮将被用于远距离炮火覆盖，而 155 毫米榴弹炮则用于压制堑壕和战线中间的盲区。要塞之间各主要部分由坑道连接。

此外，诺曼德（Normand）将军在他的著作《论法国国防》（*Essai sur la defence de France*）中写道，一些特定区域将被要塞工事覆盖，而另外一些将进行特定的破坏，其中要塞区域包括：动员和集结地，首都、工业地区（例如厂矿）、重要通信线路。

而战时要塞区域将发挥以下积极作用：掩蔽部队展开，支援野战部队进入防线区域遂行防御任务，警戒边境前沿地带，方便部队部署，为进攻部队充当补给兵站和支撑点，为后撤部队提供收容所，在敌方试图越过防线时牵制敌方有生力量与其后方。

1922 年 6 月，由贝当担任副主席的法国最高战争委员会（Conseil Supérieure de Guerre，CSG）成立了由约瑟夫·霞飞（Joseph Joffre）元帅担任主席的“国土防御组织研究委员会”（Commission Chargé des Études d'Organisation de la Defence du Territoire），该委员会作为最高战争委员会的下设机构直接向其汇报工作。在委员会成立伊始就产生了两种对立观点：一个是沿边境线组织战地防御以实现御敌于国门之外，这一观点得到贝当本人的首肯；而霞飞则倾向于构筑筑垒地域。由于两派人马攻讦激烈，导致这一委员会在成立仅 15 天后即告解散。

时间过去不到 2 个月，一个新的委员会——“国土防御委员会”于 1922 年 8 月 3 日成立，时任陆军总监察长和最高战争委员会成员的阿道夫·纪尧马特（Adolphe Guillaumat）将军充当了这一委员会的首脑。这一委员会在成立后仅仅召开了两次会议，在于 1923 年 3 月 27 日宣告终止运作之前，留下了一份长达 36 页的《就国土防御组织原则向部长进行的报告》（*Rapport au Ministre sur les principles de l'organisation défensive du territoire*）。这份报告得出了两项结论：一是法国防御应基于构筑筑垒地域展开，而筑垒地域则具有边境防御和作为法军发起进攻出发阵地的双重作用；二是筑垒地域必须基于沿边境线特定区域修筑的永备工事系统而构筑。原梅斯军事总督亨利·贝洛特（Henri Berthelot）将军指出了最危险的几条潜在进攻路线：

· 通过洪斯吕克（Hunsrück）西北的群山，沿摩泽尔河右岸进军，之后穿过卢森堡境内。

· 翻越洛林高原。

· 从孚日山和莱茵河之间穿过。

· 穿过贝尔福特山口。

“国土防御委员会”的结论认为，有必要修建从隆维（Longwy）起经由劳特伯格（Lauterbourg）到巴塞尔（Basel）的永备工事体系，使得萨尔无险可守（原因将在后文中详细讨论）。这一条线上包括 3 处筑垒地域：梅斯筑垒地域、劳特尔（Lauter）筑垒地域、贝尔福特筑垒地域。

除了提出一些大方向上的建议，“国土防御委员会”并没有被赋予诸如布置具体的防线维持或是给定技术参数等任务，这些都留待该委员会或是其后继者在之后的研究中完成。

由于陆军高层的反对，出自“国土防御委员会”的这份报告并没有被立刻付诸实施，也没有能用于推进后续研究和讨论的经费被列支，直到 1925 年 9 月阿道夫·梅西米（Adolphe Messimy）将军（后担任参议员）提及这一报告并对新任战争部长保罗·潘勒韦（Paul Painlevé）警告称开始“国土防御委员会”所需的各种研究的时间已经太晚。1925 年 12 月 15 日，法国最高战争委员会在时任法国总统加斯东·杜梅格（Gaston Doumergue）的帮助下说服潘勒韦同意组建一个旨在进一步边境防御体系的委员会。就在这一天，战争部长本人组建了“边境防御委员会”（Commission de defence de la frontière，CDF），该委员会依然由纪尧马特主持工作，并且之后又有贝特洛、曾任贝当元帅总参谋长的玛丽－尤金·德本尼（Marie-Eugène Debeney）将军、担任法国莱茵军司令直到 1925 年的让·德古特（Jean Degoutte）将军、工程师路易斯·莫林（Louis Maurin）、工程师艾蒂安·霍诺雷·菲洛瑙（Etienne–Honoré Filonneau）将军和炮兵专家弗雷德里克·库尔曼（Frederic Culmann）上校等人加入。

1926 年 2 月“边境防御委员会”召开了第一次会议，9 个月后该委员会出台了他们的研究成果——一份标题为《1926 年 11 月 6 日的第 171F 号报告》（*Rapport No. 171F du 6 Novembre 1926*）的报告。正如纪尧马特所言：“由于希望能建立起一个对我方边境线全覆盖的大型防御体系，在此启发下本委员会研究了几种（将会是）全新的‘工程’（Ouvrage）样式，并且这些新工程将与之前在梅斯和贝尔福特修筑的一些目前依然具有实用价值的要塞进行有机结合。而且它（委员会）已经设想了一个足够坚固并具有一定纵深同时能够长期坚持防御的要塞系统。”整个报告长达 105 页，并附有相应的地图和计划书。

和“国土防御委员会”的报告一样，“边境防御委员会”的报告同样没有提供深入的技术细节，但指明了“主体”要塞的几个一般特征：全长 170 米，带 4 个炮塔、2 个侧翼炮台、6 个机枪炮台和 2 个观察哨。而一个“中级”要塞则略小，带有 2 个炮塔和 2 个机枪炮台，这些和 1916—1917 年改造的一系列要塞〔例如位于凡尔登的穆兰维尔堡（Moulainville）和瓦谢罗维尔堡（Vacherauville）〕并无太大区别。

1923 年，M. 特里科（M. Tricaud，全名已不可考）中校在《工程评论》（*Révue du Génie*）上发表《工程兵中校特里科的永备防御工事试验》（*Essai sur la fortifiation permanente actuelle par le Lieutenant–colonel du Génie TRICAUD*）一文，文中他设定了他称为“掌状”结构（fort palmé）的新式要塞，这种要塞在构造上呈分散结构，如同蛛网一般，设计介于 1916—1917 年改造的法国要塞和德国在梅斯和蒂永维尔修筑的要塞之间。新式要塞的“战斗单元”彼此分散而非合成一个组团，它以最大限度为驻军提供防护。特里科先于“边境防御委员会”在 1927 年提出了他的方案，但由于一些固有的技术缺陷最终未获首肯。然而，多年以后他的方案再度被提及。贝当本人了解到了特里科的研究并且对此留下了深刻印象，之后特里科的“掌状”要塞设计理念就成了此后研究的样本之一。

“边境防御委员会”中的讨论一直进行到 1927 年，甚至在他们的报告公开发布后依然在持续。一系列关于新系统的细节必须被确定。潘勒韦授权“边境防御委员会”从技术方面研究要塞防御的建筑材料、武备和永备工事的设计等。1927 年 9 月 30 日又成立了“筑垒地域组织委员会”，以完成研究并最终设计。

“筑垒地域组织委员会”在 1928 年 3 月 12 日向战争部长提交了一份详尽的报告，该报告之后又被提交政府用于争取拨款。这份报告主要概述了从重型堡垒要塞到用于本土后备防御的小型掩蔽所在内的 12 种将被建造的要塞的形制。考虑到地形将决定每个要塞的最终建造规格，“筑垒地域组织委员会”给工程师们留下了一定发挥空间。1928 年 9 月，“筑垒地域组织委员会”提出了他们对要塞武备的建议——在 M1897 型 75 毫米野战炮基础上研制的 75 毫米加榴炮。

在菲洛瑙于 1928 年逝世后，贝尔哈格（Belhague）将军接替了他在“筑垒地域组织委员会”的席位，他很快在未来防线发展中添加了自己非常重要的印记。在武备方面，他提出了如下设定：加入一门 81 毫米迫击炮以打击盲区内目标，每个要塞炮塔内配备 2 门榴弹炮、1 门短身管 75 毫米野战炮（75R–raccourci）、1 门 75 毫米迫击炮。

历久弥坚的 75 毫米野战炮无疑是首当其冲的火炮选项，为了使其适用于要塞并能以 3 门为一组安装在炮台内作为侧射火力或者安装在双联装炮塔内发扬全向火力，需要进行一系列改动。M1929 型和 M1932 型（又称 75/32 型）就是 M1897 型的缩短身管改型。M1929 型的操作方式与其原型 M1897 型非常接近，其身管、炮闩和制退系统在功能上也与 M1897 型的大致相同。安装时火炮身管被置于专为要塞特制的炮架上，并且在炮口处装有球形防盾以与要塞射击孔紧密贴合。由于炮台板在安装后突出防盾达 1.5 米，极易遭到敌方炮火打击，因此仅在各处炮台安装了 30 个，其中 14 个被安装在东北部地区要塞，12 个被安装在阿尔卑斯山地区要塞，另有 4 个被安装在科西嘉岛。

M1932 型是 M1875 的改进型，该炮安装后并不会伸出可由百叶窗式结构封闭的要塞射击孔。其身管长度为 30 厘米，被放置在新设计的炮架上。1940 年安装完成了 23 门炮。

81 毫米迫击炮被以固定角度安装，并且具有后膛装填功能。其射程可由调整安装在火炮顶部的 2 个汽缸内的气体气压来控制，最大射程为 2800 米。

用于炮塔和炮台的M1932型135毫米“炸弹投掷器”（Lances-bombes）是由“筑垒地域组织委员会”开发的一种用于打击火力盲区的大角度射击武器，该炮在设计时力求达到6000米射程以覆盖81毫米迫击炮射程外区域，其结果就是诞生了一种法国武器库中独一无二的强大火炮。根据配用弹丸的种类，炮弹可以以27°~90° 的角度落下。“炸弹投掷器”身管较短，并配有半自动炮闩和位于炮口的球形防盾以保护要塞射击孔。该炮通常被布置在炮台内或者以双联装形式安装在炮塔内。在测试阶段该炮暴露出很多缺陷，例如身管扭曲以及精度不足等。测试于1934年结束，之后没有采取进一步改进措施。该炮在1939—1940年表现不俗，总计43门炮被安装在各处要塞，其中34门被安装在炮塔内，其余9门被安装在炮台内，技术参数如下：

身管长度：1.145米

战斗全重：288千克

最大射程：5600米

射速：6发/分

炮塔射击角度：9°~45°

炮台射击角度：0°~40°

13.2毫米雷贝尔（Reibel）MAC 31型双联装机枪可谓步兵手中任劳任怨的“军马”，该枪设计于20世纪20年代后期以替代用于坦克的8毫米口径哈奇开斯（Hotchkiss）M14型机枪。该枪使用和FM 24/29D型相同的7.5毫米步枪弹，最早于东肯芬森林（Bois de Kanfen Est）要塞进行试验并取得成功。在马其诺防线上该枪以双联装形式使用，一个双联装机枪组为一个作战单元并起到火力支援作用。在密集开火的情况下，2挺机枪将交替开火以确保其中一挺在冷却散热时另一挺依然能发扬火力。在双联装机枪旁设有一个带喷雾头的水罐，用于对冷却中的枪管进行喷水降温。为马其诺防线量身定做了3种不同形式的双联装机枪配置：F 31型用于炮台和钟型（cloche）机枪塔（分别为AM型和M型），T 31型用于机枪转塔，而31 TM型则用于混合型炮塔或者钟型机枪塔。技术参数如下：

全长：1.05米

枪管长度：60厘米

战斗全重：10.7 千克（F 型），10.3 千克（TM 型），10.4 千克（T 型）

最大射速：750 发 / 分

枪口初速：694 米 / 秒

FM 24–29 型“自动步枪”（fusil–mitrailleuse）被用于从炮台正面和钟形炮塔的小型射击孔中射击以遂行近距离防御任务。该枪由法国国营查特勒尔特兵工厂（Manufacture d'Armes de Chattelerault，MAC）从 1927 年一直生产到 1957 年，共计生产大约 20 万挺，其中就包括了用于马其诺防线要塞的 2512 挺 D 型。D 型“自动步枪”的生产从 1934 年开始，同样以双联装形式出现在炮台和工事内与雷贝尔 MAC 31 型机枪并肩作战。D 型“自动步枪”的技术参数如下：

子弹：7.5 毫米 1929C 型

全长：1.7 米

枪管长度：0.5 米

全重：8.93 米

最大射程：3100 米

最大射速：450 发 / 分

枪口初速：820 米 / 秒

贝尔哈格的结构设想包括强大的大型炮兵要塞群（ouvrages）和在此期间布置的间隔防御。间隔防御的具体构筑要求如下：

· 一连串相距 800 米的炮台。

· 大要塞之间每 3 千米建造一个小型要塞堡，小型步兵要塞以安装机器和迫击炮炮塔的步兵小型步兵要塞或者安装 75 毫米炮的炮兵小型步兵要塞形式存在。

· 所有要塞都将被设计成“掌状”或蜘蛛网状结构。

为适应当地地形，每个要塞都各有不同。每个要塞选址都需要由“筑垒地域组织委员会”进行详尽勘察后做出“总体规划”（plan de masse），并将其与详细的实施计划一道递交战争部长批准。到年末绝大多数计划都已就绪，万事俱备只欠拨款。

安德烈·马其诺曾在第三共和国时期多届内阁中任职，他于 1929 年 11 月 3 日第二次出任战争部长并且继续履行了其前任潘勒韦对马其诺防线（也就是

1929—1934年的“旧前沿”）拨款的职责。防线所需拨款将保障法国获得有史以来最强大的防御体系，但拨款能否到账却并没有保障。一些国会议员反驳道，“边境防御委员会”的工作算不上有决定性意义，（除了边境以外）法国的其他地区或许也需要被保卫。洛林地区（要塞）将获得（防线）总预算的52%，而入侵也并不一定要穿过洛林。“要是（被进攻的）是莱茵河或者巴黎呢？”“要是空降入侵——要塞墙能不能高到敌人飞不过去？”这些问题确实有一定道理，不过马其诺本人设法说服了议员们，让他们明白“防御边境线以防止敌军侵犯领土”的必要性。他不仅有颇具说服力的论据，而且还能借助巧妙的“走廊活动”以达到他所希望的结果，其中一些对推进防线建造的施压和决定性支持就来自于其他来自洛林地区的议员。到了众议院投票阶段，马其诺防线拨款计划在举手表决中得以通过，而在参议院，马其诺防线拨款计划以270：22的优势获得通过，并于1930年1月14日由总统加斯东·杜梅格签字生效从而产生法律效力。

早在1929年夏天，第一阶段——即第一优先级（première urgence）的要塞建设就在法国北部三处地区——位于欧梅斯高原（plateau of Aumetz）的罗雄维勒尔、扼守摩泽尔河谷的哈肯伯格和作为阿尔萨斯地区防御基石的霍赫瓦尔德先期展开。截止到1930年，已有21处位于法国东北部的要塞和7处位于阿尔卑斯山脉地区的要塞处于施工状态，主要要塞包括：

梅斯筑垒地域：

·大型要塞/集群：罗雄维勒尔、莫尔万格（Molvange）、梅特里希、哈肯伯格、昂泽兰（Anzeling）。

·中型要塞：索尔里希（Soetrich）、科本布什（Kobenbush）、加尔根贝格（Galgenberg）、比利格（Billig）、韦尔奇山、米歇尔斯伯格。

·步兵要塞：易默尔霍夫（Immerhof）、卡雷森林（Bois-Karre）、奥博海德（Obcrheid）、森奇兹（Sentzich）、科科山（Mont-du-Coucou）、波瑟森林（Bois-de-Bousse）。

劳特尔筑垒地域：

·大型要塞：西姆塞霍夫、霍赫瓦尔德。

·中型要塞：西斯塞克、大霍赫基尔、奥特贝尔（Otterbiel）、福尔-肖

（Four–à–Chaux）、朔恩伯格。

· 步兵要塞：莱姆巴赫（Lembach）。

此外，还有 143 处位于东北部的炮台与 53 处位于阿尔卑斯山脉地区的炮台在建设中，工厂正在赶制 220 个钢制钟型塔、500 个装甲射击孔和 20 个炮塔。

第二阶段——即第二优先级（deuxième urgence）的要塞工事建造开始于 1931 年，这是对之前已开工工程的延续，还包括了基于第一优先级要塞建造过程中所获经验而进行的改进工作。受到拨款限制，一些项目的规模被削减，这将在未来几年内成为一种惯例。

第二阶段包括了梅斯筑垒地域的扩建：

· 左翼：由于地方议员施压要求保护隆维 – 布瑞里（Longwy–Briey）工业盆地[①]，要塞群从罗雄维勒尔一直扩展到隆吉永。这其中包括 3 个炮兵要塞——费尔蒙特、拉蒂蒙特（Latiremont）和布雷海因（Bréhain）——和 4 个步兵要塞——查皮农场（Ferme–Chappy）、莫瓦伊斯森林（MauvaisBois）、杜福尔森林（Bois–du–Four）和欧梅斯（Aumetz），外加 2 个炮台、6 个观察所和 24 个掩蔽所。

· 右翼：防线从昂泽兰延伸到了特丁，包括 12 个要塞：博文伯格（Bovenberg）、邓丁（Denting）、库姆镇（Village de Coume）、库姆北（Annexe Nord de Coume）、库姆（Coume）、库姆南（Annexe Sud de Coume）、莫滕贝格（Mottenberg）、科尔芬特、巴姆贝斯赫、艾因塞灵、洛德雷方和特丁。这些要塞中威力最大的武器仅仅是 81 毫米迫击炮，2 门位于南库姆（第 3 隔段），4 门位于洛德雷方（第 1 隔段和第 3 隔段）。

在劳特尔筑垒地域的扩建工程：

· 在下孚日山脉中央地区的比森伯格和莱姆巴赫要塞之间增加了 33 个炮台和隔段工事，从朔恩伯格到莱茵河岸建造了一系列炮台，这些炮台的位置靠近奥博洛德恩、安斯帕克（Hunspach）、考夫芬海姆（Kauffenheim）、阿施巴

---

① 隆维和布瑞里之间的区域包含洛林地区的主要铁矿床，1914 年之前，每年铁矿石产量约为 1700 万吨。该矿床位于地下深处，被称为鲕状褐铁矿（minette），铁元素含量在 25%~48%。布瑞里的铁矿石品位最高，达到 36%~40% 的铁含量，而隆维的则是 25%~40%。铁矿石是从地下 200~250 米深度开采的。

赫和霍芬（Hoffen）等村镇。

莱茵河沿岸：增加了由重炮炮台组成的第三道防线。

北部地区：同样受到要求加强在北部地区防御的当地政治压力影响，在莱姆斯森林（Forêt de Raismes）建造了12个炮台，在默默尔森林（Forêt de Mormal）建造了13个炮台。

1933年，法军承认有必要将防线延伸至北部，即将梅斯筑垒地域延伸到蒙特梅迪，以防御德军从卢森堡和比利时发动的入侵。工程师们在北部边境线上标记出了一个个用于遏止主要进攻路线并保卫法国工业利益的防御点。为这一所谓的“新前沿”（New Front）而制定的计划于1934年7月获得认可，之后“筑垒地域组织委员会”仅仅为未来的蒙特梅迪桥头堡的24千米防线拨付1.4亿法郎。这其中包括2个各装有1个75毫米炮塔的大型炮兵要塞〔沃洛讷（Velosnes）要塞和勒科诺伊斯（Le Chénois）要塞〕、2个小型步兵要塞（拉法耶特要塞和通内尔要塞），以及12个炮台。

“新前沿”的建设存在许多地理上和技术上的明显缺口，虽然这些缺口在设计者的脑海中可能是绝佳的进攻出发点，但法国陆军缺乏这样的机动能力，反而被德国人列为进攻路线。

位于南库姆小型步兵要塞第3隔段的2门81毫米迫击炮和位于洛德雷方小型步兵要塞的第1隔段和第3隔段的4门81毫米迫击炮是仅有的安装在“新前沿”中的重武器，而位于罗尔巴赫高原的2个小型步兵要塞——上普里埃小型步兵要塞和维尔朔夫小型步兵要塞则各装有一个“混合武备”炮塔，75R05型炮塔被改进用于安装一门25毫米反坦克炮和一组双联装机枪。这种“双重混合武备炮塔”（Tourelle pour deux armes mixte）最终被认为是一种对抗敌方炮兵的无用品。而上普里埃小型步兵要塞无法从任何邻近要塞处获得炮兵火力支援。

这样的话，法国人本可以节省下他们浪费在桥头堡上的钱。在这里，马其诺防线在山脊处终止，并能从拉法耶特小型步兵要塞俯瞰齐尔斯河，而拉法耶特小型步兵要塞守军将迎战的从北方来的进攻则可能转而从西方色当方向悄然接近。从拉法耶特小型步兵要塞到色当城有一段30千米处于阿登森林入口位置，沿齐尔斯河到默兹河建有一系列隔段工事，但这些并不是真正的要塞防线或者兵营。法国陆军对法国的能力很有信心，或者说他们忽视了在这一地区设防的必要性。贝当曾有一段著名的论述："如果采取一些特殊措施（例如包括用于建造防御工事的设备和建筑材料的'移动防御工事'，以增强防御的灵活性和纵深），阿登森林是不可突破的，所以我们认为这里将是一片'毁灭区'。这条战线缺乏纵深，敌方将无法承诺（法语原文：ne pourra pas s'y engager）这一点（即由此进攻）〔the enemy will not commit to it（ne pourra pas s'y engager）〕。但如果他们这样做，我们将在森林出口处将其分割，所以，（阿登森林）这方面并不危险。"贝当大错特错了。

1936 年 2 月 16 日写给战争部长的一份机密信件中，甘末林写道：

> 阿登地区不可能像洛林和阿尔萨斯那样被视作受威胁地区，即使敌方发动突然袭击，法国也将采取一切手段以有效防御其边境线。默兹线仅仅在绝对意外——敌方突然以机械化部队入侵卢森堡和比利时而无法被阻滞——的情况下，才在军事上具有重要性。但这些军队将无法对位于默兹的一条有组织防线展开系统性进攻。

如果这些为真，那甘末林比起贝当更是错得离谱。

马其诺防线各组成部分

马其诺防线的主要组成部分是被称为"要塞"[①]的步兵和炮兵防御堡垒，这些要塞组成了马其诺防线上的"主要防御线"，这些要塞被分成两种：

· 大型炮兵要塞（Gros-Ouvrage）——一种装备口径在 75 毫米或以上火炮的多隔段要塞。

· 小型步兵要塞（Petit-Ouvrage）——一种配备步兵武器（至多 81 毫米迫击炮）的多隔段或单隔段要塞。

要塞地表部分由一系列不同数量的混凝土炮台组成，这些炮台同样被视

---

① Ouvrage，原意为"工程"，除了"要塞"一词没有其他能更准确地翻译这个词的词汇，就像一件"工艺品"，而它也确实如此。一个要塞本可以被轻而易举地称为"堡垒"，但很显然，它并不是。

作“隔段”（下文中均以此代称）。这些战斗隔段或者出入口隔段同地下坑道之间由一系列楼梯和升降机连接，楼梯和升降机的深度不一，平均为 30~35 米。

这些要塞由分布在“主要防御线”和边境线之间的早期预警哨所来保护，由前出哨所组成的哨戒线护卫通往“主要防御线”的道路，它们的任务是在敌方入侵时使用电话、电台或者喇叭发出警报，并尽可能长时间地阻滞敌军。按照预案要求，驻守哨所的作战单位要在友军的步兵和炮兵火力掩护下与入侵敌军进行周旋，边打边退，并且通过摧毁道路、桥梁和重要交通枢纽等迟滞敌军进攻速度。

从边境线往后，“主要防御线”受到了反坦克和防步兵永备障碍物的保护。德国在波兰战役中对坦克的使用加剧了法国人对坦克被用于对法战争的担忧，于是反坦克防御就成了当务之急。竖起的铁轨被插入地里并排成 4~6 排以阻挡坦克开进，这些钢轨长 3 米，以 0.6~1.5 米的间距排列[①]，在铁轨之间还缠绕有铁丝网，每个通往要塞的炮台或者地表隔段也被各种伴有地雷和陷阱的杂乱铁丝网组成的密集防御阵地所包围。无论反坦克轨条阵还是铁丝网，这些都伴有反坦克武器和机枪的交叉火力掩护。

“筑垒地域组织委员会”进行的第一阶段建设内容包括多种类型的坚固炮台，诸如单体炮台和双炮台（分别能够掩护一侧和两侧侧翼）等。它们被修建在主防御带上，并且在要塞之间提供持续火力，同时还充当观察哨。炮台配备有机枪、反坦克炮、发电机、电话和小型兵营等设施，炮台内的枪炮由装甲射击孔保护，而且炮台和战斗隔段都配有钟型塔防御。这些钟型塔造型类似大钟，由各种不同厚度的实心钢制成。钟型塔有几种构型，其中自动步枪哨戒钟型塔（guetteur–fusil–mitrailleuse，GFM）是标准钟型塔型，配有射击孔以容纳观察用反射投影仪，武器为自动步枪和一门 50 毫米迫击炮。而带有观察功能的炮台则配备了一个潜望镜观察钟型塔与机枪塔配对使用。钟型塔的改型有很多种，其中包括 1930 年型双联装机枪（Jumelage de Mitrailleuses，JM）塔——该塔配备了双联装雷贝尔机枪。

---

① 主要的反坦克工事被构筑在霍赫瓦尔德和哈肯伯格要塞。这些工事由数米深的表层为混凝土的壕沟组成，而壕沟则由配备机枪和反坦克炮的炮台守卫。原计划在其他几个地方也构筑反坦克壕沟，但由于预算短缺并未修建。

为了保证防御体系连续且具有纵深并提供一定机动性，间隔部队被部署在炮台和要塞之间。他们驻扎在带堑壕的掩蔽所以及小型隔段内。这些间隔部队也配备了野战炮兵力量，能在防线前沿为要塞提供额外支援并且覆盖任何要塞武器无法射击到的死角。一旦敌军突破主防御带后从后方对要塞群发起进攻，这些部队同样能提供支援。间隔部队是由步兵、炮兵和工程兵组成的特别单位，如果没有间隔部队，马其诺防线将被严重削弱。

要塞——以“掌状”结构要塞为例

“筑垒地域组织委员会”的初始计划中设定了2个入口隔段，一个为直通地下兵营的人员入口（Entrée d'Hommes，EH），另一个则是用于输送弹药和补给的弹药入口（Entrée de Munitions，EM）。不同要塞的入口隔段设计之间都有所差异，具体根据地形布局而定。入口隔段应位于敌方炮火无法击中的战斗隔段后方的山后坡上，由于拨款不济，这两个入口隔段被合并成一个混合入口隔段。在“新前沿”步兵要塞，入口位于一个或多个战斗隔段中，而在阿尔卑斯山区的要塞则并没有双重入口（即人/货）概念，相反，它们有一个合成的单入口，但一些要塞[①]还额外有一个可通过缆车连通的入口。

弹药入口大到足够通行卡车或者小型列车，这些小型列车拖拽60厘米轨距车皮，将补给或弹药从仓库运往防线后方。列车轨道从入口一直延伸入要塞直至地下弹药库，地下弹药库可通过升降机或通往更底层的坡道到达。从仓库驶出的机车进入要塞堡垒内部，储存在被称为“弹药箱”的金属箱体内的弹药从货车上卸下，并沿着天花板上的金属单轨道移动进入升降机。在竖井的底部，弹药箱被装上另一组由机车头或人力推动的货车车厢里。

每个要塞有2个主要分层——地面层和地下层。所以战斗隔段和入口隔段都位于地面，而地下层距离地面平均深度30米，为驻军和弹药提供最大限度的防护。地下层又分为4个主要次级区域：弹药储藏区、生活居住区、发电和通风区，以及指挥控制区。最大的一批要塞有一个位于主坑道内的主弹药库，

① 例如帕斯杜罗克（Pas-du-Roc）要塞、十字岩石要塞、林普拉斯（Rimplas）要塞、阿格尔山要塞等。

这个弹药库被标为M1，而小型要塞并没有这个M1弹药库，取而代之的是位于每个战斗隔段地基内的M2弹药库。

战时或警报响起时，要塞部队住在地下兵营内。地下兵营由供士兵住宿的多人间宿舍和供军官住宿的单人间宿舍、厕所、淋浴室、一间厨房、通过地下水井补充的储水箱和一个小型医务室组成。在主地道沿线配有一个发电站和维护炮塔、枪炮、通风设备和无线电等电机设备的维修车间，每个要塞都配有一个或多个柴油发电机用于供电。和平时期，要塞依靠穿过钢筋混凝土子站的地下电缆与外部电网连接，一旦外部供电中断，要塞就切换到自身发电机以提供电力维持升降机、通风设备、照明设备、取暖设备和旋转炮塔的运作。为防止化学武器的攻击和排出枪炮发射产生的硝烟，要塞内配备了通风系统以使整个要塞空气实现流通。空气通过过滤器从外部抽入并过滤掉有毒物质，之后被送入要塞内部释放。要塞通过气闸和从排气扇、观察哨或防御钟型塔上的射击孔向外强制排气实现全封闭。

要塞"存在的理由"自然是其配备的枪炮。同时装备炮塔火炮和炮台火炮的战斗隔段位于地面层，每个隔段都由从要塞主干道伸出的分支坑道连接。每条分支坑道都设有一道双重装甲门，隔段进入战斗状态时装甲门都会关闭。枪/炮组成员通过楼梯到达武器位置，楼梯呈螺旋型沿弹药运输升降机布置。楼梯/升降机通向双侧炮台的底层。在炮塔隔段，下层装有驱动炮塔升降和旋转的驱动机构，并存储用于更换的枪/炮管、维修设备以及一套通风装置；上层有一间为轮值准备的小宿舍和为枪/炮组成员和军官准备的厕所，并且包括了一套炮塔主控装置，可控制炮塔旋转到适当角度、将炮塔升至开火高度或是降低炮塔高度以便防护。在炮台内，枪炮或者迫击炮被布置在下层，武器的额外弹药被存储在位于地表的M3弹药库内，通过起重机将弹药送往炮塔顶部或是炮台内的炮手手中。

为炮塔提供能源的电动机位于中心柱体内，炮塔成员只需按下按钮即可移动枪炮。在断电的情况下炮塔可以手动方式转动，且操作这些机械并不需要耗费太多体力。一个75毫米炮塔的炮塔成员为17人，其中12人负责将弹药从弹药库输送进火炮。

中间层通过一部梯子与射击室所在层相连。射击室是位于炮塔顶部的一处小型封闭空间。75 毫米炮塔内部直径为 2 米，侧壁和顶部厚度为 30 厘米。炮塔的双联装炮并排安装在射击室内，2 名炮塔成员操作火炮。尽管工作在这种环境下面临种种生理困难，但身为炮手具有相当高的威望。

炮兵与观测

马其诺防线的实力体现在其优越的枪炮火力设置、出色的通信能力以及观测能力的有机结合。无论是与要塞毗连的观察哨还是独立存在的观察哨，这些都配备了精密的高准确度潜望镜,能从观察哨的带厚壁钢制钟型塔顶部升起。

观察员直接与指挥所联系，每个步兵和炮兵要塞都配有一个指挥所进行直接指挥。整个前沿都被事先划定，每个可能的目标和坐标都被标出，而且炮手和观察员都对所有物体的位置了如指掌。至于从观察口或潜望镜能观察到的周边地形的全景图——包括绘图和照片——都被贴在观察员所在的观察哨内，潜在目标可以非常容易地被标定在四边形地图上。如果敌人在建筑物旁被发现，观察员们所要做的就是在草图或者照片上找到建筑物，并且将这一信息发送给炮兵指挥所。

步兵指挥官直接指挥以下行动：

· 步兵隔段（运用 47 毫米反坦克炮、机枪和“自动步枪”防御接近并发起进攻的敌方步兵以掩护炮台侧翼）。步兵隔段与要塞间间隔内的炮台协同作战并提供掩护和遮断火力。

· 机枪炮塔隔段。

· 观察钟型塔（自动步枪哨戒钟型塔）对要塞外部进行观察。这些钟型塔配备机枪和 50 毫米迫击炮以覆盖铁丝网和反坦克障碍阵地。

· 在必要情况下，步兵指挥官亦要在敌军攻入时指挥要塞内部战斗（事实上，这在法兰西战役期间从未发生过，曾有怀疑称德军进入了被放弃的维尔朔夫要塞的 1 号隔段，但没有进入地下区域。要塞内部从未受到过协同进攻）。

炮兵指挥官的使命和职责则更加复杂。他要向要塞指挥官汇报工作，而观察员将信息和目标参数报告给他后由他决定对目标使用何种武器射击。

步兵或炮兵指挥所分成两部分，分别是炮（步）兵信息处理区〔Service de Renseignements d'Artillerie (Infanterie)，SRA/SRI〕和火力指挥中枢（Poste

Central de Tir）。前者由一系列连通要塞中各个观察哨（这些观察哨被编上编号，例如01号、02号和03号等）的电话组成，这些电话由接线员值守。每个接线员都有一块用于标注观察员上报的目标信息的黑板，其身后还有一张由记录员（或称秘书）、目标标图员以及他们身后的情报军官所占据的桌子。电话接线员对面墙上摆放有从每个观察点观察到的全景照片。一名勤务兵负责将情报信息传递到要塞的其他指挥部门。来自炮（步）兵信息处理区的情报信息被传递给房间另一端的炮/步兵指挥官，之后由指挥官通过火力指挥中枢转送往战斗隔段。

基于从观察员处获得的情报信息，指挥官做出由哪个隔段与敌军交战的决定。具体坐标通过电话或者位于战斗隔段内的可配对信令传输装置传送给隔段指挥官，这些传输装置在炮声隆隆电话难以沟通时使用，这种情况下有必要采用可视通信。传声器被用于炮兵隔段，其中一端位于隔段内的指挥所而另一端则位于射击室（炮台）或炮塔侧面。传声器有多种形制①，不过在1940年时马其诺防线上主要采用的是由卡朋特公司开发的一种由两头传声装置和一个供电电池组成的机电传声系统。传声器被成对使用，其中主机箱位于指挥所，另一头则位于战斗隔段中靠近炮塔中间层的位置。这些机箱大致相同，每个都带一枚有相同指示器的圆形表盘和一个通过安装在机箱基座并与另一机箱同步的旋钮进行调节的双指针。指挥所内的操作员将传声器上的黑色主指针按选定位置调节，继而将受话器上的一个红色指针调至规定位置。之后操作员按下按钮，按钮便在传声器上闪出红光，而隔段中的接收器也亮起红灯并响起铃声以提示有命令传达。接收器操作员将接收器上的黑针对准红针指示器，按下接收器上的激活按钮从而关掉两个机箱的红灯。

“信令传送器”（Transmetteur d'ordres Téleflex）是一种用于中间层的“炮塔指挥官”（Chef de Tourelle）向上层炮手传送指令的机械装置。它由2个青铜材质的圆柱形壳体组成，壳体正面带有相同的标记。一个与一条钢缆连接的手

① 例如早期使用的多格农信令发送器（Transmetteur d'ordres Doignon），该产品与后文提到的卡朋特公司（Société Carpentier）产品原理相同，但基于与TM32型电话交换机类似的一套系统的应用，取代拨号盘的是一个在打开时用于指示接收器盒顺序的小翻盖。由于隔段内的震动使得格栅自行开合，从而导致系统效果不佳，此后它们被卡朋特公司设备取代。战后则使用了圣－克莱蒙得·格拉奈特系统。

柄与另外一个箱体上的手柄相连，将手柄转动到相同位置时，两个箱体就会显示相同的信息。

马其诺防线的布置使得其装备的枪炮射程只有在极少数情况下才能确保能“够着”向敌方领土射击。这些枪炮在本质上是防御性的。各要塞枪炮不多但都是可以快速射击并且在遭到从任何方向发动的突击时迅速做出反应。高射炮数量较少而且相距较远，仅仅被部署在防线后方。尽管有这些缺陷，要塞内的枪炮还是非常有效，可以倾泻出强大的压制火力。如果观察哨群系统行之有效，它们在标定远距离目标方面会表现出色，我们将在后面章节中看到一些例子，德军无法在遭到如此猛烈抵抗的情况下推进。要塞成员和他们的枪炮一样出色，这些人在他们即将于 1940 年保卫的土地上进行了精益求精的训练，其中军官和士官在 1939 年之前接受了至少 2 年的严格培训。战争到来时，他们已准备就绪。

在查皮（Chappy）小型步兵要塞和昂泽兰小型步兵要塞之间有 59 门 75 毫米炮，其中 38 门在炮塔内（其余在炮台内）；另有 25 门 135 毫米榴弹炮，其中 22 门在炮塔内；还有 34 门 81 毫米迫击炮，其中 28 门在炮塔内。在西姆塞霍夫和朔恩伯格之间有 24 门 75 毫米炮，其中 14 门在炮塔内；另有 14 门 135 毫米榴弹炮，其中 10 门在炮塔内；还有 17 门 81 毫米迫击炮，其中 14 门在炮塔内。对如此长的防线而言这些火炮数量十分有限，不过其过硬的质量足以弥补数量的不足。

这就是马其诺防线上的要塞。数百名军人在地下同甘共苦，那里的光线不是昏暗就是刺眼，空气和混凝土都很潮湿，还不断发出噪声——嗡嗡声、叮当声，以及喊叫抑或枪炮怒吼。这些人被称为“成员”（équipages），而不是驻军。他们是专家，比起士兵他们更像是地下战舰上的水手。他们在训练时齐心协力，他们在战斗中生死相连。而他们的指挥官主宰一切。正如阿格诺要塞区霍赫瓦尔德要塞炮兵指挥官勒内·鲁道夫（René Rodolphe）少校所言：“除了上帝，一切由他们说了算，就好比舰上的舰长。”

第二章
战争前夜的马其诺防线

记述马其诺防线1939年至1940年6月的整个战斗序列是不可能的，各单位每天都在各个部分之间调动，各部分名称则随部队内部重组而变化。以下是截止到1940年5月10日法兰西战役正式打响时的防线各部门一览。

法军第一集团军群由加斯东·比洛特（Gaston Billotte）将军指挥，[①] 麾下包括由亨利·吉罗（Henri Giraud）将军指挥的法军第7集团军、戈特（Gort）将军指挥的英国远征军、乔治·布兰查德（Georges Blanchard）将军指挥的法军第1集团军、由安德烈–乔治·科拉普（André-Georges Corap）将军指挥的法军第9集团军和由夏尔·亨吉格（Charles Huntziger）将军指挥的法军第2集团军。该部防区包括从敦刻尔克（Dunkirk）到隆吉永的非常广阔的区域，但在区域内的整个防线上只有2个位于切斯诺瓦（Chesnois）要塞和沃洛讷要塞的75毫米炮塔。此外还有少量的小型步兵要塞——艾斯（Eth）、萨尔茨（Sarts）、贝尔西利斯（Bersillies）、萨尔玛涅（Salmagne）、布索伊斯（Boussois）、拉法耶特和托内尔（Thonnelle）——外加数十个“筑垒地域组织委员会”要塞工事。至于“加强野战隔段工事”（Fortification de Campagne Renforcée，FCR）的隔段工事〔有时也被称作“比洛特隔段”（Bloc Billotte）〕——由“工程技术部”（Section Technique du Génie，STG）设

---

① 比洛特于1940年5月23日死于一场车祸，之后被乔治斯·布兰查德（Georges Blanchard）将军接替。

计[①]、建于总动员令发布和德军入侵之间的炮台和隔段工事。

吉罗将军的第 7 集团军防区从北海到阿尔芒蒂耶尔（Armentières），还囊括了弗兰德斯要塞区，一系列“加强野战隔段工事”和“工程建设部”炮台以翁斯科特（Hondschoote）、黑山（Mont-Noir）和卡塞尔山（Mont-Cassel）为中心于 1939—1940 年建造，这其中包括 6 个“加强野战隔段工事”A4 型隔段工事、6 个“工程建设部”侧翼隔段工事、9 个“工程建设部”A 型隔段工事和 1 个“工程建设部”B 型单隔段工事。围绕卡塞尔山的隔段工事群由“要塞区域研究委员会”负责修建，罗伯特·巴瑟勒米（Robert Barthélémy）将军为该区域指挥官。

里尔（Lille）要塞区由贝茨基（Bertschi）[②] 将军指挥，守军则来自第 16 地方工人团。它由 65 个各类型的隔段工事、23 个配有小型武器的小型掩蔽所（abris de tir）[③] 和 9 个可拆卸炮塔[④] 组成。

艾斯凯尔特要塞区位于布兰查德将军的第 1 集团军防区内，在莱斯慕斯森林（Forêt de Raismes）边缘建有 12 个连成防线的“筑垒地域组织委员会”炮台，这些是配有双联装机枪、47 毫米反坦克炮和混合武备钟型塔的强大步兵炮台。这些炮台是第 108 要塞守备连（Compagnie d’Équipages d’Ouvrages，CEO）的一部分，而后者又来自第 57 要塞步兵团第 1 营，指挥官为德穆兰（Desmoulins）上尉。在森林北部有一系列建在老旧的莫尔德（Maulde）要塞内的“加强野战隔段工事”“工程建设部”隔段工事和炮台，这些被称为“莫尔德集群”（Ensemble de Maulde）。由米什莱（Michelet）上尉指挥的第 107 要塞守备连负责这一集群防御——莫尔德西南（Sud-Ouest de Maulde）1、2 和 3 号隔段工事以及装备 2 门 1897/33 型 75 毫米炮的莫尔德要塞西“工程建设部”炮兵炮台、莫尔德要塞观察哨、2 个分别配备 155 毫米“费卢克斯”大威力加农炮（Canon de

---

① 一般来说，“工程技术部”型炮台具有多种样式，它们中的二级防护相对较强，配有 1 个或 2 个配有一门 25 毫米或者 47 毫米反坦克炮的炮室和双联装机枪。型号为：STG A 型——双隔段工事；STG A1 型——配有钟型塔的双隔段工事；STG B 型——配有一个钟型塔的简易隔段工事；STG B1 型——配有钟型塔的简易隔段工事。

② 全名不详。

③ 其中 A 和 B 型配有机枪和自动步枪，而 N1 和 N2 型，以及左、右、前（分别简写为 d、f、g）版本，则配有一挺机枪或一门反坦克炮。

④ 要塞化工事位置配有一个装有一挺哈奇开斯机枪的雷诺 FT 型坦克的炮塔。

155 Grande Puissance Filloux)[①] 和 2 门配备 1897/33 型 75 毫米炮(配有双战斗室) 的炮兵炮台。第 107 要塞守备连总计据守 32 个隔段工事和掩蔽所，以及 1 个配备有双联装机枪、47 毫米反坦克炮和 1 个混合武备炮塔的 “筑垒地域组织委员会” 双炮台。第 106 要塞守备连〔指挥官为萨尔多（Saudo）上尉〕指挥一片实力更强的防区，包括 “筑垒地域组织委员会” 詹兰（Jenlain）炮台和西端步兵要塞（即艾斯小型步兵要塞）。第 106 连防区内也有 24 个隔段工事和掩蔽所。瓦朗谢讷（Valenciennes）的 “前沿防御”（Avancée）任务落在了第 106 连身上，这里由 14 个 “加强野战” 隔段工事组成，而第二道防线则由 6 个 “要塞区域研究委员会” 监造的 “工程建设部” 型隔段工事组成。

莫伯日要塞区是 20 世纪 30 年代中一系列糟糕决策中又一个令人失望的决定。“筑垒地域组织委员会” 在巴威（Bavai）西南的默默尔森林北边边缘修建了一道由 13 个炮台组成的防线，这些要塞作为第二次紧急计划（deuxième urgence）的一部分并没有被纳入最终轨迹线，而是被作为二线防线。法军研究了莫伯日突出部，但并没有升级防御或增加新防御设施的计划。当地参议员们的紧急呼吁说服了军方修筑防御工事，之后一项在巴威修建一个炮兵要塞和 7 个炮台的计划出台，莫伯日则获得了 4 个炮兵要塞、2 个步兵要塞以及 36 个炮台。然而，尽管参议员们和魏刚（Weygand）将军以及甘末林将军都提出了要求，“最高战争委员会” 依然拒绝了这一计划，并且将提案化整为零，其结果就是在现有的塞雷·德·里维埃要塞群（Séré de Rivière's forts）[②] 上方又修建了 4 个步兵要塞，另有一道由第 1 “地方性军事要塞”（1ere Région Militaire，划定给该区域的隔段工事）组成的防线、8 个 “工程建设部” 和 “加强野战” 隔段工事以及 7 个 “要塞区域研究委员会” 炮台。如果有人查看过去和将来的范围图，结果显而易见：4 个 75 毫米炮塔分布在法比边境上，这些炮塔可轻易覆盖从北面和西面通往边境的道路，并能严重阻滞德军坦克和步兵在特雷隆森林（Forêt de Trélon）取得突破后在防线后方向南行军。

---

① 由路易斯·费卢克斯（Louis Filloux）上校在第一次世界大战中设计，这是一种发射43千克弹丸的重炮，炮口初速达735米 / 秒，射程为19500米。

② 该要塞群在1914年莫伯日之战中遭到重创。

科拉普将军指挥法军第9集团军和阿登军团（Détachment d'Armée des Ardennes）的要塞工事，以及第41要塞军（Corps d'Armée de Forteresse，CAF）和第102要塞步兵师〔前身为阿登防御区（Secteur Défensif des Ardennes）〕。这一部分防线从莫伯日要塞区一直到蒙特梅迪要塞区，是德国人在沙勒维尔（Charleville）—梅济耶尔（Mézières）以北渡过默兹河的地方，在这里隆美尔轻而易举地突破了特雷隆—阿诺尔（Anor）的防御。一系列轻型防御要塞被修建在阿登森林内和周围，部队在这一地带行动非常困难，尤其是对机械化部队而言，而在沙勒维尔－梅济耶尔和吉维特（Givet）之间渡过默兹河更是难于上青天。正如我们所见，贝当本人宣布，如果采取了包括封锁道路和摧毁桥梁等某些特定措施，这一区域将无法通过。阿登地区并未被认为是危险的，这里将被用于储存野战要塞装备（包括铁丝网、路障、壕沟和堡垒）。而这些野战要塞装备将在破坏道路和桥梁的命令根据需要发出后被使用。然而，1935年，第二军区（Second Military Region）的部队在巴贝拉克（Barbeyrac）[①] 将军率领下修建了一系列轻型防御工事，其中一些工事被以巴贝拉克的名字命名。这些工事由"军事建设"（Main d'Oeuvres Militaire，MOM）修建。1937年民承包商被雇用参与炮台和要塞工事房（Maisons Fortes）的建造。防御线穿过圣米歇尔森林（Forêt de Saint-Michel）和洛克罗伊（Rocroi）古堡一直延伸到默兹河，其左岸由"工程建设部"炮台和隔段工事守卫，而右岸则被机动部队监视，这些机动部队的任务就是摧毁一切通往河边的大路小径。

特雷隆和洛克罗伊之间的区域被指派给第41要塞军防御，该部由伊曼纽尔－乌尔班·利博德（Emmaneul–Urbain Libaud）将军指挥，并配属有一支炮兵部队。特雷隆到阿诺尔之间的防线由4个"加强野战隔段工事"炮台和27个1型"地方性军事要塞"炮台守卫，并辅以20个拆卸下来的坦克炮塔和4个观察哨。29个机枪和反坦克炮炮台掩护着圣米歇尔森林西部，并守卫通往赫尔森（Hirson）的道路。而森林东部的防御工事和"洛克罗伊大道"（Avancée de Rocroi）则包括了15个"地方性军事要塞"隔段工事、21个"工

① 全名不详。

程建设部”隔段工事、85 个配有小型武器的“巴贝拉克”型掩蔽所和 4 个观察哨，其中 65 个“巴贝拉克”型掩蔽所沿默兹河建造。

第 102 要塞步兵师〔前身为阿登防御区（Secteur Défensif des Ardennes）〕的防区在昂尚（Anchamps）到彭特巴（pont-à-bar）之间沿默兹河一线铺开，2 个位于努宗维尔（Nouzonville）和弗里兹（Flize）的炮兵炮台建于 1938 年，其余 8 个建于 1939 年的炮台则围绕沙勒维尔 – 梅济耶尔〔即沙勒维尔桥头堡（Tête de Pont de Charleville）〕修建。第 102 要塞步兵师由弗朗索瓦斯 – 阿瑟 · 波特泽特（Françoise-Arthur Portzert）将军指挥，下辖第 42 和第 52 殖民地机枪兵半旅（Demi–Brigade de Mitrailleuses Coloniaux）、第 148 要塞步兵团和第 160 阵地炮兵团，防御布置如下：

· 塞赫瓦尔次级要塞区：第 42 殖民地机枪兵半旅〔指挥官为平逊（Pinsun）中校〕负责守卫 MF1、MF2 和 MF3 这三个“要塞工事房”以及 27 个“巴贝拉克”型掩蔽所和 1 个观察哨。

· 埃松（d’Étion）次级要塞区：第 52 殖民地机枪兵半旅〔指挥官为巴贝（Barbe）中校〕负责守卫位于沙勒维尔桥头堡的 4 个“要塞工事房”、8 个“工程建设部”隔段工事和 1 个掩蔽所，位于努宗维尔的“工程建设部”型 75 毫米炮兵炮台掩护左侧侧翼，另有其他 40 个“巴贝拉克”型掩蔽所和 2 个观察哨。

· 布尔吉库尔（Boulzicourt）次级要塞区：第 148 要塞步兵团〔指挥官为芒斯龙（Manceron）中校〕负责 2 个“工程建设部”型隔段工事，其中一处位于埃维尔斯（Ayvelles）旧要塞，另一个“工程建设部”型 75 毫米炮兵炮台则用于掩护左侧侧翼，另有 40 个“巴贝拉克”型掩蔽所和 3 个观察哨。

蒙特梅迪要塞区落在了由亨吉格将军指挥的法军第 2 集团军防区内，并因为 1940 年时将蒙特梅迪桥头堡（Tête de pont de Montmédy）和默兹河正面（Front de la Meuse）合并而由两种截然不同的防御方案构成。前者的防御体系由“筑垒地域组织委员会”负责构筑，后者包括马维尔防御区（Secteur Défensif de Marville）则由“工程技术部”负责构筑。

蒙特梅迪桥头堡的防御体系的建造以 2 个炮兵要塞——沃洛讷要塞和托内尔要塞（该要塞仅有步兵隔段建造完成）——和总计划 22 个炮台中的 12 个炮台的开建开始，而沃莱穆宗（Vaux–les–Mouzon）要塞则从未动工。1938 年，蒙特梅迪桥头堡的防御被一系列小型隔段（带有2个具有立面的射击孔的矩形隔段）和几个可移动炮塔工事（tourelles démontables）加强，加强防御的目的在于缓解由射界死角带来的一些问题。这一桥头堡也包括了4个炮兵炮台，这些炮台和用于默兹河正面的炮台设计相似，用于提供侧射火力。其正面包括一个沿大维尔纳叶（Grand-Verneuil）地区边境的小型行洪区，该行洪区为齐尔斯河（Chiers River）泄洪，地点靠近圣安托万（Saint-Antoine）炮台。1939—1940年第二批隔段工事开建，这些工事为GA1型（单炮台和双炮台），带有一个正面射向的射击孔。工程主体于5月10日前完成，但没有装甲构建（钟型塔、射击孔）被交付。至于第二批“工程技术部”型炮台在普瓦（Poix）—泰隆（Terron）—蒙迪厄（Mont-Dieu）一线开工建造,但战争开始时尚未完工。

默兹河正面防御体系的建造以1935年各种不同设计和规制的小型“巴贝拉克”型隔段开建而启动，随即在1937—1938年又续建了几座“工程技术部”型炮台和6个装有1897/1933型75毫米炮的炮兵炮台。“假战争”〔phony war，即“静坐战”（Sitzkrieg）〕期间该地被扩建了更大型的隔段（“比洛特隔段”，或被称为“加强野战隔段工事”型隔段），同样类型多样。到5月10日时，绝大多数隔段都未完工，而且在所有大型隔段中仅有帕累托（Palleto）炮台（又称第61号炮台）接收到其配备的装甲构件（射击孔、观察哨和哨戒钟型塔）。

马维尔防御区隶属于梅斯筑垒地域（Région Fortifiée de Metz，RFM），包括两道防御防线。沿齐尔斯河岸建造有几个小型隔段和可移动炮塔工事，而沿马维尔高原（plateau de Marville）则建造了一系列1936型标准型梅斯筑垒地域型隔段工事，这些隔段工事被“工程技术部”升级以安装25毫米反坦克炮。1939年，几个“工程技术部”型炮台加装了钟型塔（“工程技术部”B1型）。主防御线沿齐尔斯河延伸到弗拉伯维尔（Flaberville），从此处穿过拉格朗日森林（Bois Lagrange），之后再次在沙朗西－韦赞（Charency-Vezin）与齐尔斯河下游交接，并在此继续向上延伸到马维尔高原。和其他地区一样，这里的要塞工事未安装装甲构件。

法军第二集团军群由安德烈－加斯东·普雷特莱将军指挥，该集团军群下辖由夏尔·孔代（Charles Condé）将军指挥的法军第3集团军，将马其诺防线最强大部分囊括进其管辖范围内。设立梅斯筑垒地域是为了守卫蒂永维尔和布莱依（Briey）的工业盆地以及位于梅斯的铁路交会点，该筑垒地域内包括马维尔次级要塞区（于1939年末被剥离出筑垒地域并被移交给蒙特梅迪要塞区）和克吕斯内斯、蒂永维尔、伯莱和福尔屈埃蒙要塞区，后于1940年3月18日被解散，其组成部分被整合进新的第42要塞军。

克吕斯内斯要塞区并不在“筑垒地域组织委员会”的初始计划中，直到参议员勒布朗（Lebrun）坚持要求增加这一要塞区以保护布莱依的工业区域后才得以被增补，也正因如此，该要塞区既有吸取到更早时期“筑垒地域组织委员会”修筑技术经验的优势，又有遭到第一批资金限制和项目规模缩减影响的劣势。按计划该要塞区将构筑10个大型炮兵要塞，但之后这些要塞或被取消或被缩减规模。[①] 加斯东·雷农铎（Gaston Renondeau）将军于1940年5月27日被任命为第42要塞军指挥官，其麾下包括第149、第139和第128要塞步兵团，每个团下辖3个营，另有第152阵地炮兵团。除此之外该要塞区还被加强有第51、第58步兵师（B类预备役部队）和第20步兵师（A类预备役部队）。

蒂永维尔要塞区是“第一次紧急计划”建设工程中的一部分，并已收到所有计划所需的构件。1940年1月1日时该要塞区由普瓦索（Poisot）将军指挥，并下辖第167、第168和第169要塞步兵团和第151阵地炮兵团[②]，而殖民地军（Corps d’Armée Coloniale）、第56步兵师（B类预备役部队）和第2步兵师（A类预备役部队）则作为预备队。

伯莱要塞区的左翼部分安装上了几乎所有的构件因而非常坚固，然而其在1931年后构建的右翼部分就相对薄弱了。在库姆高原（Plateau de Coume）仅仅建造了小型步兵要塞，缺少了炮兵要塞、观察哨和工事间隔中的掩蔽所，而本来在梅斯大坝（Barrage de Metz）计划修建的3个炮兵要塞也在贝当的一次视察后被取消。在总动员后该要塞区经历了几次调整，指挥官为贝塞（Besse）将军，下辖第164、第162、第161和第160要塞步兵团，以及第153阵地炮兵团和第23要塞炮兵团（Régiment d’Artillerie de Forteresse，RAF）。加强部队来

---

① 其中，第二阶段削减了1个炮兵堡垒、2个炮台、5个观察哨、24个掩蔽所和另外23个各种型号的隔段工事。6个炮兵堡垒中的2个被建造，剩下4个则成为步兵堡垒。

② 较老式的德国古藤朗格（Guentrange）要塞和科尼格斯马克尔（Koenigsmacker）要塞各有4个100毫米炮塔，这些炮塔由法军第151阵地炮兵团操作。

自卢瓦索（Loiseau）将军的法军第6军、英军第51高地师[1]、法军第31和第42步兵师（常备部队）、第26步兵师（A类预备役部队）。

福尔屈埃蒙要塞区的设立主要是保护梅斯城区和当地工业设施免遭德军火炮攻击并阻止德军从萨尔地区发起进攻，尽管初始计划中该要塞区缺乏纵深并险些被取消，而且其右翼部分也与伯莱要塞区一样薄弱。炮兵要塞再次被“缩水”成步兵要塞，同时在该要塞区内也没有哪怕一个75毫米炮塔，威力最大的火炮则是战斗隔段内的81毫米迫击炮，而入口就位于战斗隔段而非位于要塞后方。吉瓦尔（Girval）将军于1940年4月29日成为该要塞区指挥官，守军包括第160、第146和第156要塞步兵团并加强有第163阵地炮兵团作为炮火支援，另有第47步兵师作为预备队。

爱德华·雷金（Edouard Réquin）将军指挥的法军第4集团军负责萨尔要塞区[2]防务。萨尔隘口（Sarre gap）之前从未有永久性要塞工事部署，整个萨尔地区一直处于国际联盟控制下，直至1935年举行全民公投以确定居住在该地区的居民是否愿意回归德国。1935年1月，公投决定回归德国。突如其来的结果使得法国人需要找到一种办法保卫这一隘口。早在1930年，就已经有人开始讨论这一问题，当时有工程师提出沿萨尔、阿尔贝（Albe）和莫德巴赫（Moderbach）的河流修建水坝以便连通分布在萨拉勒贝（Sarralbe）和圣阿沃德之间森林中的一系列水域。[3]由尼德河（Nied River）锚定的西翼并未被包括进行洪区，取而代之的是修建了相当数量的配有反坦克炮和机枪的隔段工事，这些隔段工事位于前沿哨所和要塞化支撑点——“永备支撑点”（Points d'appui fortifiés，PAF）。1936年增设了4个炮兵炮台，1938年一系列大型“工程技术部”炮台开始动工，但是这些炮台数量太少而且建得太迟，因为它们直到战争结束都未完工。“要塞区域研究委员会”在阿尔贝河沿岸的福尔屈埃蒙—萨拉勒贝—萨尔联合体（Sarre-Union）—迪梅林根（Diemeringen）之间修筑了第二道防线。1939年10月，福尔屈埃蒙要塞区失去了两个次级要塞区（利兴和

---

① 该师于1940年4月22日与英国远征军余部分离，转由法军第3军指挥。该师驻扎在哈肯伯格要塞正面，并在法兰西战役期间逃脱了与英国远征军余部一同被包围的命运。

② 萨尔要塞区建制一直延续到1938年10月27日，而萨尔防御区域则一直延续到1940年3月15日。

③ 原始计划中包括了3个大型炮兵要塞，但未建造。

莱威尔），不过又获得了萨拉勒贝和卡尔豪森（Kalhausen）两个次级要塞区。萨尔要塞区有三处用于阻滞敌军前进的前沿地带（Avancées）——比丁（Biding）、巴斯特－卡佩尔（Barst–Cappel）和霍温（Holving），1940年3月又增加了第四处即普特朗齐前沿地带（Avancée de Puttelange）。达格南（Dagnan）上校负责指挥该要塞区部队，其中包括第69、第82和第174要塞机枪团，以及第41和第51殖民地机枪团、第33要塞步兵团和提供炮火支援的第66阵地炮兵团。第11步兵师、第82炮兵师（机动部队）和第52步兵师（B类预备役部队）则作为预备队。

维克托·布尔雷特（Victor Bourret）将军麾下的法军第5集团军直接指挥劳特尔筑垒地域防务，该筑垒地域于1940年3月5日被撤销，之后成为第43要塞军。该地区连接萨尔地区和莱茵河地区，横跨孚日山脉山麓，是天然的易守难攻之地。几个原计划的要塞部分最终并未投入建设，最终要塞建设止步于罗德巴赫以西。1934年罗德巴赫高原地区获得拨款并完成了与萨尔的连接和“新前沿”（New Front）的扩建，后者即为10个炮台和3个步兵要塞。最强大的要塞是位于远处右翼的霍赫瓦尔德集群（Ensemble of Hochwald）[①]要塞。比特克集群配合威力强大的西姆塞霍夫要塞和西斯塞克炮兵要塞的火力守卫左翼。第43要塞军指挥官为路易斯·莱斯坎尼（Louis Lescanne）将军。

罗尔巴赫要塞区非常强大，左侧薄弱但中部防御坚固。该要塞区由沙塔内（Chastanet）将军指挥，下辖第51殖民地机枪团及第133、第166、第153和第37要塞步兵团，并能获得来自第150阵地炮兵团和第59摩托化要塞炮兵团的炮火支援。第24和第31阿尔卑斯步兵师（这两个师于1940年从阿尔卑斯军调出）则作为预备队。

孚日要塞区于1940年3月转为第43要塞军，就防御而言该要塞区被一分为二。从马恩－杜－普林斯（Main–du–Prince）到温德斯坦（Windstein）一带施瓦茨巴赫溪（Schwarzbach creek）成为主要的防御屏障，河上修建了12道堤坝以提升河流水位。行洪区由位于其两端的13个步兵炮台和2个“军事

---

① 这里的“集群”一词是较早时使用的术语，用于描述要塞工事群组，例如霍赫瓦尔德集群、比特克集群（Ensemble de Bitche）等。

建设”炮兵炮台提供保护，并且处于大赫基尔克尔（Grand-Hohékirkel）要塞4号隔段的33倍径75毫米炮塔的火力覆盖范围内。至于要塞区另一半则由下孚日山的地形划定，下孚日山的深谷曲径由福尔－肖要塞的隔段工事和炮塔保护，侧翼实力较强但中部薄弱。计划中另有3个新增炮兵要塞，不过均未动工。圣沙梅（Senselme）上校指挥这一要塞区，麾下包括第37、第154和第165要塞步兵团，并获得来自第168阵地炮兵团和第60摩托化要塞炮兵团的炮火支援，第30阿尔卑斯步兵师作为预备队。

阿格诺要塞区从一侧侧翼到另一侧侧翼同样也有风格差异。其西侧侧翼为马其诺防线上最强大要塞之一——霍赫瓦尔德要塞所在地，该要塞有两个半要塞（demi–fort）、三个入口隔段和一道由一系列侧翼炮台掩护的反坦克壕沟。其左侧为福尔－肖要塞，而其右侧则是朔恩伯格要塞，这两个本身都是威力强大的要塞。在朔恩伯格和莱茵河之间还规划有新增的炮兵要塞（包括3个大型炮兵要塞和7个小型步兵要塞），不过这些之后均被降格为炮台。雅克－费尔南德·施瓦茨（Jacques–Fernand Schwartz）中校为该要塞区指挥官，麾下包括第22、第79、第23、第68和第70要塞步兵团，加上第156阵地炮兵团和第69摩托化要塞炮兵团的炮火支援，而两个预备役师——第70和第16步兵师则作为增援部队。

莱茵河地区防御

从地理学和计划者思维的角度看，抵御对莱茵河的渡河攻势并非易事，但毫无疑问莱茵河是快速突破防线的一个主要障碍。首先一点就是莱茵河河流本身，沿阿尔萨斯的河段平均宽度为200米，渡河后进攻方面对的是一排密布沼泽的茂密森林，而森林又被来自隔段工事和炮台的交叉火力所保护。最初构想把莱茵河作为阿尔萨斯的主要防线，其中所需的是沿岸的一系列防御掩蔽所，而主要防御工事则在一系列城镇〔艾尔利塞姆（Herrlisheim）、冈布桑（Gambesheim）、普洛布塞姆（Plobsheim）、埃尔斯坦（Erstein）、戈尔斯塞姆（Gerstheim）、欧本海姆（Obenheim）、博弗茨海姆（Boofzheim）、迪博斯海姆（Diebolsheim）〕中，斯特拉斯堡是个不设防城市。

莱茵河防御的最终布置分成三道防线，第一道防线中的机枪炮台被建在莱茵河岸边，这些炮台实力较弱，而且只有单层结构，显得有些局促，其里面还直接暴露在对岸敌军的直射范围内，大约有50个不同式样的隔段工事被建造（其中包括30个M2F型炮台，大约12个M1F型炮台和4个M2P型炮台）。炮台安装有雷贝尔机枪和13.2毫米哈奇开斯重机枪。以第7地方性军事要塞总监马塞尔·加歇里（Marcel Garchery）将军命名的G型炮台同样具有多种式样，这些炮台间隔800~1000米，并且与第一线的机枪炮台混组。这些G型炮台同样不堪一击，武器为自动步枪或8毫米哈奇开斯机枪。桥梁则由隔段工事守卫。

第二道防线位于第一道防线后1千米，被称为“维持线”或者“掩蔽线”，由轻型结构工事组成。这些工事大多数是带有3个炮台的大型掩蔽部，负责警戒从河中通往内陆的道路。这道防线同样非常薄弱，既缺乏纵深又无甚防御价值。泥泞的莱茵森林（Forêt du Rhin）纵深为2~3千米，位于第二道防线之后，在几处森林出口处修建了几个小型“军事建设”隔段工事。

第三道防线被称为“乡村线”（Ligne des Villages），起始于距离河道2~3千米的位置，该防线沿着连接村镇和森林西部边沿的道路建设，包括“莱茵河沿岸防御隔段工事”[①]——配有一个自动步枪哨戒钟型塔和几个装有机枪的钟型塔的重型双炮台。这道村镇防线由野战炮兵单位提供炮火支援，三道防线中没有一道配有侧射炮兵炮台。

巴斯-莱茵要塞区于1940年3月被划归第103要塞步兵师驻守，瓦莱（Valée）将军指挥该要塞区，麾下包括第70、第172和第34要塞步兵团，加上第237步兵团和来自第155阵地炮兵团的炮兵火力。第62步兵师（B类预备役部队）则作为预备队。

安托万·贝松（Antoine Besson）将军指挥的法军第三集团军群和第8集团军（由马塞尔·加歇里将军指挥）的防区涵盖了斯特拉斯堡以南区域，包括以下要塞区：科尔马（Colmar）要塞区，于1940年3月16日被划归第104要塞步兵师防御，该师由爱德华·库斯（Edouard Cousse）将军指挥，下辖第42、第28要塞步兵团和第242步兵团，第54步兵师（B类预备役部队）作为

---

① 巴斯莱茵（Bas Rhin）要塞化区域——火力更重和更强大的炮台在设计上大致相同；带有1个自动步枪哨戒钟型塔，通常还配有几个加装双联装机枪的钟型塔。

预备队。牟罗兹（Mulhouse）要塞区于 1940 年 3 月 16 日被划归第 105 要塞步兵师防御，该要塞区分为两类防御地段：一处类似北部的巴斯－莱茵要塞区，一系列排列稠密的炮台覆盖了查兰佩桥（Pont de Chalampé）地区，而在瓮堡（Hombourg）以南还有一片更开阔的区域。除河流外，该地区主要地貌是哈德特森林（Hardt Forest），这片森林非常茂密因而难以渗透突破。这一地区防御由几个支撑点和一条围绕巴塞尔的稀疏防线组织而成，在瓮堡和康斯（Kembs）之间建有少量“军事建设”隔段工事。这一区域由皮埃尔·迪迪奥（Pierre Didio）将军指挥，下辖第 10 要塞步兵师和第 159 阵地炮兵团。

阿尔特基克（Altkirch）要塞区位于牟罗兹要塞区以南，本书将不会详细介绍这一要塞区，因为那里并未发生激烈战斗，但在这里简要介绍一下该地区及其防御部署情况：第 44 要塞军于 1940 年 3 月 16 日组建，指挥官为朱利安·莫里斯·滕斯（General Julien Maurice Tence），其中包括了在 1940 年 3 月 16 日更名为阿尔特基克要塞区的“防御区”（Secteur Défensif）。阿尔特基克要塞区指挥官为约瑟夫·萨尔温（Joseph Salvan）将军，下辖第 12 和第 171 要塞步兵团，第 67 步兵师作为预备队。弗兰肯次级要塞区由第 171 要塞步兵团驻守，包括 5 个“工程技术部”型炮兵炮台和 27 个“工程技术部”型隔段工事。第 12 要塞步兵团驻守的多梅纳克（Durmenach）次级要塞区（即 I'III 次级要塞区）包括 5 个“工程技术部”型炮兵炮台、3 个“工程技术部”型隔段工事和 4 个重炮炮台〔维勒霍夫（Willerhof）——4 门 155 毫米 16 型 L 型重炮；布雷滕哈格（Breitenhaag）——2 门 240 毫米圣沙蒙型重炮；艾希瓦尔德（Eichwald）——4 门 155 毫米 1916 型 L 型重炮；斯特恩瓦尔德（Strengwald）——2 个 240 毫米圣沙蒙型重炮〕。最后，防御工事还包括 12 个装有机枪的隔段工事和 2 个观察哨。这里还包括了在 1940 年 3 月 16 日更名为蒙贝利亚尔（Montbéliard）要塞区的“防御区”，含位于蒙特巴特（Montbart）和洛蒙特（Lomont）的塞雷·德·里维埃要塞群要塞。

第 45 要塞军最初是作为驻守侏罗山（Jura）的陆军单位而组建，该部是由马里乌斯·戴耶（Marius Daille）将军指挥的独立单位，下辖第 VII/400 工兵团，防区介于阿尔卑斯军驻地和中侏罗山要塞区之间。侏罗山要塞区后更名为中侏罗山要塞区，包括几个“军事建设”和“工程技术部”型隔段工事和位于拉蒙特（Larmont）、茹（Joux）和圣安托万的要塞，除要塞外的防御工事如下：

·杜布斯（Doubs）公路上的拦阻工事：1 个配有 47 毫米反坦克炮的隔段工事、3 个配有地雷的警戒哨所。

·杜布斯境内道路：4 个要塞哨所、3 个配有 47 毫米炮的隔段工事。

·“要塞区域研究委员会”防线：

北〔莫尔陶（Morteau）〕次级要塞区：4 个炮台。

中〔蓬塔利耶（Pontarlier）〕次级要塞区：3 个炮台。

阿尔卑斯防御体系将在下文中详细描述。

第三章
迷惑的初战——“静坐战争”中的马其诺防线

1936年3月7日，在未遭到法军抵抗的情况下德军重新占领莱茵兰，而要塞部队却被命令立刻进入马其诺防线内的阵位报到。这次短暂的任务暴露出要塞内诸多缺陷，尤其是生活条件的问题。休憩区并未完工，地下水从墙上渗出并汇成水流顺着墙壁流淌到坑道地面，取暖装置无法工作，照明设备也常常不起作用。尽管如此，这是一次很好的学习经历，要塞部队和工程师们利用这一机会进行了一系列改进工作。

莱茵兰危机结束后，要塞部队回到了和平时期的营地继续训练，包括学习操作要塞枪炮和支援设备，以及指挥和控制程序。训练演习的成果就是各种要塞设备的组织和战斗的条令条例的极大改进。在此期间对指挥和控制的实地布局进行了改进，包括照明和通信设备的更换和改进。而所有在要塞内担负战斗值勤的人员的手册都经过了审查，战斗流程也进行了测试和修改。军官和士官被派去观摩海军军人是如何在与要塞接近的环境下作战。

1938年3月，希特勒策划的德奥合并使得要塞守军回到要塞中进入全面战备状态，这一状态一直持续到5月初。9月，苏台德危机一触即发，要塞再次被守军运作起来，紧张局势持续升温，直到《慕尼黑协定》于1938年9月30日签署才促使局势恢复平静。

1939年3月，德国派兵占领波西米亚（Bohemia）和摩拉维亚（Moravia），8月，希特勒开始讨论建立一条“但泽走廊”（Danzig corridor），隐隐地对波兰构成威胁。就在8月15日，法国下令部分动员。截止到24日，要塞守军已经到位，而25日当天2时高音喇叭宣布了“第41号措施”（Mesure 41），大约3小时后要塞部队家属被从位于敌军炮火范围内的当地兵营疏散往法国内地，而掩护部队于1939年8月的最后一周被动员起来。从8月26日起，马其诺防线的工程获得战时配额。

9月1日，即总动员的第一天，孚日要塞区和阿格诺要塞区的观察员报告称德国平民正从边境附近村镇撤离，他们同时观察到法国村镇开始疏散居民。撤离格兰德－罗塞尔（Grande-Roselle）的行动伴随着军乐进行，而在维森伯格（Wissembourg）附近则安静得多，几乎是悄悄进行。一户户家庭携带手提箱走到十字路口，登上汽车后坐车离开。观察员们从可以俯瞰绍尔（Sauer）谷地的福尔－肖要塞的6号隔段报告了莱姆巴赫村的撤退情况。撤退行动毫不张扬，没有动用车辆，人们靠步行或自行车行动，除了他们可以携带的物品，其他都被丢弃。第242步兵团第2营的雷内·卢拉特（René Lurat）在到达新布里萨赫（Neuf-Brisach）村时，发现所有东西都被丢弃，狗在街上闲逛，饭菜被落在桌上，梳妆台抽屉和衣柜依然敞着，“一户户家庭将他们珍贵的记忆和秘密留在了身后”。

在维尔朔夫小型步兵要塞后方，辛格林村于9月1日16时收到撤退命令。格罗斯－雷德兴（Gros-Rederching）的1039名居民带着包袱加入行进的人流。一些人坐上汽车，一些人搭上列车或是自行车，而那些步行的则需要在马其诺防线后方走上18千米去寻找掩蔽所。罗伯斯维尔（Roppersviller）撤离了所有317人，而比利斯布鲁克（Bliesbruck）则撤离了900人。易普林（Ipling）位于萨尔要塞区前哨哨所前方，2名来自格罗斯布列德斯多夫（Grosbliederstroff）的宪兵于16时将撤退命令传达到镇上。在萨尔地区，一群村民整夜向南行进，并于6时越过普特朗齐前沿哨所边缘的反坦克轨条阵障碍和铁丝网，在筋疲力尽之际到达了马其诺防线后方的安全地带。萨尔贝的3800名居民于9月1日22时接到撤离大城镇的命令，他们的第一个目的地是努维尔－阿夫里库尔（Nouvel-Avricourt），在那里他们将搭乘火车前往昂古莱姆（Angoulême）。而要赶到位于马恩－莱茵运河（Marne-Rhine Canal）以南的努维尔－阿夫里库尔，需要步行50千米。

9月3日，这样的通讯被发送给要塞区指挥官：“未确认宣战，避免边境事件，阻止任何侵犯边境行为，但若有敌军渗透，使用步枪（火力）驱赶。”

边境线的德国一侧并无异动的报告，而在防线和边境线之间的法国土地上已无平民。9月3日9时，驻扎在福尔巴赫（Forbach）突出部的机动共和国卫队（Garde Républicaine Mobile，负责在和平时期守卫边境线）被命令切断连接法国与萨尔布吕肯的电话线路，一小时后驻扎在斯特林－温德尔（Stiring-Wendel）的宪兵接到命令关闭边境隔段工事附近道路上的路障。机动共和国卫队是严守防御的单位，在维耶里－维莱利（Vieille-Verrerie）和格兰德－罗塞尔，他们被命令不得向他们的德国同行开火。法国人与德国人仍然保持联系，双方关系依旧融洽，不仅举行了对话会，还在路障之间互相交换香烟和葡萄酒。这样的状况到9月13日宣告终结，当时一名机动共和国卫队中尉对来自边境线另一侧的嘲讽看不顺眼，于是对着德军边防军士兵头顶开了一枪。德军士兵钻进了他们的边防哨所，再未现身。

9月6日，法军最高统帅部发出消息："确认进入战争状态，提高警惕。"在阿格诺要塞区，霍赫瓦尔德要塞被命令未经要塞区指挥官下令不得开火。

9月9日，法军发动了糟糕的萨尔"攻势"，战事本身几乎不值一提，但暴露出即将出现的法军守势思维的第一个信号。雷金指挥的法军第4集团军获得了第9摩托化步兵师、第23步兵师和3个R35型坦克营加强，一路攻入德国试图占领萨尔布吕肯的制高点。这是自1870年以来在该地首次爆发战事，而这一特别攻势的结果也没比以前好到哪儿去。保罗·阿拉伯斯（Paul Arlabosse）指挥的法军第2步兵师穿越了萨尔地区，而玛丽－卡米勒－夏尔－雷蒙德·皮若（Marie-Camille-Charles-Raymond Pigeaud）的法军第21步兵师则拿下了布利斯河（Blies）以北的几道山脊。法军猎兵和骑兵穿插进入了圣阿诺伍德森林（Bois de Saint-Arnaud）和沃恩特森林（Forêt de Warndt）。而在更东边，法军第41步兵师则发起进攻，占领了边境线对面距离维森伯格约1千米的德国小镇施韦根（Schweigen）。一组75毫米炮被架设在罗特（Rott）以支援第4团第3营。

霍赫瓦尔德东的7比斯隔段[①]的75毫米炮塔炮支援了这次行动，火炮按预定时间开火，这是霍赫瓦尔德要塞在战争中首次打出炮弹。几次射击后，其中

① 配有1个装有2门M1933型75毫米炮的炮塔（第217号炮塔）的隔段，全重265吨，配有半自动炮闩，这是阿尔萨斯地区要塞中唯一有这一装置的。从外表面顶层到底部的楼梯有41米，有210级台阶，是各要塞隔段中最长的楼梯之一。

一个炮管发生故障，炮组成员将剩余火炮的射速提高了一倍以弥补另一门炮失效造成的射速损失。这次进攻是短暂的，法军在施韦根没有发现任何敌人，也并没有与德军发生任何接触，很快就撤回去了。

德国领土上充斥着反步兵地雷，9 月 14 日，法军被命令在占领区建立一道防线。普雷特莱将军于 9 月 14 日下达的命令——“在被征服的土地上组织起来”——表明他没有对萨尔布吕肯发动总攻的意图，也无意占领其他任何对马其诺防线构成威胁的德国领土。建立要塞防线是为了迫使敌军对其发动进攻，而非将法军派往其前沿 10 千米的位置。10 月 4 日，法军撤回到马其诺防线要塞的间隔中。

德国人并未在意法国人的小打小闹，他们的注意力几乎完全集中在了波兰战役上。德法边境鲜有问津。德军战机频繁飞入法国上空执行任务，有几架被击落。9 月 26 日，德军的 150 毫米火炮对法军在施韦根附近的开火做出回击，两天后劳特尔河上所有桥梁均被摧毁，明确对德国人表明法国人无意攻击其领土。法军和德军巡逻队经常穿越维森伯格以北的道路，不过这只是在敌对行为的范畴内。

10 月 15 日，来自法军第 3 骠骑兵团的一支突击队在马克・鲁维略（Marc Rouvillois）上尉率领下发动了一次旨在将德军观察员从边境城镇文德霍夫（Windhof）逐出的夜袭行动。他们在霍赫瓦尔德要塞 75 毫米炮的掩护下搜遍全镇，一无所获。夜里他们还组织了伏击，同样连德国人的影子也没发现。

从 1939 年 10 月起，间隔步兵和要塞守军开始加强防御，法军常规师指挥官们负责其所在区域的工事构筑，通常他们将其个人观点强加进隔段工事和掩蔽部构筑而不是听取要塞工程师意见。每个指挥官对地形和符合其个人静态防御理念的隔段工事的设计的组织都有不同的意见，步兵单位频繁从一个区域调防到另一个区域，在某些情况下，他们会被新任指挥官命令放弃前任治下的工作而开工建设他认为更好的，结果就是各种设计的大杂烩。1940 年春，第 5 集团军防区内有超过 50 种隔段工事类型，因此无法为其提供诸如门和射击孔的标准装甲构件。各种配件都是按照标准尺寸制造，但由于设计繁多，结果就是大多数配件未能安装或是进行了急就章式的适配。所有这些都是以最关键的防御性为代价，例如反坦克壕沟和反人员障碍。

1939年的秋天秋高气爽，之后就是有史以来最冷和最多雪的冬天。驻扎在马其诺防线坑道和地下工事中的驻军们对所谓的“静坐战争”感到厌倦，而对那些身处前沿哨所等待并观察那些难以察觉的敌人的驻军而言他们的经历则更加糟心。夜晚给驻军们带来的是不祥预感和神经质，德军开始派出越来越多的夜间巡逻队和小股特种部队，他们的任务就是渗透并袭扰前沿哨所。法国人时刻紧盯每个阴影，等待着无处不在的袭击的发生。德军可能进攻的警报日益频繁，不断刺激着前沿观察员的神经，收到子虚乌有的攻击警报的机枪手将子弹倾泻向并不存在的敌人。12月初，德军对防线的渗透变得越来越频繁，法军巡逻队在前沿阵地周围的雪地上发现了脚印。法军军人被警告不得独自或不携带武器在防线前沿巡逻。每天晚上反坦克路障都被放置在路面上。

圣诞节到了，但教堂钟声并未响起，村镇里一片死寂。积雪覆盖了屋顶，只有小动物和法军巡逻队来回巡逻的足迹出现在没有障碍的街道上。法军巡逻队搜寻着隐蔽在其中一间房屋内或其中一道院墙下的敌军，但决不希望发现他们。德国人在边境另一边庆祝圣诞节，当晚一切平静。在马其诺防线内，守军们簇拥在从附近森林砍伐的圣诞树旁并唱起颂歌，思念着他们相隔遥远的亲人。午夜弥撒在霍赫瓦尔德要塞的大型中央长廊举行，其他类似庆祝活动也在各个防线要塞内举行。假期过去了，守军们迎来了可怕的新年。

对守卫莱茵河沿岸的部队而言，进入1940年后，机枪和小型武器在莱茵河两岸之间的射击频率不断增加。德军对所有移动物体进行射击，尤其是法方工作人员，为此在河两岸修建新隔段工事的工人们被迫进行伪装以掩藏工程施工。3月，第42要塞步兵团第1营的马列特（Malet）上尉命令G12隔段工事对一个德军掩体的射击孔进行射击，让一门不停折磨在河岸施工的法军士兵的火炮“闭了嘴”。由于这次行动，马列特获得了一枚军功十字勋章（Croix de Guerre）。而德军则瞄准了钟型塔的机枪和自动步枪射击孔进行攻击，打坏或摧毁了不少枪支。更换这些枪支通常需要花费数周时间，而拆下损坏枪支后，射击孔处就留下了一处较大的开孔，德军狙击手瞄准这些洞开的射击孔进行射击，他们射出的子弹在隔段内四处乱飞。

逼仄的住所和百无聊赖开始带来麻烦，守军在极易引发幽闭恐惧症的环境下紧挨着生活，时间越长，情况越糟。军官和士官们施展出极大的领导才能才能叫停口角以免发展成肢体冲突，指挥官们只能采取让守军官兵忙于日常操练的方式以锻炼其技能。最大的敌人其实是1939—1940年的严冬，大雨倾盆而下，12月，大地结冰上冻无法开工，而2月整个月几乎天天下雪。

尽管要塞部队在冬季遇到了种种困难，但他们成功地将他们的大部分自动武器都置于混凝土覆盖下。第82要塞机枪团第1营在4月独立完成17个隔段工事建造，包括几个用于安置一战时期雷诺坦克37毫米炮塔的混凝土平台。在萨尔要塞区建设了250个隔段工事，然而不幸的是伪装和保护均未到位，隔段工事如同受伤的大拇指一般突出。到1940年5月绝大多数工程均未完工。

雷金将军指挥的法军第4集团军在1939年9月—1940年5月完成了超过400个隔段工事，1938年计划的31个“工程技术部”型大型炮台中有28个已经完工。6排反坦克轨条阵横贯马其诺防线的大部分区域，整片森林被砍伐以清理射界并修筑阻断道路和坦克通道的路障。所有通信线路都进行了埋入处理。

3月27—28日的夜晚透着不详的氛围，月亮消失不见，天空在厚实的积雨云的遮盖下显得分外黑暗。位于莱茵河岸的查兰佩北岸炮台（Casemate de Chalampé Berge Nord）距离河边仅有数米之遥，哨兵们每天24小时不间断地围绕炮台巡逻，另有一名哨兵在幽闭的钢制钟型塔中对外观察。就在这个晚上，在钟型塔中的哨兵无法通过射击孔看到外面的任何事物，只能听见几米外的河水声和来自下方炮台内的人声。而另一名哨兵则巡逻到了炮台后方有道路经过的地方，走几步停下来听一听再转过去，他背对着森林，距离炮台只有几步之遥，黑夜中的炮台轮廓比后面的天空略暗但也不算黑得很多。时值隆冬，森林中没有了夏天的声响——没有鸟儿或是虫儿，只有一些树枝在风中沙沙作响。在黑暗的钟型塔中，哨兵试图将下面炮台坑道中的几个人时不时制造的噪音从耳边驱散，他整夜在塔中逡巡而无法入睡，听着纸张的沙沙声和金属咖啡杯的刮擦声，烟草的气味飘了上来，又从钟型塔的射击孔中飘散而出。外面除了漆黑一片别无他物，也许还能听见哨兵的脚步声、停止声和转弯声。午夜前，在炮台周围巡逻的哨兵听见向北边射击的机枪声——那是另一个炮台正向德军巡逻队或是“幽灵”射击。枪声持续了几分钟，之后恢复平静。突然有一根树枝从树丛中伸出，哨兵当即僵在原地大喊“停下”（法语：Halt la），并要求其报出口令，因为这很有可能是一支路过的法军巡逻队。回答他的是一声步枪枪响，然后有人大喊“工兵，工兵”。他立刻跑回炮台并拉响警报，随即跳入战壕。炮台守军冲向各自阵位，然后枪手使用机枪和自动步枪对树丛进行了射击。德军巡逻队——如果那确实是的话——逃跑了，很有可能渡河逃回去了。

第二天早晨，第1连第11排排长彼得（Péter）少尉与指挥官蒂尔沃兹（Thiervoz）中校进行了交谈，蒂尔沃兹询问彼得哨兵是否有可能是幻听，彼得则告诉指挥官他的部下在森林中发现了被丢弃在树丛中的2顶德式钢盔和3枚手榴弹，可以确定有一支德军巡逻队渡过莱茵河并试图对前哨发动偷袭，那声“工兵”有可能是德军巡逻队用来吓唬哨兵而喊的。之后深入的调查显示德军可能已经从罗珀内姆（Roppenheim）大桥的左边穿过。这座桥在去年秋天被炸毁，但是这一工作并不彻底，一小部分完好的桥体依旧横跨在河道上。其他类似的入侵行动也沿河边发生，表明河道并不是理想的障碍物。

在北部，罗伯特·玛丽·爱德华·佩蒂艾特（Robert Marie Édouard Petiet，1880—1967年）将军指挥的法军第3轻骑兵师守卫着从其驻地到隆维前沿地域（Position Avancée de Longwy，PAL）以及比利时和卢森堡的边境线。佩蒂艾特的任务是，一旦德军入侵卢森堡，即将第3轻骑兵师调动到梅尔施（Mersch）和贝唐堡（Bettembourg）之间的“大公国”（Grand Duchy）地区，摧毁这里的工厂、桥梁、轨道和电厂。这将阻滞德军行动，不过仅能阻滞24小时，但也足以改变德军先头部队攻入法国边境的能力。很显然，要在卢森堡境内展开激烈战斗，只有采取行动延缓德军攻向马其诺防线的速度。佩蒂艾特需要率先进入卢森堡，2~3小时就可能有所作为，甚至只需更少时间。

4月12日16时，法军第3军传达了总警报命令（4月时法军最高统帅部发出了多次警报）。结果，19时30分，佩蒂艾特命令所部寻找掩蔽所，但要准备进入他们的出发阵地。法军意图在破晓时发起进攻。5时30分，进攻命令被取消，但轻骑兵和摩托化部队已经准备出动。接下来又过去了几天，行动命令依旧没有下达。4月21日，警报解除。4月25日，几名第3轻骑兵师的军官被准许离队探亲。“静坐战争”的平静回到了前线，但不会持续太久了。

第四章 从比利时到色当

黄色方案：发送给德军军级指挥官的关于即将到来的入侵法国和低地国家的准备编号

奥格斯堡：执行入侵行动但不越过边境的第二编号

但泽：行动编号

1940年5月10日4时35分——但泽

“黄色方案”旨在对卢森堡、比利时和荷兰发动大规模入侵，费多尔·冯·博克（Fedor von Bock）大将的B集团军群所部第6和第18集团军挥师攻入比利时，格尔德·冯·伦德施泰特（Gerd von Rundstedt）将军的A集团军群[①]所部第4、第12和第16集团军从阿登森林渡过默兹河进入卢森堡和法国北部，其中的先头部队为下辖5个装甲师、3个装甲掷弹兵师和1个高射炮军的克莱斯特装甲集群（Panzergruppe Kleist）[②]。而由威廉·里特尔·冯·勒布（Wilhelm Ritter

① 德国国防军A集团军群包括第4和第267步兵师；第4集团军包括第87、第211和第26步兵师；第5军包括第28和第251步兵师；第8军包括第8步兵师；第15军包括第62步兵师、第5和第7装甲师；第2军包括第12和第32步兵师；第12集团军包括第9和第27步兵师；第3军包括第3和第23步兵师；第6军包括第16和第24步兵师；第18军包括第5、第21、第25步兵师和第1山地师；冯·克莱斯特集群——见下条注释；第16集团军包括第6、第15、第26、第33、第52、第71和第197步兵师；第13军包括第17和第34步兵师；第23军包括第58和第76步兵师。

② 包括含2个信号营、1个探照灯团、3个工兵营和3个炮兵团的司令部直属部队，含4个“大德意志”步兵团、重炮营、工兵营、第1装甲师、第2装甲师和第10装甲师的第19（机械化）军，含空军高射炮团、第6和第8装甲师以及第2装甲掷弹兵师的第41军，含第13和第29装甲掷弹兵师的第14军，含第101、第102和第104高射炮团的高射炮军。

von Leeb）将军指挥的 C 集团军群[①] 下辖第 1 和第 7 集团军，该部直接面对马其诺防线。与此同时，法军战斗力最强的由加斯东·比洛特指挥的第一集团军群开入了比利时。

德军没料到法军会在中立国展开行动，相反他们相信并担心法军会利用马其诺防线作为调动、发动进攻或是准备进攻的出发阵地。德军也考虑到法军可能在其穿越比利时的过程中从马其诺防线攻击其南部侧翼，如果法军反击失败，他们将会退回要塞的掩护范围。作为应对，冯·伦德施泰特将恩斯特·冯·布施（Ernst von Busch）将军的第 16 集团军充当侧翼，沿谢尔莱班（Sierck-les-Bains）到穆宗（Mouzon）一线法国边境展开，以便在装甲部队穿过阿登地区时为其提供掩护。德军第 16 集团军将面对孔代将军的法军第 3 集团军，冯·布施的主要问题是如何在法军部署摩托化部队阻滞其进攻之前穿过卢森堡。佩蒂艾特的法军第 3 轻骑兵师[②] 正等候出击，德军需要秘密发动和快速行动。

希特勒的如意算盘是利用菲泽勒（Fieseler）Fi-156“白鹳”（Storch）联络机在战线后方机降部队。冯·布施将军对动用空降部队并不热衷，主要因为这种小型飞机只能搭载 5 名乘员，在作战中将需要投入大量飞机，或在德国和着陆场直接进行大量架次飞行，或二者兼有。他倾向于在法军有时间出动骑兵部队之前以一支快速机动部队穿过卢森堡，他设想派出 6 个“猎兵突击队”单位（德语名称：Jagdkommando），每个“猎兵突击队”小组由 50 人组成，携带 6 挺机枪和 1 门反坦克炮。紧随其后的是 2 个“先遣部队”（德语名称：Vorausabteilung）单位，“先遣部队”由 1 个机枪营、1 个步枪连、1 个“坦克猎手”（德语名称：Panzerjäger）连、1 个工兵分队和 1 个无线电小队组成，搭乘机动车——卡车和装甲运输车行动。每个“先遣部队”单位装备 60 挺机枪、18 门

---

① 德国国防军 C 集团军群包括含第 197 步兵师的第 1 集团军〔指挥官为埃尔温·冯·维茨勒本（Erwin von Witzleben）元帅〕，含第 246、第 215、第 262 和第 257 步兵师的第 36 特设军级司令部，含第 60、第 252 和第 168 步兵师的第 24 军，含第 75、第 268 和第 198 步兵师的第 12 军，含第 258、第 93 和第 79 步兵师的第 30 军，含第 95 和第 167 步兵师的第 45 特设军级司令部，含下辖第 213、第 554、第 556 和第 239 步兵师的第 33 特设军级司令部的第 12 集团军〔指挥官为弗雷德里克·多尔曼（Friederich Dollman）大将〕，含第 557、第 555 步兵师和第 6 山地师的第 25 军，含第 218 和第 221 步兵师的第 27 军。

② 该师隶属于第 3 集团军，5 月 13—14 日下辖含第 5 骠骑兵团和第 6 龙骑兵团的第 5 骑兵旅；第 13 轻机械化旅下辖第 3 装甲汽车团、第 2 龙骑兵团和装备 25 毫米反坦克炮的第 3 师属反坦克中队；另配属 2 个装备 75 毫米和 105 毫米炮的炮兵团、装备 47 毫米反坦克炮的第 10 师属反坦克营、3 个师属侦察队、第 1“斯帕希”（Spahis）旅（“斯帕希”指主要来源于突尼斯和摩洛哥的轻骑兵单位）、第 2 连、装备 R35 型坦克的第 5 步兵坦克营和第 58 步兵师。

迫击炮、16门反坦克炮和20门20毫米高射炮。

希特勒对这样的安排并不满意，他担心这两波机动集群将被障碍物和拆除物所阻滞。他实现了其实施空降突击的愿望，下令创建通过空运到达边境的“空降突击队”（德语名称：Luftkommando）。结果冯·布施调整了“猎兵突击队”的组成并缩减了规模，他们现在的任务是快速穿越卢森堡以增援“空降突击队”单位。它们被命名为VA–A和VA–B。VA–A由弗莱尔·冯·奥夫塞斯（Freiherr von und zu Aufsess）少校指挥，该部将沿卢森堡–隆维一线推进；VA–B由弗莱尔·冯·多本内克（Freiherr von Dobeneck）少校指挥，沿阿尔泽特河畔埃施（Esch–sur–Alzette）和贝唐堡之间的卢森堡边境推进；另有一支包括2个骑兵中队和自行车部队的小型侦察队由约哈西姆·冯·海勒曼（Joachim von Hellermann）少校指挥在二者之间机动；第16集团军则在这些部队之后跟进。

来自第34步兵师第80步兵团的维尔纳·海德里希（Werner Hedderich）中尉被选中指挥“空降突击队”，125人志愿参与行动，他们将搭乘5波次总计25架飞机飞往卢森堡。4月，海德里希和所部被送往特里尔（Trier），他们将在那里搭机出发。5月9日，“空降突击队”进入战斗警戒状态，25架Fi–156联络机飞抵特里尔–尤伦（Trier–Euren）机场。海德里希召集所部军官查看了着陆场和将要占领的要点的地图和图表。

5月9日，卢森堡境内多地的观察者报告了如下活动：

·施托尔茨海姆堡（Stoltzemburg）——乌尔河（Our River）德国一侧有大量德军活动，但是这可能是即将在5月10日举行的射击比赛的一部分，这一部队包括几辆卡车、200名军人和骑兵。

·菲安登旁罗斯（Roth by Vianden）——5月9日下午，巡逻兵占据边境线，在罗斯目击到大量德军部队和装备。

·博恩（Born）——5月9日15时，机械化纵队在博恩对面停止，穿制服的军官检查了叙尔（Sûre）地区河岸，30分钟后他们回到自己车上并驶向海因克尔（Henkel）。其后跟进的是20辆搭载小船和架桥设备的卡车。军官们来到靠近温特斯多夫（Wintersdorf）的河边，而卡车则仍在森林中。

·瓦瑟比利格（Wasserbillig）——5月9日下午，一名瓦瑟比利格居民报告称他在朗苏尔（Langsur）遇到2个德国人，交谈中两人告诉他，从早上开始载有武器装备的卡车出现在朗苏尔堡（Chateâu de Langsur）。下午，在摩泽尔州的奥博比利格（Oberbillig）发现了架桥设备，晚间则听见马、发动机和车辆的声音。

·里米希（Rémich）——傍晚时分，德国一侧出现异动，可能是部队集结。在德国村镇帕尔岑（Palzem）、内宁（Nennig）和德施（Desch）发现了焰火和光信号。

一夜间，德军小股部队乘船渡河进入卢森堡，"解决"掉位于摩泽尔河和叙尔河（Sûre River）卢森堡一侧的几名宪兵。第1装甲师通过格雷文马赫（Grevenmacher）、博思（Bous）和莫斯特洛夫（Moestroff）时出现几声枪响，不过未遭遇重大抵抗。第2装甲师的行军路线途经菲安登。3时50分，一组突击队接近菲安登海关大楼，占据岗哨的宪兵和一小部分军事警察很快投降。来自霍辛根（Hosingen）的一份报告详细介绍了德军乘船穿过乌尔河的过程，第10装甲师的前锋在埃希特纳赫（Echternach）对岸等待通过，3时30分，德军摩托艇开始穿越埃希特纳赫下游的摩泽尔河，黎明时分，数千名德军士兵通过位于施托尔岑贝格（Stolzemberg）的桥梁。

法国的无线电系统——"无线传输"（Transmissions sans Fils，TSF）开始将来自卢森堡境内观察员的信息传给法国陆军情报局（Deuxième Bureau）。这些消息被注意到，但并未被认为重要到需要传递给陆军师总部。4时15分，位于隆维的"炮兵信息处理区"（Services de Renseignments）收到一条来自卢森堡的消息，称大量德军战斗机和轰炸机飞跃头顶。佩蒂艾特将军在3时被飞机轰鸣声惊醒，他起身穿好衣服，但仍未弄清到底发生了什么。这相当不幸，因为如果这是德军的全面入侵，那么必须尽快下定决心。发令枪的扳机必须扣下，但没有人准备这么做。最终，4时15分，第3集团军位于梅斯西北圣女贞德（Jeanne D'Arc）要塞的指挥部向佩蒂艾特和指挥位于布雷利的第42要塞军[①]的斯沃特（Sivot）将军[②]发出警报，详细说明了发生在北部的情况。法国

① 包括第128和第139要塞步兵团以及一些更小规模的集群和附属单位，下辖第128要塞步兵团的第20步兵师，以及第58步兵师配属的第139要塞步兵团。

② 斯沃特于1940年5月27日被雷农铎将军接替。

人意识到为时已晚，他们完全被打了个措手不及。

即便如此，法军的反应仍然慢得离谱。直到5时17分，法军第42军才对驻扎在隆维的第58步兵师发出警报，称未知规模的入侵正在发生。法军第24军第51步兵师〔指挥官为福格勒（Fougère）将军〕和第160步兵团〔指挥官为富特（Fortet）上校〕于6时接到通知，第201步兵团〔指挥官为罗吉尔（Rougier）中校〕则迟至6时15分才接到。最严重的问题是给佩蒂艾特的部队发出警报也被耽搁了，而且自从4月的警报降低级别后骑兵们分散在各地，一些人还在休假，全师报称仅有15%的作战效能。6时，第3轻骑兵师终于被命令向卢森堡境内进军，然而海德里希的“空降突击队”已经赢得了这场行军竞赛。

4时25分，25架Fi–156从特里尔－尤伦机场起飞，并沿摩泽尔河超低空飞行。在其下方，突击队员们可以看到上千辆德军车辆——坦克、卡车、火炮——沿着每条路开进。在瓦瑟比利格，飞行员们驾机越过边境线进入卢森堡境内，并沿铁路线飞行，到了卢森堡城，5组人马分散开来并各自飞向他们预定的目标位置。第一波次被放出后，飞机立刻起飞，以便运送下一波次。

海德里希的部队在位于法卢边境以北2千米、距离布雷海因要塞（Ouvrage du Bréhain）的索勒雷（Soleuvre）掘壕以阻断通往卢森堡城的道路，他们利用了农具，并设置了机枪火力点。他们非常“荣幸”地截停了卢森堡王储和之后的法国驻比利时大使馆人员的车辆，他们被要求掉头，并被告知所有通往法国的道路现都已被德军控制。

另一组人马（仅被确认由“W少尉”指挥）占领了位于佩坦格（Pétange）和巴斯加拉格（Bascharage）之间的柏米奇（Bomich）的路口，斯特凡（Steffen）少尉的小组位于罗雄维勒尔要塞上方的贝唐堡和迪德朗日（Dudelange）之间，劳尔（Lauer）少尉和他的人马在靠近蒂永维尔到卢森堡的公路旁着陆，着陆点在距离边境村镇弗利桑（Frisange）数百米的靠近豪（Hau）村的位置。劳尔用树木堵住道路，并向边境派出一支巡逻队，法国一侧尚无任何活动。奥斯瓦尔德（Oswald）少尉的人马守卫着阿尔泽特河畔埃施以北约3千米的富兹（Foetz）十字路口。

与此同时，第16集团军正在渡过摩泽尔河进入卢森堡，主要桥梁完好无损地落入德军之手，但道路被混凝土路障所阻塞，这些路障之间夹着钢轨，顶上还加装有铁丝网。路障在几处路段挡住了第 16 集团军的先头部队，他们只能等待工兵将路障清除出路面。一些地方路障上方被架起坡道以供摩托车通过，还有一些临时桥梁被突击搭建，以便汹涌而来的车辆和人员通过。随着路障被清除和桥梁在摩泽尔河上被架设，德军进军步伐加快，席卷了大公国境内。

"黄色方案"中德军首次对法国领土的进攻来自天空。5 时左右，德军轰炸机空袭了梅斯 – 弗雷斯卡迪（Metz–Frescaty）机场和其他位于东北部的机场。5 时，法军第 3 集团军仍然不清楚北部正在发生的事态，但轰炸却是大规模行动正在进行的准确信号。

打头阵的"猎兵分队"（德语名称：Jagdgruppen）进展迅速，多本内克的部队为先遣部队扫清道路，由弗莱尔 · 冯 · 奥夫塞斯指挥的 VA–A 则渡过摩泽尔河向南部纵深推进。海勒曼的骑兵作为两支先遣部队的中卫于沃尔默丹格（Wormeldange）穿过一座临时桥梁渡过摩泽尔河。6 时 30 分，布雷德（Brede）上尉的 A 猎兵分队与奥斯瓦尔德的机降分队于富兹会师，这两支部队一同赶往阿尔泽特河畔埃施。

最终，6 时 55 分，孔代将军对佩蒂艾特的部队下达开入卢森堡的命令，然而此时海德里希的部队已经控制了边境线上的各要点，德军第 16 集团军正在迅速赶上，冯 · 布施依然谨慎，他预计会在法卢边境遭遇佩蒂艾特所部的抵抗，然而并未发生。

德军入侵开始时，其他几个法军骑兵单位正在从默兹河的努宗维尔到摩泽尔河的多个地点等待进入比利时和卢森堡，位于色当和卡利尼昂（Carignan）的第 5 轻骑兵师的任务是向拉罗什 – 恩 – 阿登（La Roche–en–Ardenne）机动，而驻守在玛格特（Margut）到阿伦戴尔（Allondrell）的防线的第 2 轻骑兵师则将向阿尔隆（Arlon）和巴斯托尼（Bastogne）方向机动。以下部队配属于轻骑兵师并同样将穿越边境：3 个独立骑兵旅——驻扎在努宗维尔的第 3"斯帕希"旅、位于卡利尼昂前方的第 1 骑兵旅，以及位于索尔内斯（Saulnes）和胡西尼（Hussigny）之间正对卢森堡的第 1"斯帕希"旅。此外还有几个军属侦察队（Groupe de Reconnaissance de Corpsd'Armée，GRCA）和师属侦察队（Groupe de Reconnaissance de Corpsd'Armée，GRDI）位于同一片边境地区。

佩蒂艾特的骑兵部队在摩泽尔河和隆维之间分成 4 个部分推进，其中美拉德（Maillard）将军所部下辖第 4 骠骑兵团和第 6 龙骑兵团，并加强有勒克莱尔（Leclerc）上校的第 22 军属侦察队（隶属于福来登贝格将军的殖民地军）、奥达尔（Oudar）少校指挥的第 63 师属侦察队（隶属于第 56 步兵师）和克兰吉特（Kéranget）中校指挥的第 45 师属侦察队，这些部队组成了右翼并充当左翼部队的支撑点。克兰吉特的第 45 师属侦察队并没有越过边境，而第 22 师属侦察队（隶属于第 28 步兵师）在阿斯佩尔特（Aspelt）越过边境后发现德军已占领这片山谷。第 6 龙骑兵团沿蒂永维尔 – 卢森堡公路进发，而劳尔的部队在豪村阻塞了道路。雅克特（Jacottet）上校的龙骑兵带来了 H–35 型坦克和第 63 师属侦察队的摩托车手，大大超过了劳尔的小部队。法军进攻了路障，击毙了劳尔和 3 名士兵，但并没有深入进攻。左翼由拉莫特 – 罗格（la Motte–Rouge）中校指挥的法军第 3 机动炮兵团在边境内移动了 5 千米，接着就在克劳瑟姆（Crauthem）和贝唐堡之间被斯特凡的部队阻滞。

佩蒂艾特派出的第二部分由拉菲亚德（Lafeuillade）上校指挥，分为三路纵队行军。由瓦托（Watteau）中校指挥的第 31 师属侦察队位于右侧，包括 3 辆装甲汽车。该部推进到位于鲁梅兰热（Rumelange）的边境哨所，该哨所依然在卢森堡军队控制下，瓦托在镇上的火车站设立了指挥所。来自第 31 师属侦察队的一支巡逻队报告称他们在距离特坦加（Tétange）3 千米处遭遇一处德军路障，有一辆装甲汽车被 37 毫米反坦克炮摧毁。

第二部分的中路纵队无法开出阿尔泽特河畔埃施，因为奥斯瓦尔德的“突击队”现已得到“猎兵分队”加强，封锁了该镇的北部出口。9 时 40 分，第二部分的成员之一科特卢斯·德·库蒙（Couteulx de Caumont）中校带着他的分队（该分队里有一个 H–35 坦克排）赶到，纵队试图向路障开进，但坦克陷入了泥泞，之后这些坦克在被破坏后放弃。法军兵力大大超过了阻挡他们的 60 名德军，但德国人占据了制高点。

在阿尔泽特河畔埃施以西 5 千米处，拉费拉德（La Feuillade）部分的第 3 纵队穿过了边境村镇贝尔沃（Belvaux），向纵深推进 6 千米后，他们在埃勒兰奇（Ehlerange）被告知德军正在 3 千米外的蒙德昌热（Monderchange）。15 分钟后 3 辆装甲汽车发现了德军，但装甲车被反坦克火力阻挡，再也无法前进一步。

佩蒂艾特的第三部分包括茹弗罗（Jouffrault）上校的“斯帕希”旅，该旅由第6阿尔及利亚“斯帕希”团〔指挥官为高特尔（Goutel）上校〕和第4摩洛哥斯帕希团〔指挥官为罗曼–阿马特（Roman–Amat）上校〕组成，并得到第46炮兵团第6连〔指挥官为佩提特（Petit）上尉〕的火力支援和第61师属侦察队的配属。这些人大部分是骑马机动，第一批骑兵在8时左右进入卢森堡，而在他们之前的则是3辆装甲汽车[①]、15名摩托车手和1个来自第3机动炮兵团的H–35坦克排。该部希望能尽快进入卢森堡，同时他们的路线正处于A先遣部队和B先遣部队之间，也就是海勒曼所部正在行军通过的路线。德国人很走运，海德里希的部队封锁了索勒雷以北500米处的道路，打头阵的法军装甲汽车被反坦克火力击中，坦克则担心进入雷场而不愿绕过路障。马上的“斯帕希”骑兵沿东西方向包抄了德军。察觉到他们将被法军“包饺子”，海德里希遂率部后撤。这是法军的第一个胜利。而骑兵们向前冲入了突破口，在这里他们将遇到海勒曼所部。

斯帕希骑兵向前推进并穿过萨内姆（Sanem），此刻距离首都还有15千米。德·圣–昆丁（de Saint–Quentin）上尉的骑兵排抵达了林帕赫（Limpach）以东的山脊线顶部，这里可以俯瞰梅西（Messe）谷地。在他们下方是一幅惊人景象，所有道路都挤满了德军部队——步兵和炮兵。汉斯·贝伦多夫（Hans Behlendorf）将军指挥的德军第34步兵师此刻正在穿越卢森堡冲向法国，斯帕希骑兵无法深入推进，只得退回。

同样的场景也在佩蒂艾特所部向西进发的途中出现。就在第34步兵师沿通往隆维的道路向法国进军时，指挥官贝伦多夫将军被法军炮火击中，从战场撤出，他的职权暂由维尔纳·萨内（Werner Sanne）中将代行（贝伦多夫于11月回到指挥岗位）。

佩蒂艾特的第四部分由第25军属侦察队〔指挥官为勒萨奇（Lesage）中校〕和第70师属侦察队〔指挥官为维恩特（Viennet)）少校〕组成。勒萨奇的任务

---

① 这些装甲汽车是M1935型潘哈德（Panhard）178型侦察车，该车是一种为法军骑兵设计的四轮驱动装甲汽车，它有4名车组成员，配有1门25毫米炮和1挺7.5毫米机枪。

是在隆格拉维尔（Longlaville）穿过边境线并向卢森堡城方向机动。其右翼是第6斯帕希骑兵团。8时30分，第70师属侦察队越境进入比利时，向比利时梅桑西（Messancy）以北的默兹河开进。他们在10时左右与第2轻骑兵师取得联系，在南方他们发现了德军摩托车手并与其交火，法军有数人阵亡，之后第70师属侦察队后撤。

第25军属侦察队于5时30分从隆维以东的隆格拉维尔离开，这支侦察队包括36名军官、80名士官、800名士兵、400匹马、107辆摩托车、18辆汽车、12挺机枪、32挺自动步枪、4门25毫米反坦克炮和3门60毫米迫击炮。8时40分，他们报告了一支占领阿图斯（Athus）西南方向铸造厂、罗丹吉（Rodange）火车站和其他几处地点的德军轻装单位的存在，就在进入卢森堡后，马丁（Martin）上尉的中队遭遇了山脊顶部射来的机枪火力，1人阵亡，其余人员躲进了路旁沟渠中。10时05分，勒萨奇中校通过无线电呼叫称第25军属侦察队被压制在原地，德军装甲部队正向边境开进，他在等待佩蒂艾特下达撤回隆维的命令。

整个一天德军主力师都在前沿推进，迫使法军退回边境线。5月10日20时30分，佩蒂艾特从孔代将军那里得到了新命令——保护摩泽尔河以西的集团军安全，并掩护隆维前哨点。卢森堡境内的行动即将结束，漫长的撤退已经开始了。第25军属侦察队向南前往马其诺防线，5月12日，他们已处于费尔蒙特要塞和拉蒂蒙特要塞后方5千米位置。

由伯尼基特（Berniquet）将军指挥的法军第2轻骑兵师向阿尔隆方向运动，在这里他们遇到了由费迪南德·沙尔（Ferdinand Schaal）中将指挥的德军第10装甲师先头部队。双方爆发了小规模战斗，都守住了阵地。第2轻骑兵师在万斯（Vance）和埃塔勒（Étalle）都设置了路障，而第10装甲师和“大德意志”步兵团（Infanterie–Regiment Grossdeutschland）在包围了阿尔隆后正向两地赶来，很快法军被逐出万斯。而在第2装甲汽车团、第3龙骑兵团和第16军属侦察队的支援下，第2轻骑兵师在埃塔勒的战斗打得更加出色，不仅向前推进，还占领了村镇周边。德军虽然在此地取得突破，但在其他地方裹足不前。到夜幕降临时，德军第10装甲师已经达成当日目标。

5月11日，第2轻骑兵师继续执行其迟滞任务，与德军第19集团军部队展开交战。第2轻骑兵师获得了来自沃洛讷要塞第5隔段的75毫米炮的火力支援，该要塞正在掩护在维尔通（Virton）附近作战的法军单位。第5轻骑兵师也与德军第19军展开交战，他们在5月10日坚守了尽可能久的时间，但在来自苏克西新堡（Suxy-Neufchâteau）的德军第1和第10装甲师发起进攻时被迫撤退。他们并不适合进行装甲战，所有骑兵部队撤往瑟穆瓦河（Semois River），试图重新集结。

梅斯－隆维（Metz–Longwy）公路道路曲折，在波利蒙（Bois Lemone）有一段陡峭山坡。该路段由设在山顶的西克鲁斯内斯炮台守卫。柴油油箱、补给箱、弹药、医疗用品、通风过滤器和容纳钟型塔潜望镜的黑色圆柱体散布在炮台楼层中。守军在这里度过了冬天，他们肩上的担子很重，空气中还有密集人群发出的难闻气味。而在附近，间隔部队睡在谷仓和露天的掩蔽所中。

炮台常规作息包括6小时观察、6小时休息和6小时警戒，循环往复。再没有任何“日”和“周”的说法，有的只是无休止的循环。

观察：每人在钟型塔、射击室、无线电台和电话机处各司其职。

警戒：守军随时准备加强观察，他们花时间清理壕沟，修理或者加装额外的铁丝网，清理炮台内部。为了以防万一，他们晚上都穿着衣服睡觉。

休息：尽可能多地睡觉，在夜间环绕炮台的是黑夜和寂静。

德军入侵比利时、荷兰和卢森堡的公报被传达给守军，平静让位给了繁忙的勤务。步兵为自动武器上油并给圆形机枪弹夹装满弹药，工程师测试了发动机和通风装置，通信组员竖起无线传输天线，炮兵架设起电话，观察员取出重型潜望镜并安装在折射观察钟型塔顶端。漫长的等待结束了——无论是好是坏。

隆维前哨点——5月11—13日

根据1930年的初始计划，隆维镇将由“筑垒地域组织委员会”修建要塞设防，它是梅斯筑垒地域北翼的一部分。计划包括建造8个要塞和少量炮台，而初始的主要抵抗防线轨迹从布雷海因要塞以西数千米处一路向西北延伸至隆维镇，然后沿西南方向直到隆吉永的北部边缘。1930年贝当对防线进行调查后，所有这些都被取消，主防线被拉回到齐尔斯。一些隔段工事被建造，并在隆维的旧要塞中添加了一些混凝土工事。即便如此，隆维前哨点并没有立刻崩溃，法军在那里的抵抗非常顽强。

隆维的战斗在之后两天一直持续，战斗在查德森林(Bois de Chadelle)进行，并一路打到 1914 年被德军重炮摧毁的上隆维（Longwy–Haut）旧城堡（Citadel）的墙壁。尽管法军第 227 步兵团进行了一场难以置信的战斗，但对隆维的猛烈围攻并未在 1940 年重演。

1940 年 5 月 11 日，由赫伯特 · 洛赫（Herbert Loch）中将指挥的德军第 17 步兵师的任务是占领隆维，而法军第 3 轻骑兵师的使命则是掩护通往旧要塞的道路并阻滞德军第 17 步兵师行动。然而到这一天结束时，第 3 轻骑兵师仍有余部在卢森堡与第 17 步兵师的先头部队交战，法军被赶回隆维前哨点，但并没有时间建立起强大防御，也没有足够力量与德军硬碰硬，只进行了一些小规模交火。

5 月 11—12 日夜间，法军方面形势急转直下。早晨 8 时，德军第 17 步兵师先头部队已经出现在俯瞰隆维的山头上，德军第一次出现在马其诺防线观察员的视野中。8 时 03 分，费尔蒙特要塞的 75 毫米炮开始对从维勒尔拉谢夫尔（Villers-la-Chèvre）和泰朗库特（Tellancourt）之间的格尔西（Gorcy）离开的第 17 步兵师第 55 步兵团第 3 营倾泻火力，而在 5 月 13 日 6 时 12 分，拉蒂蒙特要塞的观察员目击到德军步兵沿隆维以西的国道（Route Nationale, RN）开进。德军已经进入马其诺防线主炮射程内，尽管遭到马其诺防线炮兵拦阻，他们依然继续包围隆维前哨点，并向隆维城区开进。局势一片混乱，法军防线开始洞开。11 时左右，德军第 21 步兵团进攻了旧堡（Redoubt），这是隆维旧要塞中的一部分，该要塞最终在 16 时左右投降。19 时，法军第 3 摩托化炮兵团使用哈奇开斯 H–35 型坦克对旧堡发起反击，然而支援步兵未能跟上，反击无果。

5 月 13 日黎明时，战场形势未发生变化，但德军攻势已经对法军防御力量造成了损失：早晨莱克（Lexy）被包围，下午旧城堡的守卫者被逐出并退往齐尔斯河。一些小型包围圈内的战斗还在继续，但法军防御此时已经到处出现崩溃。就在这时，孔代将军做出决定，放弃隆维前哨点。5 月 13 日晚上，在马其诺防线火炮尤其是费尔蒙特要塞的 75 毫米炮塔炮的掩护下，法军第 51 和第 58 步兵师从突出部撤出，转进至主防御防线。到 5 月 14 日早晨，隆维前哨点和隆维主要产业工厂都落入德军之手。

隆维前哨点的失守本身并不是一场可怕的灾难，守军只是被派往隆维前哨点以阻滞德军向马其诺防线进攻的步伐。法军打得很不错，尤其在上隆维和索尔内斯高原（Plateau de Saulnes），但他们很快被一支更强大的德军部队所压垮。德军的进攻虽然在初始阶段显得拖泥带水，但最终取胜。倘若法军出动一支生力军从隆维外围发起一次侧翼进攻，将给德军第19军造成一定伤亡，但这从未被考虑过。从未有人想到过法军可以在隆维取得胜利，这里就如预期一般被放弃了。

5月11日，阿格诺要塞区的观察员报称大批飞机临空——飞过但没有轰炸。要塞和防空部队收到长期命令要求对所有敌机开火。阿格诺机场遭到轰炸，几支法军部队遭到德军飞机攻击，一列60厘米轨距军列被轰炸，造成多人死伤。5月12日，德军飞机向西飞过炮塔射程，孚日要塞区的绍芬斯塔尔（Schaufelstal）观察哨遭到攻击，尽管获得了要塞炮兵和间隔炮兵的支援，依然在当日晚些时候失陷。福尔－肖要塞的75毫米炮塔打出了500发炮弹，造成德军重大伤亡，法军无线传输通报了默兹河上色当的交战情况：

来自总指挥官：我们从10月起就预计到的敌方攻击于今日早晨开始，这是德国人和我们之间的生死较量。所有盟军都镇定自若、充满力量、信心满满，就像贝当元帅在24年前所说的“我们将拿下他们”（法语原文：Nous les aurons）。

在克吕斯内斯要塞区，布雷海因要塞的4号和6号隔段的75毫米炮塔开了火，但射程太近，无法打到卢森堡，布雷海因要塞掩护了10千米宽的正面，还配有安装在要塞内和邻近炮台及观察哨的观察钟型塔，而C24号炮台持续观察巴特森林（Bois de Butte）和奥唐格森林（Bois d'Ottange），并对布雷海因要塞提供敌军活动预警。回忆起那个时期，马森如是写道：“我们就像为主人预警盗贼接近的看门狗。”

至于蒙特梅迪要塞区，该要塞区由博泰尔（Burtaire）将军指挥，麾下部队包括第147、第136、第155和第132要塞步兵团和第169阵地炮兵团第1营，以及下辖第55步兵师（B类）和第3北非步兵师〔Division d'Infanterie Nord-Afrique，NINA。指挥官为查普伊（Chapouilly）将军〕的第10军〔指挥官为格兰德萨特（Grandsart）将军〕和下辖第3骑兵师（A类预备役）、第41步兵师（A

类预备役）的第 18 军〔指挥官为洛查德（Rochard）将军〕作为预备队，防御组织情况如下：

·色当次级要塞区：第 147 要塞步兵团〔指挥官皮纳德（Pinard）上校〕——8 个要塞工事房（编号依次为 MF8 到 MF15），8 个“加强野战”隔段工事和 1 个装有 75 毫米 M1897/33 野战炮的用于掩护左翼的“工程技术部”炮兵炮台。这里也包括 58 个“巴贝拉克”型掩蔽所和 9 个观察哨。要塞工事房守军的职责是保卫道路并拆毁通往比利时的道路。

·穆宗次级要塞区：第 136 要塞步兵团〔指挥官为维森（Vinson）中校〕——7 个要塞工事房（编号依次为 MF16 到 MF22），在主防御防线上有 8 个“加强野战”隔段工事、3 个装有 75 毫米炮的用于掩护右翼的“工程技术部”炮兵炮台、9 个不同规格的“工程技术部”隔段工事、104 个“巴贝拉克”型掩蔽所和 4 个观察哨。沿默兹河展开的第二道防线包括 14 个“巴贝拉克”型掩蔽所。而第二位置（“要塞区域研究委员会”防线——1940 计划）则配备了 11 个“工程技术部”A 型和 B 型隔段工事。

纸面上的色当防御体系看起来非常强悍——43 个处于不同完成阶段的装甲反坦克炮台，这些是沿瓦德林克（Wadelincourt）—雷米利（Remilly）和东舍里（Donchéry）—弗里兹之间的道路建造的大型“工程技术部”或“加强野战隔段工事”型炮台，野战部队则携带自动步枪、重机枪以及 25 毫米和 37 毫米反坦克炮。然而位于色当和东舍里之间的维德苏斯（Vaux–Dessus）炮台[①]是在色当地区唯一装有 1897/1933 型 75 毫米炮并能对准德军进攻轴线开火的炮兵炮台。其他的 75 毫米炮台并不能向这一方向开火。由于持续拖后的延宕，战前并没有努力提升色当的防御水平，色当正面的防御组织非常糟糕，色当内部防线不仅缺乏纵深，而且在城镇后方没有设置第二道防线。法军在佩皮尼尔–克雷普莱（Pépinière-Creplet）炮台和科特杜普雷斯–德–默兹（Côte-du-Prés-de-Meuse）炮台之间留下一道 3000 米宽的缺口，德军第 1 和第 10 装甲师将在不久之后涌入这一缺口。

① 该炮台是一座配有 M1897/33 型 75 毫米炮的“工程技术部”型炮台，用于掩护西翼。

一道由要塞工事房组成的防线被构筑在塞默伊（Semoy）和齐尔斯（Chiers）之间的法比边境上。这个将营房变为隔段工事的创意来自法国前总理爱德华·达拉第（Édouard Daladier），此公对西班牙内战中西班牙普通村落房屋的防御能力印象深刻。1939 年，村镇维利（Villy）被据点化，成为一处带有众多小型机枪掩体和壕沟等防御设施的防御支撑点，要塞工事房就是从上往下看像普通房屋的隔段工事，隔段内有容纳 25 毫米或 37 毫米反坦克炮以及机枪和自动步枪的射击孔。在边境附近建造了 22 个这样的要塞工事房。

5 月 11 日夜，第 5 轻骑兵师奉亨吉格将军命令后撤至色当以北的要塞工事防线上，在那儿建立防御几乎是不可能的。法军不仅混乱不堪，而且没有时间建立起强大防御。法军人员不足，同时武器装备也不足以阻滞快速接近边境的德军装甲部队。法军骑兵指挥官格兰德萨特将军要求从炮台向色当东北部森林后方提供炮火支援，但最终并未得到。

由海因茨・古德里安（Heinz Guderian）指挥的德军第 19 装甲军直面色当地区马其诺防线，该装甲军包括由凯尔希纳（Kirchner）将军指挥的第 1 装甲师、由鲁道夫・凡伊尔（Rudolf Veiel）将军指挥的第 2 装甲师和由沙尔指挥的第 10 装甲师，大德意志步兵团跟随这柄装甲矛头进军。

色当的守卫者包括第 147 和第 136 要塞步兵团一部和第 55 步兵师，这是一个由匆忙征召的人员组成的缺乏训练的 B 类师，而他们现在就将坚守默兹河以抵挡来势汹汹的装甲部队的进攻。另一个 B 类师第 71 步兵师则负责守卫色当后方，这两个师都来自亨吉格将军的法军第 2 集团军。

5 月 12 日，德军第 1 装甲师主攻目标落在了西部的要塞工事房组群。德军第 19 装甲军抵近距离默兹河近数千米的隔段工事群，而第 1 装甲师在向圣－芒格斯（Saint–Menges）方向进军的过程中与法军第 5 轻骑兵师遭遇，双方在圣－芒格斯要塞工事房组群展开激烈战斗，德军损失 2 辆坦克，而法军则有来自第 5 轻骑兵师第 78 全地形炮兵团（Régiment d'Artillerie Tous Terrains，RATT）的布朗厄尔（Boulanger）中尉和 4 名炮手在要塞工事房中阵亡。尽管遭到法军第 78 全地形炮兵团的顽强抵抗，德军第 1 装甲师依然在当天下午早些时候突破了主防御防线。德军穿过了森林，并席卷色当和默兹河谷。

10 时，德国空军空袭了色当正面的隔段工事，摧毁了通信设施并让次级要塞区的观察员们无法观察。14 时，德军第 1 装甲师的坦克加上反坦克炮和高射炮一同开火，法军从位于色当后方的布尔松（Bulson）打来的反击炮火效果微乎其微。德军 88 毫米高射炮几乎紧贴着法军隔段工事射击孔开火，没有装甲保护的射击孔被撕成碎片。此刻炮弹在隔断内四散炸开，烟雾使得守军窒息。

16 时，德军坦克向前推进，并在艾格斯（Iges）建立起桥头堡。来自大德意志步兵团和第 10 装甲师第 86 步枪团（德语名称：Schützen-Regiment）第 1、第 2 营的人员搭乘小型充气艇在瓦德林克渡过了默兹河并接近隔段工事防线，这些隔段工事被一一拿下，位于贝尔维尤（Bellevue）的第 48 号隔段工事甚至一枪没放就宣告失守。第 1 装甲师和大德意志步兵团涌入占领隔段工事所打开的缺口，绕到维德苏斯炮台背后，该炮台之前阻滞了第 2 装甲师的通过，很快就被德军打哑。

5 月 13 日，德国空军第 3 和第 2 航空队出动数百架次，对色当地区掩体和其背后的马菲高地（Marfee heights）进行了空袭，“斯图卡”摧毁了电话通信，并从指挥所上空扫射了无线电天线。5 小时内 Ju–87 执行 500 次飞行任务，很多掩体内的炮手由于空袭而放弃了阵地。

5 月 13 日晚间，由于德军没有坦克渡过默兹河，法军仍有可能对桥头堡发起反击。德军装甲部队渡河时出现迟滞，有几个小时渡河德军非常脆弱。然而，法军遭到他们自身犹豫不决和拖延的拖累。有不实报告称德军已经渡过默兹河并突破色当防御。因为这样的报告和德国空军的活动，18 时 30 分，布尔松的炮手因为担心侧翼被包抄而弃械逃跑。这又反过来使得恐慌在第 55 和第 71 步兵师的各单位间蔓延开，他们开始撤退。色当市民和民政部门也逃跑了，结果导致更大程度的混乱。一夜间，德军第 1 装甲师的工程兵们在格里耶（Gaulier）架设起一座浮桥，第 1 和第 2 装甲师畅通无阻地渡过了默兹河。第 10 装甲师在杜布永耐桥（Pont du Bouillonais）附近架设起一座桥，并在夜间将坦克开了过去。

5 月 14 日这天，法军尝试防御，但无法协调组织。亨吉格将军将第 3 摩托化步兵师和第 3 后备装甲师派往默兹河一线，格兰德萨特将军将 2 个轻型坦克营和第 213 步兵团前推到布尔松，但他无法充分与德军保持接触。刚到下午，德军第1和第2装甲师就抵达了谢默里（Chémery），在这里他们分头行动并向西开进。第10装甲师占领了斯通尼高地（Heights of Stonne），在那里他们占据了良好防御阵地以击退一次法军反击。

5月12—13日夜间，隆美尔的第7装甲师的先头部队从迪南和那慕尔（Namur）之间的比利时城镇胡尔（Houx）渡过默兹河，科拉普将军指挥的法军第9集团军奉命组织德军渡河。科拉普起先认为德军兵力不济，因此对将隆美尔所部赶回河对岸信心满满，不过他很快就发现情况并非如此。到5月13日中午，德军已经建立起桥头堡，而法军此时卷入了一场大战。

与此同时，5月13日14时30分，由维尔纳·肯普夫（Werner Kempf）将军指挥的德军第6装甲师试图在色当西北渡过默兹河。塞赫瓦尔（Sécheval）次级要塞区以小镇蒙特尔梅（Monthermé）为中心，守卫该地的是法军第42殖民地机枪半旅（指挥官为平逊中校），他得到了大约12个隔段工事以守卫一段15千米宽的正面。该地以“默兹回旋”（meander of the Meuse）而出名，并有茂密森林覆盖。防御并没有试图覆盖一直向北延伸到吉维特的整段默兹河，而是沿着从努宗维尔到列温（Revin）的河湾底部。德军渡河的第一阶段进展顺利，但他们在拉洛瓦高原（plateau of la Rova）迎头撞上了法军第二道防线的顽强抵抗。德军第一轮进攻被法军第42殖民地机枪半旅的殖民地士兵挡住，而第6装甲师的坦克还没渡过默兹河。

第二天进攻还在继续，殖民地士兵据守其坚固阵地。到了晚间，德军工兵在默兹河上完成架桥作业，第6装甲师的坦克得以渡河。第42殖民地机枪半旅坚守了一夜，但5月15日法军被占优势的德军逐出阵地，被迫后撤。晚间，肯普夫的装甲师到达了蒙科尔内（Montcornet）。

塞赫瓦尔次级要塞区的陷落成了法军第102要塞步兵师走向终结的证明，第42殖民地机枪半旅在地峡地区的战斗中被击溃。守卫沙勒维尔桥头堡的法军第52殖民地机枪半旅此时受到已经绕到其背后的德军第6装甲师的威胁，而法军第148要塞步兵团则由于德军第2装甲师绕到其右翼而处于危险中。该团仅剩的防御力量是位于维勒尔–塞默斯（Villers–Semeuse）的第2营，第1营残部位于弗里兹，而第3营则已不复存在。

5月14日晚间，亨吉格将军担心他的防线上洞开的缺口会让德国人从侧面威胁马其诺防线，他决定放弃齐尔斯一线及其要塞工事，占据伊讷 – 马兰迪（Iner–Malandry）一线。事实上，在伊讷 – 马兰迪的防线仅仅停留在纸面上，这一决定导致突破口被扩大。亨吉格希望组织一次反击，并在色当以东25千米处的拉法耶特步兵要塞处建立一条新防线。5月14—15日午夜，在色当和维利之间沿齐尔斯河的隔段工事被放弃，大量武器包括火炮和反坦克炮都被丢弃。5月15日早晨，由欧根・里特・冯・舒伯特（Eugen Ritter von Schobert）将军指挥的德军第7集团军发起进攻，结果位于齐尔斯河后方的后撤位置又被迫放弃。

默兹河被突破对之后的战事发展产生了可怕的后果，在色当和蒙特尔梅，为保卫默兹河而建造的战斗隔段数量太少而且尚未建成，同时选址不佳，防御价值令人怀疑。在色当，许多不利因素造成防御被德军迅速攻破，色当的保卫者是法军中最糟糕的，而法军中最优秀的部队还在比利时西北部作战。然而，默兹河一线崩溃的主要原因是防御体系中预留的薄弱环节让德军选择了由此下手。

阿格诺要塞区观察：5月13日5时，发现一批德军飞机大编队向西飞行，2小时后返回，杜里肖夫农场要塞（Ferme du Litschof，位于孚日要塞区）被一支德军巡逻队包围，但守军在法军炮火掩护下突围。步兵报称德军遭到重大伤亡。19时，GAF2请求对尼德施莱滕巴赫（Niederschlettenbach）以北的德军活动进行炮火覆盖，120毫米间隔野战炮兵连S1对目标打出了20发炮弹，同时也向雷希滕巴赫（Rechtenbach）以西的德军步兵开火，霍赫瓦尔德要塞的7比斯隔段打出了40发炮弹。07号观察哨报告称德军部队四散开去然后消失。“无线传输”通信报告称德军攻击了色当和隆维。

C24炮台观察：5月13日，C24炮台守军震惊地发现在马其诺防线和位于边境地区的维勒普特（Villerupt）、奥丹莱蒂克（Audun–le–Tiche）之间的法军正在撤退，这是一个极佳的防御地点，整个地区被堑壕、反坦克轨条和从1939年秋开始修建的隔段工事守卫。在未来的日子里，还将有更多令人震惊的事情发生。

第五章
莫伯日要塞区之战

赫尔曼·霍特（Hermann Hoth）的第15装甲军（包括第62步兵师、第5和第7装甲师）的任务是渡过默兹河，并在索尔勒堡到富尔米（Fourmies）以南靠近特雷隆一线的要塞防线取得突破。这一行动将使得霍特的装甲师处于莫伯日后方，并与法军第9集团军（由安德烈·科拉普将军指挥）第2军〔由让·博福特（Jan Bouffet）将军指挥〕和第11军〔由朱利安·马丁（Julien Martin）将军指挥〕发生交战。进攻的目标区域位于莫伯日要塞区和阿登防御区之间，这里是法军第102要塞步兵师防区。一个60千米宽的地带分开了这两个区域，德军正试图穿过这一区域。

这里之所以薄弱有两个原因：第一，要塞工事是1型地方性军事要塞，并加强有GA1型隔段；第二，这些要塞工事并不是被要塞部队守卫。“地方性军事要塞”隔段于1937年修建，但是防线缺乏纵深。这些是被一条狭窄的反坦克壕沟和一片稀疏的铁丝网带护卫的双隔段（火力可覆盖两个方向），那里沿着要塞防线在距离隔段非常近的地方还装有一些可拆卸坦克炮塔工事，其任务是阻止敌方坦克。而安装位置的主要缺陷是敌方坦克可以在其火力范围外近距离接触，使得敌方坦克可以在步兵接近并消灭步兵隔段工事的同时将坦克炮塔工事消灭。最后，安装位置得不到野战炮兵或者要塞炮兵的火力支援。

特雷隆—阿诺尔从1940年3月起由法军第4北非步兵师驻防，该部组织起防御，并将所有装备沿20千米正面排开。然而第4北非步兵师于5月10日被命令开入比利时，原驻地失去防御。法军第一集团军群指挥官比洛特将军明白这里有一处缺口，因此下令防御该地，第 101 要塞步兵师奉命将其正面向南延伸越过特雷隆。第 101 要塞步兵师有 5 个训练中的营可供调遣，这些部队预期于 5 月 16 日归建。比洛特将军也命令第 1 北非步兵师在必要情况下进入第 9 集团军建制。在收到向莫伯日以南开进并占领处于福涅乌（Fourneau）和埃当德拉 – 加洛佩里（Étang-de-la-Galoperie）的隔段工事之间的特雷隆防御地带的缺口时，第 1 北非步兵师正处于阿韦讷（Avesnes）附近的瓦朗谢讷。该师第一批单位于 5 月 16 日到达并占据了隔段内的阵位，与北方的第 101 要塞步兵师和位于阿莫雷埃（Amorelles）的第 22 步兵师并肩作战。不幸的是，第 1 北非步兵师的炮兵尚未赶到。第 4 北非步兵师占领了阿诺尔周围的防御阵地，这一区域同样缺乏纵深。从比利时延伸来的道路在阿诺尔通道（Passe d'Anor）处由 2 个 GA1 型隔段守卫，几个轻型隔段建在阿诺尔郊区，这就是所有防御力量。

法军第 84 要塞步兵团的 2 个营驻守在索尔勒堡附近的隔段工事，该地被 4 个隔段工事——佩尔什奥赛（Perche-à-l'Oiseau）、特里厄杜谢诺（Trieu-du-Chêneau）、奥克斯普赛斯农场（Ferme–aux–Puces）和奥尼奥（les Aunieaux）所保卫，而拉戈比内特（La Gobinette）隔段工事则并未完工。这些构成了第一道防线。而第二道防线和德福莱利斯（de Felleries）公路则被莱因（l'Épine）隔段工事（该隔段工事原址原本设定为一个炮兵要塞）所保卫。炮火支援由第 301 殖民地炮兵团（Régiment d'Artillerie Coloniale）提供，而第 104 重型炮兵团（Régiment d'Artillerie Lourde d'Armée）第 1 分队正从比利时调回，但该部平均每门火炮仅有 10 发炮弹。

5 月 16 日，隆美尔的第 7 装甲师进攻了防守索尔勒堡的第 84 要塞步兵团的几个营。中午时分，隆美尔所部与位于克莱尔费（Clairfayts）附近由第 84 要塞步兵团第 3 营防守的隔段工事展开交火。16 时 30 分左右，德军试图突破防线，但被安装在隔段内的反坦克炮和防线后方的支援炮兵所阻挡。隔段工事间的反坦克壕沟有效地把德军坦克局限在道路上行动，隆美尔被迫使用特里厄杜谢诺和奥克斯普赛斯农场之间的道路。德军在 17 时 30 分左右开始进攻隔段工事，但法军据守不退，德军坦克无法突破。不幸的是，第 301 殖民地炮兵团和第 104 重型炮兵团弹药告罄，无法再提供火力支援。奥尼奥隔段工事在差不多同时停止射击，可能也打光了弹药。奥克斯普赛斯农场隔段工事的射击孔被一发坦克炮弹直接命中，整个隔段工事失去了战斗力。

21 时左右，隆美尔命令第 25 装甲团沿道路开进并持续向隔段工事开火，佩尔什奥赛隔段工事的反坦克炮被命中摧毁，由此在防线上打开一处缺口。莱因（Épine）隔段工事（“筑垒地域组织委员会”曾计划在此修建一座要塞）和赫雷莱斯（Hérelles）隔段工事被坦克上的机枪击中，隔段工事守军无法抵挡坦克沿公路前进。第 7 装甲师此刻绕到了防线后方并一路马不停蹄，直至到达莫伯日以西的兰德雷西（Landrecies）。

第二天，也就是 5 月 17 日早晨，德军步兵沿防线进行打扫战场的行动，但坦克部队并没有停止行动。此刻从比利时越过边境线的由马克斯·冯·哈特里布－沃斯伯恩（Max von Hartlieb–Walsporn）中将指挥的德军第 5 装甲师正与第 7 装甲师齐头并进冲向索尔勒堡，坦克从赫斯特鲁德（Hestrud）越过边境，很快突破了边境和索尔勒堡之间的隔段工事群。第 84 要塞步兵团第 2 营进行了顽强抵抗，但他们的实力无法与德军坦克相匹敌。10 时 30 分，马拉可夫（Malakoff）隔段工事和炮塔工事被打哑，紧接着格罗兹（Groëz）隔段工事也被德军攻破。帕马特（Pamart）中尉指挥的索尔勒堡隔段工事于 11 时陷落，帕马特在射击孔内的爆炸中阵亡。德拉弗利农场（Ferme–de–la–Folie）隔段工事也被德军打得“闭了嘴”，之后第 5 装甲师突破了防线，并于 1 小时后与第 7 装甲师在桑布雷河（Sambre River）畔的贝尔莱蒙（Berlaimont）会师。自越过法比边境以来，第 6 装甲师已经在法国境内推进 16 千米，此时已经到达莫伯日地区要塞群后方。

第 84 要塞步兵团第 3 营在索尔勒堡以北投入战斗，德军从贝勒森林（Bois de Belleux）出动，然后绕到由第 84 要塞步兵团防守的隔段工事背后。波宋（Pinchon）中尉指挥的加雷讷（de Garennes）隔段工事遭到来自后方的攻击，该要塞配备有 1 门 37 毫米 TR M1916 型反坦克炮，守军击退了起初的几轮进攻，但在更多坦克涌上来时就很快被压倒，波宋中尉阵亡。布瓦代涅莱（Bois–des–Nielles）隔段工事于 16 时陷落，佩尔什奥赛隔段工事坚守时间要长一些，但在守军打光弹药后于 18 时宣布投降。而在南方的德军向利埃希（Liessies）前进，并从侧翼和后方攻击守军。波西萨尔茨（Beaux–Sarts）隔段工事于 15 时失守，而波西蒙茨（Beaux–Monts）则在晚间陷落。到 20 时，利埃希以北地区全线沦陷。

19时左右，虽然一些法军单位和隔段工事继续坚守阵位，贝雅尔（Béjart）将军还是命令第84要塞步兵团后撤，并在耶蒙（Jeumont）和莫伯日之间的桑布雷河沿岸建立一道新防线。命令并没有被传达到每个隔段工事，第84要塞步兵团第2营撤出了几个单位，第3营失去了与第2营的联系，试图向南撤往瓦兹河（Oise River），第3营大部于5月18日被德军俘虏。

边境线的陷落严重削弱了法军的防御力量，而且没有时间再调动增援部队。法军统帅部只能做他们到目前为止唯一做成的事情——转进。5月16—17日夜间，为守卫边境的部队提供支援的法军第11军撤往桑布雷，并朝向东南方向以守卫莫伯日要塞区后方。这样做是为了防止莫伯日被攻陷，但不利影响是为德军坦克打开了通往勒卡托（Le Cateau）的道路，这样就没有什么能阻挡它们了。

默兹河和以索尔勒堡为中心沿法比边境展开的防线本可以阻挡德军，但法军放弃了边境防御以防御默兹河，在边境上的防御力量仅剩下第84要塞步兵团的3个营。进入比利时的缓慢步伐不仅没能阻止德军渡过默兹河，反而使得法军无法迅速退回以防御边境。结果就是在莫伯日之后留下一道20千米宽的实际上不设防的地带，当德军在此突破，莫伯日的陷落就只是个时间问题。

阿格诺要塞区观察报告——5月14—18日

阿格诺要塞区由以下部分组成：

佩切尔布隆（Péchelbronn）次级要塞区——第22要塞步兵团〔指挥官为法布雷（Fabre）少校〕，下辖阿格诺要塞区的第1和第2炮台守军连：东施梅尔茨巴赫（Schmeltzbach Est）炮台；（E700）——霍赫瓦尔德要塞〔指挥官为米科耐特（Miconnet）中校〕；沃克穆尔（Walkmühl）掩蔽所、比伦巴赫（Birlenbach）掩蔽所、北德拉钦布隆（Drachenbronn）和南德拉钦布隆炮台（二者通过地道连接）、北布雷默尔巴赫（Bremmelbach）和南布雷默尔巴赫炮台（二者通过地道连接）、北布雷特纳克（Breitnacker）和南布雷特纳克炮台（二者通过地道连接）；（O800）——朔恩伯格要塞〔指挥官为雷尼耶（Reynier）少校〕；格拉瑟洛克（Grasserloch）掩蔽所、朔恩伯格掩蔽所、安戈尔桑（Ingolsheim）东西炮台。

霍芬次级要塞区——第 79 要塞步兵团〔指挥官为雷托雷（Rethoré）中校〕，下辖阿格诺要塞区的第 3 和第 4 炮台守军连：安斯帕克村（Hunspach Village）炮台、安斯帕克炮台、安斯帕克站（Hunspach Station）炮台、安斯帕克磨坊（Moulin d'Hunspach）西炮台、安斯帕克磨坊东炮台；巴克霍尔茨堡（Buchholzberg）掩蔽所、霍芬掩蔽所；霍芬东炮台、霍芬森林（Bois d'Hoffen）炮台、阿施巴赫西炮台、阿施巴赫东炮台、奥博洛德恩北炮台、奥博洛德恩南炮台、塞尔茨（Seltz）炮台；哈腾（Hatten）观察所。

苏福伦海姆（Soufflenheim）次级要塞区——第 23 要塞步兵团〔指挥官为勒费尔（Lefèvre）中校〕，下辖阿格诺要塞区的第 5 和第 6 炮台守军连：哈腾北部（Hatten Nord）炮台，哈腾南部（Hatten Sud）炮台，里特斯霍芬森林（Bois de Rittershoffen）第 1、第 2、第 3、第 4、第 5、第 6 号炮台，柯尼希斯布吕克（Koenigsbrück）北部炮台，柯尼希斯布吕克南部炮台；绍尔（Sauer）掩蔽所、柯尼希斯布吕克掩蔽所、多瑙（Donau）掩蔽所；考夫芬海姆炮台；海登巴克尔（Heidenbuckel）掩蔽所；海登巴克尔炮台、伦特赞海姆（Rountzenheim）北部炮台；苏福伦海姆掩蔽所。

塞森海姆（Sessenheim）次级要塞区——第 68 要塞步兵团〔指挥官为布拉诺尔（Blanoeil）中校〕，下辖第 7 和第 8 炮台守军连：伦岑海姆（Rountzenheim）南部炮台（与伦岑海姆北部炮台通过铁路线下的地道连接）、奥恩海姆（Auenheim）北部和南部炮台；前沿哨所（"军事建设"型）卡里姆巴赫（Climbach）、罗特〔舍霍尔（Scherhol）〕、罗特〔汉纳纳克（Hannenacker）〕、罗特〔罗茨穆埃尔（Roetzmuehle）〕、斯坦塞尔茨（Steinseltz）北部、斯坦塞尔茨南部、里德塞尔茨（Riedseltz）北部、里德塞尔茨中部、里德塞尔茨－奥伯多夫（Oberdorf）、里德塞尔茨铁路（Riedseltz Voie-ferrée）、里德塞尔茨南部、奥伯塞巴赫（Oberseebach）北部、奥伯塞巴赫南部、特里姆巴赫（Trimbach）、涅代尔罗埃代尔恩（Niederroedern）北部、涅代尔罗埃代尔恩南部；第二道防线：8 个"工程技术部"炮台——17 个要塞工事房组成的防线。[①]

① 实际上，在现存档案中并没有关于阿格诺要塞区的这些要塞工事房的历史或技术资料，它们已不复存在，只能在工程地图上找到踪迹。

5 月 14 日 3 时，据报从圣雷米磨坊（Moulin de Saint-Rémy）方向有密集的敌军机枪和火炮向劳特尔开火，朔恩伯格要塞的 3 号隔段向目标打出 80 发炮弹。这一整天内德军向法军主防御防线前的村镇和主防御防线打出近 600 发炮弹。

11 时 47 分，霍赫瓦尔德要塞 7 比斯隔段对位于雷希滕巴赫的德军步兵打出了 20 发炮弹，S2 隔段向施韦根打出了 20 发炮弹，7 比斯隔段和 S2 隔段分别对德军集结的马龙尼尔森林（Bois des Maronniers）打出了 30 发和 20 发炮弹。此后不久，有观察员在维特尔（Weiter）以西的 417 高地目击到一个德军观察哨，随即呼叫炮火。整个下午和晚间，S2 和 S4 隔段对疑似德军步兵进攻集结地的孟达特（Mundat）森林和日耳曼朔夫（Germanshof）进行了轰击，德军进行了还击，并集中了靠近 S4 隔段后方一处小型仓库的一堆弹药。

德军穿过劳特尔，并将轻装的法军前锋部队逐出孟达特。他们的目标是包围维森伯格以南的盖斯贝格（Geisberg）山。这并不是德军的一次强有力的进攻，但驻守在霍芬次级要塞区前沿哨所的法军单位被驱赶回了要塞化前沿哨所防线。朔恩伯格要塞轰击了在孟达特东南行军的敌军队列，一门德军 280 毫米重炮对朔恩伯格要塞打出 13 发炮弹，这也是德军到此时为止摆出的最大口径的火炮。在霍赫瓦尔德要塞以西，观察员试图在火炮早前现身的穆伦科普夫（Muhlenkopf）西北定位其确切位置，而法军巡逻队则听到了履带和链条的声音。

5 月 15 日，要塞步兵担心德军随时有可能对整个区域发起进攻，4 时 40 分至 6 时 40 分，所有炮塔都处于警戒状态，以便防御皮古尼耶尔山（Col du Pigionnier），但什么也没发生。德军炮兵直到下午才打破沉寂，一门 105 毫米榴弹炮朝安斯帕克、盖斯贝格和阿尔滕施塔特（Altenstadt）打出 200 发炮弹，炸毁了阿尔滕施塔特教堂的尖顶。11 时左右，在施克莱塔（Schleital）以西 1800 米处发现德军步兵，3 个 75 毫米炮塔打出 240 发炮弹作为回击。德军被炮火驱散。德军步兵也向阿尔滕施塔特前进，不过被 7 比斯隔段打退。

15 时左右，位于邦德斯塔尔（Bundesthal）的德军 280 毫米重炮向朔恩伯格要塞打出 20 发炮弹，对周围的反坦克轨条阵造成轻微损坏。重炮炮弹留下了直径 6 米深 2.5 米的弹坑，重炮射程超过了任何法军火炮。到了夜间，7 比斯隔段对德军后方和沿着向村镇奥贝罗特尔巴赫（Oberotterbach）、雷希滕巴赫和施韦根前进的路线进行了炮击。

5月16日是平静的一天，德军步兵进攻暂停，但炮击仍在持续，德军105毫米炮轰击了朔恩伯格要塞，7比斯隔段予以了回击。9时40分左右，一门重炮——可能是一门280毫米炮——对哈腾01号观察哨（该观察哨位于哈腾以北外围的D245）开火。在打出的23发炮弹中，只有一发命中了观察哨后方，并轻微损坏了混凝土。到晚间，法军第16步兵师放弃了劳特尔防线并撤回到沿前沿哨所防线的一处位置，而法军第70步兵师在维森伯格和阿尔滕施塔特的部队也被撤出。新防线走向如下：博埃什农场（Ferme Boesch）—卡里姆巴赫，舍霍尔塔（Tour–de–Scherhol）—舍霍尔林间工事房（Scherhol Forest House）—290高地—276高地—249高地—243高地—盖斯贝格德国纪念碑（German monument of Geisberg）—盖斯贝格城堡（Château-Geisberg）—182.4高地—基特尔肖夫农场（Ferme de Geitershof）—奥伯塞巴赫、特里姆巴赫和库本米尔（Kuhbenmühl）隔段工事。

5月16—17日夜间，德军炮兵非常活跃，德军火炮被推进到更接近劳特尔的位置。对斯坦塞尔茨、奥伯霍芬－里斯维森伯格（Oberhoffen–les–Wissemberg）、里德塞尔茨、安斯帕克以及马其诺防线后部苏尔茨苏弗雷（Soultz-sous-Forêts）以东的重炮阵地的炮击几乎从未间断。1时20分，奥伯塞巴赫隔段工事打出红色信号弹，表明对其展开的进攻正在进行。朔恩伯格要塞和霍赫瓦尔德要塞的炮塔予以回应，3、4和7比斯隔段在10分钟内打出240发炮弹。2时30分，盖斯贝格前沿哨所群指挥官通过无线电报称德军处在反坦克钢轨位置，正在接近隔段。7比斯隔段对隔段工事前沿开火，之后有报告称这不是一次严重入侵，而仅仅是一支德军侦察队在试探外围防御。

5月17日，法军第70步兵师第279步兵团在盖斯贝格抓获4名德军俘虏，他们是前一夜侦察队的成员，他们在被法军炮火击中后试图沿列车轨道重新集结，但无法回到己方战线。一整天，法军炮火持续向德军步兵倾泻，尤其是在孟达特以西。马其诺防线的火炮对每发德军炮弹都予以回击，炮击声响持续了一整夜，法军对雷希滕巴赫、阿尔滕施塔特和圣雷米倾泻火力，一天中打出962发炮弹。

5月18日是从相对平静的午夜和早晨开始的，一支德军巡逻队中的一名士官在盖朔夫（Geishof）附近被法军捕获。14时，几个120毫米间隔野战炮兵连（这些炮兵连被标注为 Section）中的一个对波本塔尔（Bobenthal）和圣保罗堡（Chateau Saint–Paul）打出 60 发炮弹，这些火炮是邦格（Bange）M1878 型长身管（L）火炮，最大射程大约为 9000 米，非常准确且高效。德军也炮击了罗特、德拉钦布隆营地（Camp de Drachenbronn）和阿尔滕施塔特。从 7 比斯隔段打出的 225 发炮弹落在了维勒（Weiler）和维森伯格之间的劳特尔渡口，法军事后了解到这些炮弹严重阻碍了德军行动并给德军造成重大伤亡。法国电台报道了德军对阿韦讷、维尔文斯（Vervins）和雷泰尔（Rethel）以北方向的进攻。

在克吕斯内斯要塞区，5 月 14 日，法军各师从马其诺防线正面后撤，并用牵引车将其装备的 105 毫米和 75 毫米野战炮和榴弹炮一并撤出。5 月 15 日，掩护部队的后卫撤过马其诺防线，此刻马其诺防线就成了第一道防御线。留在 C24 炮台中的守军等待敌军在树丛中出现。根据马森的回忆：“灌木丛中的每声响动或者沙沙声都在乡野的寂静中被放大了。”

莫伯日之战——5月19—21日

在突破索尔勒堡后，德军第 7 装甲师继续攻向勒卡托，开始将盟军困堵在比利时。第 5 装甲师受命渡过桑布雷河，冲破默默尔森林直达勒克鲁伊（Le Quesnoy）。

比洛特将军命令此时仍然在桑布雷河右岸的部队撤回河边并在莫伯日正面建立一处防御阵地，法军第 1 集团军守卫从沙勒罗瓦（Charleroi）到贝尔莱蒙（Berlaimont）一线，这一线的防御布置稀疏，并留下了几个明显的缺口。第 4 步兵师被派出增援第 101 要塞步兵师，第 43 步兵师守卫从耶蒙到莫伯日一线，而留给第 84 要塞步兵团的任务就是驻守莫伯日到贝尔莱蒙一带并守卫桑布雷河上的桥梁。从贝尔莱蒙到朗德勒西（Landrécies）的桑布雷河河道由第 9 集团军守卫，而由朱利安·马丁将军指挥的法军第 11 军的任务则是守卫默默尔森林。从番号上看起来法军防御力量相当强大，但各单位从未有时间组织并建立起坚决的防御。

5 月 17 日下午，德军到达桑布雷河岸边，当天晚上法军就在几处地域遭到进攻。5 月 18 日上午，德军第 5 装甲师从 3 个方向接近默默尔森林，将第

11 军在乔利梅茨（Jolimetz）附近分割成数块。该镇被皮卡德（Picard）将军指挥的法军第 1 轻型机械化师占领，皮卡德希望对德军第 39 军发动一次反击，但马丁决定采取不同方案，指派该师防御从东边进入森林的道路。第 1 轻型机械化师持续战斗了一整天，尤其是在乔利梅茨。5 月 21 日，德军占领了默默尔森林中的几个炮台，在坦克的支援下德军士兵接近到可以向射击孔内扔手榴弹的距离。晚间，第 11 军和第 1 轻型机械化师失去联系，向西离开森林前往瓦朗谢讷和勒克鲁伊，而德军第 3 装甲师则进入默默尔森林并肃清残余抵抗。

5 月 18 日晚间，从莫伯日到沙勒罗瓦一线沿桑布雷河的防御被放弃，之前处于该区域的法军单位转而在莫伯日周围形成弧形防御。莫伯日突出部此刻在两翼都受到威胁，德军将埃里希·霍普纳（Erich Hoepner）将军麾下下辖第 3、第 4 装甲师和第 20 装甲掷弹兵师的第 16 装甲军投入第 5 装甲师打开的突破口中，该军于 5 月 20 日到达桑布雷河。

莫伯日要塞历史悠久，并因 1914 年傅里叶（Fournier）上校在此率部英勇抵抗 14 天而名垂青史。不幸的是，1940 年的莫伯日之战的结果从开始时就被决定了，因为在战斗打响之前该地已经被包抄合围，就像 1914 年时那样。法军防御崩溃的速度令人震惊，但这并不是德军战术的结果——虽然这些战术被巧妙而稳健地执行——而是由于马其诺防线要塞的工程缺陷。即使德军也会对这些看似威力强大且无懈可击的混凝土铜墙铁壁如此迅速地失陷和守军的投降而感到惊讶，造成这一结果的一件最简单的事就是阻塞通风井（ventilation shaft）。

1940 年 5 月，莫伯日要塞区被安排由第 101 要塞步兵师驻守，该师由贝亚德（Béjard）将军指挥〔他于 1940 年 1 月 1 日接替阿诺特（Hanaut）将军指挥该师〕。步兵包括第 84 和第 87 要塞步兵团，第 18 和第 19 地方工人团，第 1 机枪营（Bataillon Mitrailleuse，BM）和第 161 阵地炮兵团第 2、第 3 营。要塞防守序列如下：

·哈诺（Hainaut）次级要塞区——第 87 要塞步兵团〔指挥官博贝尔（Borbeil）中校〕，配有 4 个“加强野战”型隔段工事和 25 个 1 RM 型隔段工事；第 105 要塞守军连〔指挥官为法戈特（Fogot）上尉〕：赫隆因丰坦（Héronfontaine）炮台、萨尔茨要塞和 2 个“加强野战”型隔段工事；第 104 要塞守军连〔指挥官为布热德（Pujade）上尉〕：克里夫库尔（Crèvecoeur）炮台、贝尔西利斯要塞；第103要塞守军连〔指挥官为布里查德（Brichard）上尉〕：萨尔玛涅要塞加上2个“加强野战”型隔段工事以及一道沿艾斯凯尔特要塞区和提拉奇（Thiérarche）次级要塞区边界的“停止线”（ligne d'arrêt），该线由6个“加强野战隔段工事”型、2个“工程技术部”型和28个1 RM型隔段工事组成；87要塞步兵团第6、第7连：13个位于默默尔森林的“筑垒地域组织委员会”型炮台加上9个观察哨。

· 提拉奇次级要塞区——第84要塞步兵团〔指挥官为马绍尔（Marchal）中校〕，配有2个“加强野战”型隔段工事；第102要塞守军连〔指挥官为贝尔坦（Bertin）上尉〕：易普力内特（l'Épinette）炮台、布索伊斯要塞和3个1 RM型隔段工事；第101要塞守军连〔指挥官为卡里乌（Cariou）上尉〕：4个“筑垒地域组织委员会”型炮台〔洛奇（Rocq）、北马尔彭森林（Bois-de-Marpent Nord）、南马尔彭森林（Bois-de-Marpent Sud）、奥斯特尼斯〕、3个“加强野战”型隔段工事和46个1 RM型隔段工事。

· 二线位置：2个“工程技术部”和2个“加强野战”型隔段工事。

主要要塞工事包括了“筑垒地域组织委员会”型炮台和步兵要塞。炮台为单炮台或双炮台结构，配有1个或者2个JM/AC47型射击孔的组合，另有一个额外的双联装机枪射击孔和一个种类多样的B型自动步枪哨戒钟型塔以及一个混合武备钟型塔。赫隆因丰坦炮台可以被认为是一个单隔段要塞，因为它配备有一个混合武备/50毫米迫击炮炮塔加上1个混合武备钟型塔。

萨尔茨要塞配有2个隔段：1号隔段是一个配有1个JM/AC47型和1个双联装机枪射击孔，以及混合武备种型塔和B型自动步枪哨戒钟型塔的单炮台，而2号隔段则配有1个混合武备炮塔加上1个混合武备钟型塔以及2个B型自动步枪哨戒钟型塔。

贝尔西利斯要塞配有2个隔段：1号隔段配有1个JM/AC47型和1个双联装机枪射击孔以掩护北翼，以及混合武备钟型塔、B型自动步枪哨戒钟型塔和1个榴弹发射器钟型塔。2号隔段配有1个混合武备炮塔加上2个混合武备钟型塔和2个B型自动步枪哨戒钟型塔。

萨尔玛涅要塞的2个隔段包括1号隔段中的1个混合武备炮塔、混合武备钟型塔和B型自动步枪哨戒钟型塔，以及1个装有掩护东翼的JM/

AC47 和双联装机枪射击孔，加上 B 型自动步枪哨戒钟型塔和榴弹发射器钟型塔的单炮台。

布索伊斯要塞有 3 个战斗隔段，其中 1 号隔段装有掩护西翼的 JM/AC47 和双联装机枪射击孔，以及混合武备钟型塔和 B 型自动步枪哨戒钟型塔；2 号隔段装有一个混合武备炮塔和 B 型自动步枪哨戒钟型塔；3 号隔段是一个掩护东翼的单炮台，配有 JM/AC47 和双联装机枪射击孔，以及一个混合武备 /50 毫米迫击炮炮塔和 2 个 B 型自动步枪哨戒钟型塔。

对莫伯日的进攻于 5 月 18 日清晨开始，德军第 28 步兵师（该师下辖第 7、第 49、第 83 和第 28 步兵团，第 64 炮兵团，第 28 坦克猎手营，第 28 侦察营和第 28 工兵营）的任务是削弱马其诺防线防御。突击的第一阶段是拿下位于桑布雷河右岸的"筑垒地域组织委员会"型炮台，这其中包括马尔彭北炮台、马尔彭南炮台、罗科（Roq）炮台和奥斯特尼斯炮台。

由米歇尔（Michel）中尉指挥的奥斯特尼斯炮台是一个单侧翼炮台，配有 JM/AC47 和双联装机枪射击孔以及 2 个混合武备 / 钟型塔和 1 个 B 型自动步枪哨戒钟型塔，位于桑布雷河以南的莫伯日要塞区最右翼。5 月 18 日 10 时 30 分，德军进入炮台后方并占领了之前由法军间隔部队占据的阵地。德军将 37 毫米和 47 毫米反坦克炮前出并对炮台的 JM/AC47 型射击孔开火，敲掉了炮台火炮。接下来战场寂静下来，直到 15 时左右射击孔被强大火力击中。德军沿恰特雷 – 布拉斯 – 耶蒙（Quatre–Bras–Jeumont）公路在法军火炮射程范围外架起 88 毫米高射炮（这种高初速火炮在战争中被证明是一种具有毁灭性威力的反坦克和反要塞工事火炮），炮弹对准射击孔被射出，高初速炮弹的冲击力将一部分混凝土立面撕碎，并将装甲射击孔框架摧毁。几名在炮室内的守军受伤，炮台内充斥着浓烟。布索伊斯要塞的 2 号隔段的混合武备炮塔试图拦阻，但面对德军进攻收效甚微。威力强大的 150 毫米榴弹炮也对奥斯特尼斯炮台和附近炮台进行了轰击，守军们持续遭遇 88 毫米高射炮的发难。当他们无法再坚守已成定局时，他们破坏了装备并将碎片填入井中。到 18 时，河南岸的法军炮台已经悉数陷落。

与此同时，德军将炮兵火力集中用于打击法军各要塞，布索伊斯要塞的 2 号隔段负责掩护西翼，是个装有 JM/AC47 型射击孔的炮台，在战斗中遭到德军推进到距要塞仅 1500 米距离的 88 毫米炮和 150 毫米炮轰击，在这样的距离上这些火炮的射击效果是毁灭性的，1 号隔段同样被瞄准轰击。

德军在莫伯日西北也展开攻势，一道由各种不同形制的小型“加强野战隔段工事”型和 1 RM 型隔段工事组成的“停止线”（Ligne d'Arrêt）被建在巴威和莫伯日之间，该防线并未能抵挡几个回合。在 5 月 19 日早晨，被部署在莫伯日后方的德军第 8 军向西北运动并从后方进攻防线。几个隔段工事被德军第 8 步兵师拿下，因为法军的反坦克炮朝向前方，由此德军可以从后方接近隔段工事。5 月 19 日晚间，防线遭到德军猛烈攻击，大量隔段工事陷落，德军第 8 步兵师进抵巴威。里沃（Leveau）要塞于 5 月 20 日早晨陷落，法军第 158 步兵团发起反击，但未能夺回要塞，不过被德军包围的萨尔茨农场（Ferme-aux-Sarts）得以解围。在守军经历了激烈战斗后，普兰蒂斯（Plantis）隔段工事于 18 时 30 分被放弃，帕维永（Pavillon）、圣约瑟夫（Saint-Joseph）和勒菲格尼斯（le Feignies）隔段工事也告失守。

5 月 20 日，德军第 8 步兵师继续沿着艾斯凯尔特要塞区方向朝朗格维尔（Longueville）、奥迪格尼斯（Audignies）和麦基尼（Mecquignies）前进，道路由一系列同样是“加强野战隔段工事”型和 1 RM 型的隔段工事掩护。弗雷哈特农场（Ferme Fréhart）隔段工事于 10 时陷落，奥迪涅斯（Audignies）和卢维尼斯森林（Bois-de-Louvignies）隔段工事则在中午失守。通往蒙斯（Mons）的路被红楼（Maison-Rouge）、蒙斯西郊（Faubourg-Ouest-de-Mons）、蒙斯东郊（Faubourg-Est-de-Mons）和阿兰特桥（Pont-Allant）几个隔段工事掩护，每个隔段工事都遭到了攻击。缺乏朝向后方的支援力量的守军试图突围，但期间有多人阵亡和受伤，所有的隔段工事都被德军拿下。第二天，也就是5月21日，莫伯日的小型隔段工事的抵抗宣告终结：

奎恩 – 拉奎特（Quêne-Luquet）隔段工事〔指挥官为波尔旺（Polvent）中尉〕和拉贝勒 – 霍特塞（La Belle-Hôtesse）隔段工事〔指挥官为方丹（Fontaine）中尉〕位于巴威以北，二者后侧立面被 88 毫米高射炮弹打得千疮百孔，于 13 时左右投降。

拉雷珀瑞（La Reperux）隔段工事〔指挥官为雷尼乌（Reignoux）中尉〕和圣休伯特（Saint-Hubert）隔段工事〔指挥官为亨利（Henry）上尉〕

大约同时投降。

康布伦农场（Ferme–Cambron）隔段工事的守军于 15 时在猛烈炮火下从隔段工事中突围。

勒皮索蒂奥（Le Pissotiau）〔指挥官为斯特维茨（Stievez）中尉〕和拉梅兹磨坊（Moulin–Rametz）隔段工事于 15 时左右投降。

圣瓦斯特 – 拉 – 瓦利耶公墓（Cimitière de Saint-Waast-la-Vallée）隔段工事〔贝雅尔（Béjart）将军的指挥所〕于 16 时遭到进攻并被 88 毫米高射炮射击，守军在隔段工事无法坚守后突围，贝雅尔将军脱险到达法军防线。

有一则非常让人沮丧的消息，之前曾在前线与突进的德军装甲部队交战并侥幸生还的第 84 要塞步兵团第 2 营第 7 连指挥官拜里弗（Baillif）上尉在伯尔舍 – 隆颇（Perche–Rompue）隔段工事中与其他 3 名部下一同阵亡。

莫伯日的陷落——5 月 22—23 日

炮台群陷落后，德军对布索伊斯要塞的轰击仍在持续，并且进攻也接近白热化。要塞的大多数枪炮都已无法使用，没有通风，守军被排入战斗隔段和地下空间的烟雾呛得难以招架。3 号隔段的炮塔炮试图轰击一条通往要塞的道路上的死角，但最终只能用观察钟型塔的 50 毫米迫击炮才能打中。9 时左右，正当德军第 49 工兵营第 2 连在指挥官兰根斯特拉兹（Langenstrasz）中尉指挥下一步步摸近要塞，“斯图卡”将 500 千克炸弹砸在了要塞隔段上。轰炸和炮击甫一停止，工兵们就立刻发起进攻。他们的计划是穿过环绕要塞的壕沟，然后冲向隔段，摧毁通风井，要塞内的空气已经足够糟糕，这一招将彻底终结任何持续抵抗的可能。要塞守军只继续抵抗了很短时间，空气质量越来越差。11 时左右，贝尔廷（Bertin）上尉在 3 号隔段上方升起一面白旗，不久后守军成员跌跌撞撞地走出要塞，要塞入口飘散出浓烈的烟雾。5 月 19 日，拉法耶特要塞成为第一个被攻陷的马其诺防线要塞，而布索伊斯要塞则是第一个打白旗投降的。

德军的下一个目标是由布里查德（Brichard）上尉指挥的萨尔玛涅要塞，布索伊斯要塞陷落后，该要塞遭到德军第 49 步兵团进攻。萨尔玛涅要塞之前为布索伊斯要塞提供了炮火支援，但也遭到“斯图卡”的轰炸和德军炮兵的轰击。在埃莱姆斯（Élesmes）隔段工事〔指挥官为佩托特（Petot）中尉〕[①] 于5月22日失守后，萨尔玛涅要塞的形势急转直下。埃莱姆斯隔段工事的失守意味着德军可以将一个88毫米高射炮连抵近至距离要塞150米的位置，在这样的距离上攻击很快得手。高初速炮弹对准2号隔段的射击孔被射出，射击孔被撕成碎片，而射击孔内的47毫米炮也被摧毁。德军炮手之后转向攻击1号隔段，对准入口和突出在隔段外的特别通道射击。15时左右，布里查德上尉撤出了位于1号和2号隔段的守军，但无法通风使得在烟雾弥漫的地道中进行的撤退非常危险。撤退正在进行时，德军第49步兵团第3连的工兵已经站在了1号隔段顶部。工兵们用炸药包攻击了混合武备炮塔并将其摧毁，萨尔玛涅要塞此刻已经没有武器。20时30分，布里查德上尉投降。

贝尔西利斯要塞于5月22日破晓起遭到德军攻击，德军火炮集中轰击了要塞后立面和2号隔段。第二天早晨德军继续猛攻，要塞的混合武备炮塔失去了战斗力。9时15分，德军依样画葫芦地摧毁了2号隔段的空气井（Air shift）。10时，来自德军第83步兵团第3营第11连的一支突击队攻上了2号隔段顶部，并准备对炮塔和空气井进行进一步破坏。15分钟后，布热德上尉决定投降。克雷弗克（Crêvecoeur）炮台遭遇了和其他要塞工事一样的命运：射击孔被摧毁，通风井被堵塞，不久后陷落。

萨尔茨要塞与赫隆因丰坦炮台一道坚守到了5月23日，二者从5月21日起就被“斯图卡”和炮兵火力“关照”了射击孔和炮塔。萨尔茨要塞与赫隆因丰坦炮台的炮塔被敲掉了，萨尔茨要塞2号隔段指挥官德布雷特（Debret）中尉在攻击中阵亡。5月22日德军工兵攀上了赫隆因丰坦炮台顶部，但被萨尔茨要塞的机枪打退，表面已无人员后德军又开始了炮击和轰炸。21时30分，在所有武器都被摧毁后，赫隆因丰坦炮台指挥官杜里夫（Durif）中尉率部离开炮台突围。5月23日5时30分，德军再次轰击萨尔茨要塞，到了6时，经过一夜修理的混合武备炮塔再次开火。近1小时后，炮塔壁遭到一次直接命中，炮塔被锁在了半升起状态，无法再开火。11时，勒杜克（Leduc）上尉投降，

① 值得注意的是，在这附近有3个隔段工事都被称为“埃莱姆斯”：A90——埃莱姆斯北森林隔段工事，B636——埃莱姆斯森林隔段工事，T19和T20BE中、南。这里所指的应为正位于萨尔玛涅要塞后方的A90隔段工事。

标志着莫伯日防御的结束。

莫伯日陷落的原因颇为奇怪：陷落在战略和战术上有很多原因，但所有原因中最费解的——也是即将在接下来几周给福尔屈埃蒙要塞区和罗尔巴赫要塞区带来大麻烦的——就是通风系统和混凝土的失效。难以置信的是，马其诺防线的这些主要要塞工事比 1914 年比利时和法国的要塞坚守时间还短，后者遭到了更强大的火炮轰击，而且其守军投降也是因为他们无法再呼吸内部的空气。它们配备了强大的发电机以便在与外部电网断开时进行发电，从而驱动先进的通风系统，以防毒气进入要塞。然而工程师们为敌人留下了一个轻轻松松摧毁或者阻塞井道并窒息守军的办法。

莫伯日的位置还有其他缺陷：要塞群缺少任何能阻挡或者阻滞德军从东或南方向接近桑布雷河的炮兵力量；混合武备炮塔可以向相邻遭到攻击的要塞开火，但这在所有要塞同时遭到攻击时无法实现，也因此无法将自身的炮塔收起；最后，即使有掩护侧翼的炮台，他们的朝向也只被用于打退来自北方的进攻，若德军从南方发动进攻，这些炮台无法防御来自后方的攻击。这几点也将在即将到来的几周困扰其他要塞区。

艾斯凯尔特要塞区——5 月 22—27 日

莫伯日要塞群陷落之前，德军就已经在向瓦朗谢讷和艾斯凯尔特要塞区进发的路上。在这一地区仅有的马其诺防线“要塞”就是位于村镇艾斯以南一处农场的艾斯步兵要塞。该要塞由杜博斯（Dubos）上尉指挥，包括 2 个隔段。1 号隔段装有掩护西翼的 JM/AC47 和双联装机枪射击孔以及混合武备钟型塔和 2 个 B 型自动步枪哨戒钟型塔，2 号隔段装有 1 个混合武备炮塔、1 个掩护侧翼的 JM/AC47 和双联装机枪射击孔，以及 1 个自动步枪哨戒钟型塔和榴弹发射器钟型塔。

剩余的防御力量是一些“工程技术部”型和“筑垒地域组织委员会”型炮台以及一系列建在老旧的莫尔德要塞内的隔段。包括莫尔德要塞在内的艾斯凯尔特要塞区的要塞工事于 5 月 20 日起遭到德军炮兵轰击，射击速率在 21 日提高。尽管德军的炮击在 5 月 21—22 日夜间一直持续，但沿弗利讷莱莫尔塔涅（Flines-lès-Mortagne）公路推进的德军步兵依然被从东莫尔德炮台（Est de

Maulde）射来的 75 毫米炮弹压制。孱弱的法军炮兵力量并未阻挡住德军包围要塞区，5 月 22 日，莫尔德要塞被德军架设在艾斯凯尔特河畔孔代（Condé-sur-Escaut）附近的邦塞科斯森林（Forêt de Bonsecours）中的一门“斯柯达”（Skoda）305 毫米榴弹炮打出的炮弹命中，十几发炮弹命中要塞顶部，但并未对炮台造成太大损伤。

5 月 22 日，艾斯步兵要塞的射击孔遭到德军 88 毫米反坦克炮的近距离轰击，第二天早晨，要塞和附近的詹兰、塔兰迪尔（Talandier）炮台被包围。88 毫米高射炮对准艾斯要塞 2 号隔段的混合武备炮塔和詹兰炮台射击，二者均被严重损毁，但依然具有威胁，使得德军无法发动一次步兵突击。1 门 88 毫米高射炮被推进至距詹兰炮台的混合武备炮塔 800 米以内，炮台用机枪和 25 毫米反坦克炮予以回击，将德军炮手驱散。莫尔德要塞也被轰击。晚间，德军第 253 步兵师第 464 步兵团发起了一次不成功的攻击，没有步兵投入攻击。

5 月 26 日 3 时 45 分，德军恢复了对艾斯步兵要塞的轰击，88 毫米高射炮弹将混凝土立面如冰面般一片片击碎并剥离下来，直到一发炮弹射入 2 号隔段，在内部炮室内爆炸。1 号隔段也失去了战斗力。6 时左右，来自德军第 28 工兵营和第 7 步兵团第 1 营的一支突击队向要塞突进并包围了要塞，占领了地面工事顶端。杜博斯上尉下令通过德军并不知悉的通向艾斯要塞以西 600 米的詹兰炮台的排水渠突围。詹兰炮台的状况也很糟糕，10 时 20 分，守军开始一个个从射击孔钻出炮台投降。德军并不清楚艾斯要塞与詹兰炮台相连，160 名守军爬出炮台时，他们惊得目瞪口呆。塔兰迪尔炮台也在之后很快投降了。

莫尔德要塞此刻尚未完全被包围，德军削弱了掩护其侧翼的“工程技术部”型炮台。5 月 26 日下午，施文格勒（Schwengler）上尉受命在尚有可能突围时率部在夜间突围。23 时，莫尔德要塞炮台的 155 毫米炮进行了最后一轮射击，之后被破坏。突围行动于 0 时 30 分开始。第二天早晨，德军发现要塞已被放弃。法国边境和从北海到维利 – 拉法耶特（Villy-laFerté）以东的村镇玛格特的所有法军要塞工事此刻都已落入德军之手。

第六章

第一滴血——拉法耶特要塞的最后4天

正如前文所言，在封闭的环境中战斗到窒息是任何一个要塞守军都挥之不去的梦魇。在 1914 年的埃维尔斯要塞之战中，莱维·阿尔瓦雷斯（Lévi Alvarès）上尉最终在绝望中选择了自杀，而在 1940 年的拉法耶特要塞之战中，要塞守军们在灯光熄灭，直到窒息也只能看见浓烟时他们在地道中究竟说了些什么已经无人知晓。德军攻占要塞的战斗堪称完美的连级战术范例——遮蔽要塞，向其突进并摧毁其攻击能力，之后放出烟雾将守军赶出。而与德军行动的完美形成鲜明对比的是，颟顸的法军中高层指挥官由于他们的疏忽一次次失去了拯救要塞的机会，加之他们与要塞指挥官通信联络的中断，最终导致了要塞和要塞守军们的悲剧性命运。

在介绍攻占拉法耶特要塞的战斗之前，先将拉法耶特要塞所在的蒙特梅迪要塞区做一简单介绍。根据马其诺防线的组织方式，该要塞区指挥架构如下：

蒙特梅迪桥头堡（Tête de pont de Montmédy）次级要塞区：第 155 要塞步兵团〔指挥官为库洛特（Culot）中校〕。13 个配有小型武器的掩蔽所和武装掩蔽所（abris passif）组成了维利的防御，这些工事是在 1939 年新增的。主要防御防线有：2 个“巴贝拉克”型掩蔽所、1 个“工程技术部”型和 1 个“加强野战防御工事”型隔段工事，外加 2 个装有 M1897/33 型 75 毫米炮的分别用于掩护东西两翼的“工程技术部”型炮兵炮台（My1 维利西和 My2 维利东）。指挥设置如下：

· 第 3 要塞守军连，指挥官为奥贝特（Aubert）上尉，他也兼任切斯诺瓦要塞指挥官。

拉法耶特要塞〔指挥官为布吉尼翁（Bourgignon）中尉，他非常不幸地在1940年3月20日接替吉亚德（Guiard）中尉担任此职〕，玛格特、莫伊（Moiry）、圣玛丽（Sainte-Marie）和萨波涅（Sapogne）“筑垒地域组织委员会”型炮台，切斯诺瓦要塞（指挥官为奥贝特上尉），克里斯特（Christ）、托内尔－蒂尔（Thonnele-Thil）和格雷特（Guerlette）“筑垒地域组织委员会”型炮台。

· 第2要塞守军连，指挥官为加特利耶（Gatellier）上尉，他也兼任索内尔步兵要塞指挥官。

埃维奥斯（Avioth）炮台、托内尔要塞（指挥官为加特利耶上尉），弗雷斯诺（Fresnois）和圣安托万“筑垒地域组织委员会”型炮台、“加强野战防御工事”型隔段工事My12号。

· 第1要塞守军连，指挥官为萨奇（Sachy）上尉，他也兼任沃洛讷要塞指挥官。

“加强野战防御工事”型隔段工事My14号，埃库维耶兹（Ecouviez）西、埃库维耶兹东“筑垒地域组织委员会”型炮台，沃洛讷要塞（指挥官为萨奇上尉）。

在第二道防线，8个“加强野战防御工事”型隔段工事和2个装有M1897/33型75毫米炮的“工程技术部”型炮台〔分别为拉赖特利（La Laiterie）和维莱克卢瓦埃（Villecloye）〕。

马维尔次级要塞区，前身为马维尔防御区（Secteur Défensif de Marville），于1940年3月从克吕斯内斯要塞区分离：

·第132要塞步兵团〔指挥官为布兰切特（Blanchet）中校〕；齐尔斯线——4个“加强野战防御工事”型和6个“工程技术部”型隔段工事；主防线——1个“加强野战防御工事”型、2个“工程技术部”型和7个RFM型隔段工事，加上1个装有M1897型75毫米炮的RFM型炮兵炮台〔拉西格尼（La Higny）炮台〕；“要塞区域研究委员会”防御防线芒比耶内（Mangiennes）到皮尔庞特（Pierpont）段有12个“工程技术部”型隔段工事。

拉法耶特要塞是马其诺防线在蒙特梅迪要塞区内的终点，其西部是沿齐尔斯河的脆弱防御。5月13日时该要塞孤悬于色当以东，107名要塞守军相信他们占据了易守难攻的位置。要塞由2个通过地下35米的隧道连接的隔段组成，

2号隔段的武器包括一个由凡尔登要塞的75R05型炮塔翻新而成的加装双联装机枪和25毫米炮的混合武备炮塔，1号隔段则装有1门47毫米炮，不过这门炮朝向东方，而德军将从西方来攻。拉法耶特要塞没有炮兵武器，而最近的则是切斯诺瓦要塞的75毫米炮，由于距离在8千米开外，因此火炮覆盖范围有限。在拉法耶特要塞和切斯诺瓦要塞的是玛格特、莫伊、圣玛丽和萨波涅炮台，这些炮台配有反坦克炮和机枪。2个配有75毫米炮的炮台——维利东和维利西——警戒2号隔段背后的道路。

5月14—15日夜间，维森贝格（Weisenberger）将军指挥的德军第71步兵师[①]的3个团到达齐尔斯以北。欧根·里特·冯·舒伯特将军命令该师于5月15日黎明攻击位于布拉尼（Blagny）的齐尔斯河阵地。5时，德军火炮开始射击，由于夜间法军炮手已经逃离阵位，法军并没有予以炮火反压制。亨吉格将军担心第3北非步兵师会被从色当向西行进的德军包围，因此下令其撤退，将火炮丢在了身后。布劳恩（Braun）将军指挥的德军第68步兵师也推进到了维利镇，而第71步兵师位于中路，第15步兵师则居于左路。德军步兵到达了距离维拉－马兰迪路（Villy–Malandry Road）约300米的布朗尚帕涅（Blanchampagne）和蒲雷勒（Prêle）农场，在此地他们遭遇了法军第23殖民地步兵团的机枪火力。从蒲雷勒农村的谷仓顶上，德军可以看到拉法耶特要塞〔德军称之为第505装甲工事（Panzerwerk 505）〕的钢制和混凝土外壳。

11时，维利西炮台的75毫米炮开始射击，一整天中打出大约1500发炮弹，维利城镇被称为“抵抗中心”（Centre de resistance），由法军第23殖民地步兵团第2营第1连和加强该部的第155要塞步兵团的一个机枪分队防御。与此同时，德军开始向城镇派出部队，意图与守军展开交战。到了深夜，德军使用210毫米重迫击炮开火，切断了城镇与第23殖民地步兵团的通信联络。

冯·舒伯特和维森贝格讨论了计划，他们判定，为了拿下沿齐尔斯河山脊线而削弱要塞符合他们的利益最大化原则，但并不是不惜一切代价。维森贝

---

① 配属于德军第16军，下辖第104、第110和第115步兵团和第69炮兵团、第33反坦克营、第33侦察营、第33工兵营；第68步兵师直接归属冯·舒伯特的第7军——下辖第169、第188和第196步兵团，以及第168炮兵团、第168反坦克营、第168侦察营和第168工兵营。

格获得了第 7 军最强大的炮兵火力以完成任务，军属炮兵将在 5 月 16 日早晨开火：7 时至 7 时 30 分，210 毫米迫击炮和野战炮进行测距射击；8 时至 8 时 30 分，“斯图卡”俯冲轰炸机到达；8 时 30 分至 9 时，所有火炮以最高射速射击。9 时，步兵在一个 88 毫米高射炮连对钟型塔展开射击的火力支援下对 2 号隔段发起突击。突击之前德军需要拿下维利和马兰迪之间的 226 高地(Côte)，并由此拿下 311 高地。

德军炮兵于 5 月 16 日中午左右开火，在法军未予有效还击时，德军第 194 步兵团发起了一次对玛格特和莫伊的佯攻。与此同时，由克兰克（Kranke）少校指挥的德军第 191 步兵团第 1 营攻击了位于维利西南的 226 高地。该高地由法军第 23 殖民地步兵团第 1 营防守，经过 1 小时战斗后被德军拿下。德军第 191 步兵团第 3 营对维利进行了试探性攻击，该镇由第 23 殖民地步兵团第 2 营第 1 连防御，在组成该镇防御体系的一系列小型隔段工事中装有 3 门 25 毫米炮、12 挺机枪、16 挺自动步枪和 1 门 60 毫米迫击炮。德军向前推进，但被镇中的机枪打退，伤亡惨重。

5 月 16—17 日夜间，德军炮兵持续轰击要塞两翼，维森贝格将军命令第 91 步兵团在 17 日晚间之前拿下 311 高地和维利。镇区被 4 个德军炮兵连猛轰，一团巨大的烟柱升上天空。岑克尔（Zenker）少校指挥的德军第 191 步兵团第 3 营的部队攻入镇区，但被镇区内隔段工事中掩蔽良好的机枪痛击，攻击被遏止。13 时，又一轮对镇区的炮击为岑克尔的部队扫清道路，但法军的抵抗和之前一样顽强。德军无法突破废墟，被迫撤退。这在当时是明智的。晚上，岑克尔所部被科尔杜安（Corduan）上尉指挥的第 211 步兵团第 2 营替换。

第 211 步兵团第 3 营向 311 高地发起进攻，离开 226 高地后，该营向 311 高地进发，但被位于半山腰的一处小型隔段工事的火炮轰击。夜幕降临时，该隔段工事被德军用火焰喷射器敲掉，然后高地也最终被德军拿下，这对拉法耶特要塞来说是个坏消息。两个在要塞后方封锁道路的炮台——维利西和维利东，其守军在 5 月 17 日 16 时 30 分左右被撤离，3 名来自第 23 殖民地步兵团的士兵赶到维利西炮台，告知指挥官迪克钦斯基（Tyckozinski）维利镇已经陷落。他无法证实这一点，但将此消息转达给了拉法耶特要塞的布吉尼翁中尉，后者告诉他要塞的混合武备炮塔被卡在了开火位置，而且指向南方，对来自西方的进攻毫无用处。维利西炮台没有配备防御抵近攻击的武器，迪克钦斯基决定在破坏武器后突围，维利东炮台的佩纳尔瓦（Penalva）少尉也率部突围。然而，第23殖民地步兵团第9连依然占据维利镇区。

5月17日，德军210毫米重迫击炮群对拉法耶特要塞直射轰击了一整夜，在铁丝网周围撕开大片缺口，每分钟有30发炮弹落在要塞顶部。布吉尼翁与玛格特炮台的拉比特（Labyt）中尉取得联系，并要求他照亮要塞顶部，因为他已经无法阻止德军工兵接近隔段。玛格特炮台以短间隔向拉法耶特要塞1号隔段投射出强大的探照灯光柱。21时38分，布吉尼翁发出一条无线电讯息，声称自己遭到攻击，请求支援。切斯诺瓦要塞以其75/05炮塔向拉法耶特要塞打出80发炮弹。但是实际上攻击并未发生，因为德军仍在试图穿过维利。4时13分，切斯诺瓦要塞再次回应了拉法耶特要塞的支援请求，不过和之前一样没有德军发起进攻。

变化出现在5月18日，维森贝格被告知他所获得的“斯图卡”和重炮支援都将在当天晚些时候被撤出，他除了对维利和拉法耶特要塞发起总攻已别无他法。黎明时分，德军的105毫米炮对维利进行轰击，紧接着第211步兵团第2营的2个连发起进攻，原本被认为已经被不间断的轰击削弱的法军防御并非不堪一击，但德军工兵定位出了3处给德军带来不小麻烦的机枪阵地，之后德军朝这一方向突进。16时30分，筋疲力尽的法军最终宣布投降，维利被德军攻陷。

维森伯格率部向前推进并进攻拉法耶特要塞，这将从新近占领的维利镇区方向发起进攻，由第171工兵营第1连〔指挥官为革末（Germer）中尉〕负责执行。德军火炮从18时10分开始全部对准拉法耶特要塞开火，这其中包括3个210毫米重迫击炮连组成的3个炮群、1个150毫米炮炮群、3个100毫米炮炮群、6个150毫米榴弹炮炮群、9个105毫米榴弹炮炮群和1个88毫米高射炮连。这些火炮集中射击了短暂时间，其中88毫米高射炮集中射击钟型塔，意图通过在其表面“开孔”以便向内安放炸药包。德军唯一担心的是第3殖民地炮兵团和切斯诺瓦要塞的75毫米炮在工兵推进时开火，但受领命令后第211步兵团的工兵分队从维利东南角出击，而第191步兵团则从226高地出发。德军炮弹在头顶和周围炸开时，第191步兵团、第171工兵营和来自第211步兵团的科尔杜安上尉的部队会合，工兵们向拉法耶特要塞进攻。

18 时 15 分，88 毫米高射炮对准钟型塔的射击孔和炮塔开火，金属与金属撞击产生的火花喷溅在要塞顶部。2 号隔段配有 1 个自动步枪哨戒钟型塔和观察钟型塔，其射击孔正好朝着 88 毫米高射炮射击的方向。一发幸运的炮弹从自动步枪哨戒钟型塔的射击孔中穿入，直接将一名守军劈成两半，并将另两人炸死。在这一阶段，德军 88 毫米高射炮对准钟型塔射击，100 毫米炮压制圣威尔弗洛伊（Saint-Walfroy）山方向的法军炮火，已经没有什么能减缓德军工兵向要塞顶部冲击的速度。布吉尼翁尚能通过电话向第 3 殖民地步兵师传达钟型塔受损的消息，而法军最高统帅部却对要塞正在发生的情况浑然不觉，他们似乎准备简单地派出一个修理工去填补漏洞。法尔维（Falvy）将军完全不知道维利已被攻下，德军工兵正站在拉法耶特要塞顶部。

一支德军分队接近了 2 号隔段的自动步枪哨戒钟型塔，代理下士比尔曼（Biermann）将一个炸药包安放在北侧射击孔上，然后冲出寻找爆炸时的掩护。下一个目标是被卡在举起位置的混合武备炮塔。一个 40 千克的炸药包被固定在炮塔顶部,爆炸掀开了顶盖。而一个相对较小的炸药包则被安装在炮塔侧壁，爆炸使得炮塔脱离底座卡在了一个角度，由此形成一道小裂缝，使得炮塔内部对外洞开。工兵们从裂缝向炮塔内投掷手榴弹、发烟罐和炸药包，炮塔内的守军不知道是什么击中了他们，陷入恐慌。自动步枪哨戒钟型塔被击毁，3 名守军阵亡；而混合武备炮塔无法运作并可能无法被修复，其中一门 25 毫米炮和双联装机枪从炮架上被炸落，观察钟型塔的潜望镜被炸毁，钟型塔的底层塌陷。隔段内部充斥着烟雾，且由于爆炸冲击波而遭到严重损毁。守军除了逃入安全的下方隧道也想不到其他办法，只有一人留在机房试图维持通风系统运转，但守军匆忙跑下楼梯，将楼梯顶部的内部气闸门打开，使得烟雾顺着楼梯往下灌。

布吉尼翁通过电话与蒙特梅迪要塞区的工程师取得联系，并且提到炸毁各隔段之间的隧道，切斯诺瓦要塞内的奥贝特由此推测布吉尼翁认为自己在要塞内部遭到了攻击。奥贝特要求他派人回到顶层以保护隔段免遭攻击，因为其此刻出于完全不设防状态。由博雷（Boré）中士率领的 5 名志愿者带上手榴弹爬上顶层，他们再也没能活着回来。大约在同一时间，布吉尼翁被第 3 殖民地步兵师参谋长告知：法军第 41 坦克旅（Brigade de Char de Combat，BCC）的

R35 型坦克正在发起一次反击，不过反击在 5 月 19 日早晨失败，拉法耶特要塞再没有进一步的消息或是生命迹象。

这一整夜革末的分队都在攻击 1 号隔段，由于德军工兵处于射程之外而作用甚微。同时，让切斯诺瓦要塞的军官们感到沮丧的切斯诺瓦要塞 75 毫米炮被下令向 1 号隔段顶部发射榴霰弹。射击持续了很短一段时间，直到法军坦克部队反击开始，在此期间德军工兵得以从容不迫地在没有法军炮火威胁的情况下接近目标。22 时 10 分起，德军数个炮兵连对拉法耶特要塞开火以压制守军，法军认为这与反击有关。位于 1 号隔段钟型塔内的守军并不认为他们处于危险中——工兵从未在这种条件下发起攻击，但是他们错了，德军从一个弹坑跃进到另一个弹坑，向 1 号隔段的第一个钟型塔冲击。

这个小分队包括来自“格罗陶斯突击排”（Stosszug Grothaus）的代理下士格鲁伯（Grube），他之后报告称他能听见钟型塔内的法军守军的交流声。他在射击孔安放了炸药包，然后跑到钟型塔背面等待爆炸，这样能达到理想效果，而他的部下则直扑其他钟型塔，花了 15 分钟让它们统统“闭嘴”。剩下的唯一一个自动步枪哨戒钟型塔的金属百叶窗关闭了，炸药包对其不起作用，于是德军士兵把它抛在一边然后朝着其他射击孔投掷手榴弹、炸药包和发烟罐。该隔段内的情况和 2 号隔段类似，烟雾和火光充斥整个隔段，要塞没有再进行抵抗。

在攻击期间和之后布吉尼翁都与第 3 殖民地步兵师保持联系，并表示他打算从要塞突围。蒙特梅迪要塞区的博泰尔将军并不能理解拉法耶特要塞是如何落到这个地步的。3 时 30 分，布吉尼翁与法尔维将军进行了交谈，告诉他 1 号隔段只剩下正对玛格特掩护侧翼的 47 毫米炮这一个炮位可用，鉴于大多数武器都被摧毁，他建议放弃要塞。法尔维命令他坚守阵位，他并不反对守军突围，但现在只要他们还有一门炮在 1 号隔段，就还没到突围的地步。布吉尼翁与第 155 要塞步兵团指挥所取得联系，并告诉亨利上校他的部下已经开始在氧气面罩中窒息。亨利回应称布吉尼翁清楚自己的任务，而且他的指挥官库洛特（Culot）上校无权改变这一点。布吉尼翁回答他清楚并说了句“再见，我的上校”（法语原文：Adieu, mon colonel）。从拉法耶特要塞发出的最后的通讯信息大约在 5 时从邻近的萨尔利（Sailly）发到切斯诺瓦，声称要塞无法坚守，他们将试图到达地面。就是这样。

5 月 19 日破晓，德军工兵在 2 号隔段的堑壕上放置了一块木板，然后炸毁了入口格栅和装甲门，他们没有遭遇法军自动步枪的回击，隔段内部弥漫着浓烟。革末的队伍并没有采取进一步行动就回到了维利，1 号隔段未被摧毁的钟型塔内的自动步枪在早间射击了 3 次，该枪在下午被一发德军炮弹打哑。这是要塞最后一次以各种形式进行的回击。

攻防双方同时夸大和贬低了这个陷落要塞的实力，维森贝格报告称第 505 装甲工事这个蒙特梅迪要塞区“马其诺防线上最强大的要塞”之一已被攻克，而 6 月初法国报纸则报道称布吉尼翁和他的 6 名部下对抗敌军保卫要塞，数百名德军官兵在拿下要塞前被击毙。

5 月 19 日，法军观察员报告称要塞看上去似乎不再被德军占领。第二天，一支巡逻队被派出以查明要塞情况，德军隐蔽在 2 号隔段，而法军巡逻队则接近了 1 号隔段，德军对巡逻队开了几枪后法军就撤回了。5 月 25 日，又一支巡逻队返回，这次他们通过格栅和入口门进入 1 号隔段，然后闻到一股可怕的气味。他们走上楼梯，目击一具躺在台阶上的尸体，接着是第二具——这两具都戴着防毒面具，他们无法呼吸便离开了隔段。两天后他们戴着防毒面具回到要塞，他们的目的是走下楼梯，但是他们在外面遇到一名负责警戒的德军并被驱离，这是法军最后一次试图接近要塞。

几天后德军进入 2 号隔段，但由于令人窒息的环境而无法下探。最后，6 月 2 日，来自第 191 步兵团第 6 连的士兵一直走到了要塞底部，并在厨房入口处发现了几具尸体。深入下去，他们发现隧道被尸体堵塞。德军估计有 150~200 具尸体，实际上这一数字并不准确，因为守军人数为 107 人。他们之后被移葬在维利郊外的一处普通公墓，后来又被齐尔斯河畔拉法耶特和维利的居民再次挖掘并安葬。

第七章
倒下的多米诺骨牌

马其诺防线西北段陷落的同时，阿格诺要塞区依然有小规模交战在持续。5 月 19 日，持续一夜的平静在中午前后被打破，德军炮击了罗特、盖斯贝格、斯坦塞尔茨、奥伯霍芬（Oberhoffen）、安戈尔桑和朔恩伯格。7 比斯隔段和 120L 区对圣保罗堡（Château Saint-Paul）、施韦根和雷希滕巴赫进行了回击。法军的反炮兵火力由身处霍赫瓦尔德要塞堑壕的 C6 号炮台的鲁道夫少校指挥，从 C6 炮台可以观测到所有活动情况。7 号观察哨报告称德军卡车正沿孟达特和斯克莱塔（Schleithal）开进，但它们处于射程之外。S4 炮兵连的火炮平台经过改装，因此其火炮足以攻击道路。

18 时 15 分，德军在未遇到抵抗的情况下拿下了维森伯格和阿尔滕施塔特并将巡逻队前推到位于犹太人森林（Bois des Juifs）内的防线一带。20 时，观察员发现法军步兵发射的红色信号弹，该信号弹旨在呼叫炮兵轰击位于犹太人森林的德军巡逻队。20 时 45 分，从罗特附近及守卫卡里姆巴赫和罗特的前沿哨所的第 81 轻步兵营（Bataillon de Chasseurs à Pied，BCP）发来需要额外支援的请求，135 毫米和 75 毫米炮塔开火了 1 个小时，对前沿哨所前方的树丛进行了轰击，300 发 75 毫米炮弹和 210 发 135 毫米炮弹被打出，结果造成德军重大伤亡。第二天巡逻队发现了德军巡逻队的尸体，而作为伴随步兵联络官的德军第 215 炮兵团副官则受伤被俘，他向法军供认称当时整个第 215 步兵师正在发起行动，但这次进攻被法军炮兵火力成功挫败。鲁道夫之后下令对所有可能被德军利用的森林道路进行轰击。

5 月 19 日，阿格诺要塞区的火炮打出了 760 发炮弹，无线电台宣称德军正向吉斯（Gise）、朗德勒西（Landrécies）和拉昂（Laon）以北开进，守军们发现北边情况正向非常糟糕的方向发展，但马克西姆·魏刚将军被任命为法国陆军总司令让他们吃了定心丸。

5 月 20 日上午，德军火炮对霍赫瓦尔德东和向南通往 7 比斯隔段的坡地开火。9 时，博埃什中士（Maréchal des logis）在检查 C9 号炮台的过滤器时被一发 105 毫米炮弹的破片击中，手臂受了重伤，他被后送并失去了手臂。他是霍赫瓦尔德要塞的第一名伤者。

德军持续对盖斯贝格、奥伯霍芬、霍赫瓦尔德和周围森林进行炮击，目标包括安戈尔桑、卡里姆巴赫南、克莱伯格（Cleebuerg）、斯坦塞尔茨和里德塞尔茨（Riedseltz）。12 时左右，敌步兵被目击出现在维森伯格以南靠近犹太人森林公路以西的位置，S1、S2 和 S4 炮兵连对准这一区域集中火力。13 时至 13 时 30 分，新一轮炮击降临在卡里姆巴赫附近，福尔 – 肖要塞以 2 号隔段的 75 毫米炮塔进行回击，打退了位于博埃什农场正面的一个德军连。S1、S2 和 S4 炮兵连集中火力对施韦根和维森伯格以南的坡地进行了轰击。

5 月 21 日，德军炮兵对佩切尔布隆次级要塞区、盖斯贝格、276 高地和克莱伯格南打出了 100 发炮弹，法军指出许多德军炮弹未击中目标，这当中还有不少是哑弹。在霍芬次级要塞区尤其是阿施巴赫、霍芬和斯坦威勒（Stundwiller），受到的炮击更加猛烈。1 号、2 号和 3 号观察哨首次在霍芬次级要塞区以北被法军放弃的领土上目击到德军活动。21 时 30 分，朔恩伯格要塞向 276 高地开火，那里有一支实力较强的德军巡逻队正在侦察防线。总而言之，这是一周中最平静的一天。

5 月 22 日，同样是平静的一天，德军对监视防线和罗特、斯坦塞尔茨、盖斯贝格镇打出了 400 发炮弹。德军的空中巡逻非常活跃。8 时，7 比斯隔段对一架飞越维勒地区的德军飞机开火。14 时，S2 炮兵连受命对维森伯格以北德国境内的伯伦博恩（Böllenborn）开火。15 时 50 分，7 号观察哨报称有卡车穿越“西墙”（Westwall）的反坦克障碍，法军第 156 阵地炮兵团的 220 毫米炮打出 10 发炮弹，之后所有德军活动偃旗息鼓。

第 70 步兵师的人员从阿格诺要塞区撤出，之后被安排在阿格诺镇地区作为预备队，只有 2 个营的猎兵被留在前沿哨所（第 81 轻步兵营在罗特正面，第 90 轻步兵营位于盖斯贝格）以加强要塞守军。第 22 要塞步兵团占据位于卡里姆巴赫和鸽子谷（Col du Pigonnier）的前沿哨所。在次级要塞区东部，第 69 要塞步兵团和其他团的部分人员前出增援前沿哨所。无线电台报称德军在康布雷（Cambrai）、瓦朗谢讷和阿拉斯（Arras）强力推进，前线在亚眠（Amiens）、拉昂、雷泰尔和蒙特梅迪保持稳定。

接下来的几天相对平静，德军对整个监视防线的炮击持续了一整夜，直到 4 时 10 分。5 分钟后，要塞信息处理区收到了法军步兵发来的在卡里姆巴赫和犹太人森林正面以及鸽子谷前方提供支援的请求，不过并没有德军步兵进攻发生。第二天，第 81 轻步兵营向鸽子谷以北派出几支巡逻队，发现了被德军在 5 月 19 日那次半途而废的进攻中遗弃的武器弹药。无线电台报称在图尔耐（Tournai）、康布雷、阿拉斯、巴伯姆（Bapaume）和亚眠附近发生了激战。

类似的行动在 5 月 25 日持续进行。第二天，德军向盖斯贝格打出了 350 发炮弹，朔恩伯格要塞被 30 发 150 毫米炮弹击中，其中一发在 5 号隔段的钟型塔前爆炸，炸碎了反射投影仪的镜头，金属碎片击中观察员，观察员当场阵亡，他也是朔恩伯格要塞的第一名遇难者。法制观测设备是观察哨的薄弱环节，工程师们清楚这一点，一直测试到 1939 年，但没有找到改进设计的解决方案。在进行了包括攻击炮台的演习之后，1938 年，要塞区指挥官在他的报告中写道："炮台将因钟型塔而被摧毁。"朔恩伯格的事故促使工程师们试图降低风险，在霍赫瓦尔德，4 厘米厚的钢板被切割并放置在反射投影仪镜头开孔上，这有效地保护了观察哨，一些地方还使用了潜望镜作为替代品。德军清楚地意识到这一缺陷，专门瞄准反射投影仪镜头开孔。

5 月 27 日也是平静的一天，这天没有大规模的德军炮击或巡逻，一批补给弹药通过 60 厘米轨道火车于夜间从仓库运抵，霍赫瓦尔德要塞获得了 6600 发 75 毫米炮弹，朔恩伯格要塞获得了 4000 发。接下来的几个夜晚，霍赫瓦尔德要塞获得了 26747 发 75 毫米炮弹和 3552 发 135 毫米炮弹，而朔恩伯格要塞则获得了 8000 发 75 毫米炮弹。守军们非常努力地卸下弹药，弹药库很快就装满了。无线电台宣布了一个糟糕的消息：德军已经到达布洛涅（Boulogne）海边，盟军被包围了。

5月28日1时30分，法军炮击了犹太人森林，他们观察到德军巡逻队在此处探查防线。2时，7比斯隔段对维森伯格的桥梁打出45发炮弹。白天非常平静，到17时，7号观察哨的小组指挥官观察到小股德军位于圣雷米磨坊和森林之间，他们被朔恩伯格要塞打出的20发炮弹驱散。

马其诺防线守军得到消息：比利时已经投降。他们第一次听到关于德军对拉法耶特要塞进攻和对埃本－埃马尔（Eben–Emael）要塞空袭的消息。为了防止对要塞顶部的类似袭击，制定并实施了以下措施：相邻要塞直接使用榴霰弹对攻击邻近要塞或者炮台表面的敌军步兵进行杀伤；加强对外部的积极监视并注意伞兵活动；霍赫瓦尔德要塞从法国陆军处获得了5辆FT–17型坦克，一旦袭击发生则出动横扫地面目标，其中3辆被掩藏在8号隔段的主廊中；一个25毫米高射炮连被部署在朔恩伯格要塞附近，也接收到3辆坦克。每天夜间哨兵对空瞭望寻找伞兵踪迹，观察班组被加强，每班的志愿者非常多。

对萨尔要塞区前哨的进攻——5月29日

萨尔要塞区战斗序列如下：

·利兴次级要塞区：第69要塞机枪团〔指挥官为乔宾（Jobin）中校〕，包括10个“工程技术部”型隔段工事、2个装有M1897型75毫米炮的“军事建设”型炮兵炮台，以及阿尔特维勒（Altviller）和霍尔巴赫（Holbach）永备支撑点。

·阿尔特里普〔Altrippe，又名莱威尔（Leyviller）〕次级要塞区：第82要塞机枪团〔指挥官为马修（Matheu）中校〕，包括7个“工程技术部”型隔段工事、2个“军事建设”型炮兵炮台，以及亨利维尔（Henriville）和马林塔尔（Marienthal）永备支撑点。

·圣－让－莱斯－罗尔巴赫（Saint–Jean–les–Rohrbach）次级要塞区：第174要塞机枪团〔指挥官为杜帕兰德（Duparant）中校〕，包括10个“工程技术部”型隔段工事、4个用于防御堤围的“筑垒地域组织委员会”型隔段工事和卢普斯豪斯（Loupershouse）、古本豪斯（Guebenhouse）、欧内斯特维尔（Ernestviller）永备支撑点。

·卡佩尔金格（Kappelkinger）次级要塞区：第41殖民地机枪团〔指挥官为特里斯塔尼（Tristani）中校〕，不包括“工程技术部”型或“军事建设”型隔段工事，只有野战要塞工事加上霍温前沿地带和位于 252 高地的格兰德维尔（Grundviller）永备支撑点。

· 萨拉勒贝次级要塞区：第 51 殖民地机枪团〔指挥官为莫尼（Mauny）中校〕，同样只包括野战工事、克诺普（Knopp）前沿地带以及维勒瓦尔德（Willerwald）和吉斯瓦尔德（Kisswald）永备支撑点。

· 卡尔豪森次级要塞区（需要指出的是，这一区域并没有获得 A、C 或者 X 编号）：第 133 要塞步兵团〔指挥官为贝特朗（Bertrand）上校〕，其麾下是罗尔巴赫要塞区的第 1 炮台守军连〔指挥官为凯苏尔（Kersual）中尉〕：

1. “筑垒地域组织委员会”型炮台：维特兰（Wittring）炮台和大布瓦（Grand-Bois）炮台。

2. 上普里耶尔要塞〔指挥官为甘博迪（Gambotti）上尉〕。

3. “筑垒地域组织委员会”型炮台：西北阿尚（Nord-Ouest d'Achen）炮台、北阿尚（Nord d'Achen）炮台、东北阿尚（Nord-Est d'Achen）炮台。

4. 二线——“要塞区域研究委员会”防线，建有“工程技术部”型炮台 C1—C22 号（其中 9 个并未建造）。

5 月 29 日，萨尔要塞区观察员报称德军使用装甲车对古本豪斯进行了一次进攻，事实上，这是已经包围村镇的德军摩托车手和卡车搭载步兵。17 时 15 分，第 66 阵地炮兵团收到一条消息，要求其对德军已经占领的村镇南角开火。该团打出 1200 发 75 毫米炮弹、100 发 105 毫米炮弹和 400 发 155 毫米炮弹，德军撤退，被摧毁的村镇被法军第 174 要塞机枪团第 3 营夺回。

6 月 2 日，新一轮针对前哨的进攻拉开序幕，目标是被法军第 174 要塞机枪团第 2 营守卫的卢普斯豪斯永备支撑点。Mc8E 号炮台被反坦克炮攻击，要塞指挥官安德烈 · 庞塞（Andre Poncet）准尉阵亡，另有 3 人受伤。M34 号隔段工事被一门 Pak 37 型反坦克炮攻击，隔段的自动步枪打退了一次攻击，但守军被驱赶出隔段。

德军在晨雾中推进，以包围位于巴斯特 – 卡佩尔前沿地带以北由第 82 要塞机枪团据守的要塞化的亨利维尔和马林塔尔永备支撑点。第 15 军属侦察队和格伦贝洛（Colombéro）中尉指挥的“法兰西军团”（Corps Franc）分队奉命夺回这两个村镇。亨利维尔被德军拿下，永备支撑点守军突围出了包围圈，而马林塔尔永备支撑点的守军也与德军脱离了接触，在第二天夜间突围，但格伦贝洛中尉身负致命伤。第 15 军属侦察队付出了损失 60 人的惨重代价，第 82 要塞机枪团则损失了 90 人。

6 月 3 日，德军发起攻击，将法军第 69 要塞机枪团逐出霍尔巴赫 – 莱斯 – 圣阿沃尔德（Holbach–les–Saint–Avold）。夜间，达格南上校下令撤出古本豪斯和欧内斯特维尔前沿哨所。撤退进行得悄无声息，德军对此毫无察觉，直到第二天对村镇一通狂轰滥炸之后才发现那里已经空空如也。达格南同时下令第 15 殖民地机枪团部队后撤至维勒瓦尔德以南的前哨站。

在特里斯塔尼中校指挥的第 41 殖民地机枪团正面，由于受到德军压力，格兰德维尔和佩利（Péri）前沿哨所守军被迫撤退，德军攻入格兰德维尔，从村镇南部一处位置开始射击。围绕格兰德维尔的战斗持续了一整天，法军野战炮兵对该地倾泻火力以使德军后撤，逐屋战斗在村镇内展开。20 时，德军突击部队攻击了其中一个由邦唐（Bontemps）中士指挥的隔段工事，并将火把扔进射击孔，守军逃离了隔段工事。21 时，法军被命令撤离格兰德维尔，并朝空中打出信号弹作为撤退信号。格兰德维尔隔段工事守卫着普特朗齐前沿地带以东的维尔朔夫水坝（Digue d'étang de Welschof），水坝落入德军之手，德军因此控制了位于下游的通往法军防线的拦水坝的水位。达格南对水坝未被破坏就被放弃感到愤怒，他计划进行一次摧毁大坝的行动，时间定于 6 月 5 日 22 时，不幸的是，德军抢先发动了进攻。

6 月 5 日下午，德军轰击了普特朗齐郊区，这里由 100 名守军保卫，他们分别驻扎在 3 个前哨站（分别为 PA 1、PA 2 和 PA 3）、2 个隔段工事（分别为 M24B 和 M30）和一个防守萨尔格米纳公路的大型“工程技术部”型炮台。德军进抵围绕这一地区的铁丝网阵地，试图剪开铁丝网以取得突破。PA 2 号前哨站于 23 时遭到德军步兵攻击，之后爆发了激烈的近距离战斗，法军曾发动反击，但被迫撤退到 PA 3 号前哨站。位于农场堡（Château Famin）的指挥所被撤离。孤立的战斗持续了整夜，与 PA 1 号前哨站的联系中断，且没有兵力发动一次反击。

6 月 6 日早晨，PA 1 号前哨站依旧被法军坚守，托马斯（Thomas）少尉指挥的炮台火力全开。法军第 88 轻步兵营的一个连奉命向普特朗齐发动反击，其中一路纵队向托马斯的炮台进发，另一路则向 PA 1 号进发，法军炮兵连提供了炮火支援。一个猎兵分队在鲍森（Bausson）准尉指挥下向 PA 1 号前进，但在墓地被德军挡住，他们在数人伤亡后被压制在原地，只得请求增援。增援于 20 时赶到，迫使德军从 PA 2 号撤出。普特朗齐前沿地带回到法军手中，而维尔朔夫水坝则仍然被德军控制。达格南派出一门 47 毫米炮对大坝射击，不过射击效果不佳。

5 月 29 日，德军进抵比利时伊瑟（Yser），之后进入加莱（Calais），第二天北部的法国陆军投降。5 月的最后一天，战斗在敦刻尔克郊区展开。在阿格诺要塞区，除了德军一门 280 毫米榴弹炮对霍赫瓦尔德要塞入口进行轰击外，6 月 1 日总体平静。14 时，10 发炮弹落在了普法芬施利克山口酒店（Auberge du Col du Pfaffenschlick）[①]，导致 1 人阵亡 2 人受伤。另有炮弹落在 9 号隔段，飞溅的碎片落在守军正在外放风的 8 号隔段（8 号和 9 号隔段分别为霍赫瓦尔德西要塞的人员入口和弹药入口）。16 时，S4 炮兵连对斯克莱塔的教堂尖顶开火，那里被怀疑是一处德军观察哨。之后 S4 炮兵连朝上林加斯（Obere–Ringasse）打出 28 发炮弹，那里德军正在对道路进行伪装以掩蔽其动向。19 时，观察员报告德军在孟达特西南一个“发光”物体上加盖了伪装，可能是一门火炮或者一部探照灯。几个炮塔向该物体打出 38 发炮弹，“发光”物体被转移走。

6 月 2 日，德军炮兵对霍芬次级要塞区集中火力，炮击了村镇齐根（Siegen）、特里姆巴赫和布尔（Buhl），引发了几处大火。朔恩伯格要塞和霍赫瓦尔德要塞对法军猎兵针对维拉·阿尔弗雷德（Villa Alfred）的一次行动进行了炮火支援，德军对斯克莱塔的炮击引发了大火，火焰直冲上天空。

6 月 3 日，大雾阻止了双方的行动。6 月 4 日，起初较为平静，但到了 15 时，092 号观察哨为 S4 炮兵连对斯克莱塔的炮击提供校射，炮击开始恢复常态。炮管置于伪装网下，每次射击都有火焰从炮管中迸出。突然，正在视察 092 号观察哨的鲁道夫少校看见 2 号炮在一团黑色烟云中消失，他拨出电话想弄清到底发生了什么，但炮兵连没有回应。朔恩伯格要塞指挥所打来电话，汇报发生一起事故，有人员伤亡，鲁道夫跳上一辆汽车，驶往朔恩伯格要塞。守在作为

---

① 该酒店在霍赫瓦尔德山脊的公路上，位于要塞战斗隔段以南。

霍赫瓦尔德东入口隔段7号隔段的卫兵报告鲁道夫重伤员正被送往医务站，但他依然没提发生的事情，救护车把更多的伤员送往医务站。鲁道夫开始了初步调查。炮位的情况糟糕，一发炮弹在炮管中爆炸，将炮管炸成两半，导致金属碎片飞溅，击中了一名邻近的炮手。现场一名仍然处于震惊中的工程师认定这是一枚故障引信引起的，炮兵连重新下达命令，设置了火炮，试射了几发。之后专家赶来，检查了炸膛的火炮，以判定事故原因，避免在其他地方再次发生类似事故。炮弹被取走并得到了更换，指挥官下令在炮位之间设立掩蔽用以保护炮手。第二天鲁道夫前往位于阿格诺的医院看望伤员，一名炮手被后送到萨维恩（Saverne）接受截肢手术。不过这一带倒是完全平静。无线电台中宣称德军正在沿索姆河和拉昂－苏瓦松（Laon–Soissons）地区发起进攻。

6月6日也是平静的一天。这天，从阿格诺医院传来坏消息，在炸膛事故中受伤的S4炮兵连炮手德伦丁格（Derrendinger）伤重不治。他的葬礼在阿格诺公墓举行，出席者包括科尔塔斯（Cortasse）上尉和20名来自朔恩伯格要塞的炮手。现场气氛加上近日不断恶化的战局使得参加者心情相当低落，后来鲁道夫在阿格诺镇上报告称：“被疏散和孤立，凄凉，悲伤，就像我们的心。”

6月8—9日同样相对平静，德国工人在距离位于犹太人森林和马龙尼尔森林（Bois des Marronier）内的数个法军观察哨约100米处被目击到，一个新的120L区被设置在靠近朔恩伯格要塞7号分段附近，朝向东方，在这个方向上德军正对霍芬次级要塞区构成越来越大的威胁。新区被安排在炮兵连内，每门炮之间加装了一块水平平台。广播播音员播报了德军坦克开入布雷斯勒（Bresle）以及战斗在舍曼德达梅路（Chemin–des–Dames）和雷泰尔进行的消息。

6月10日，德军巡逻队攻击了莱茵河沿岸的塞尔茨桥（Pont Seltz）炮台，该炮台被包围了数小时，但之后得以解围。第二天还有更多战事，德军向276高地和04号观察哨打出50发炮弹。11日0时2分，鲁道夫少校下令对维森伯格南桥（Pont Sud de Wissembourg）、维勒以南、维拉·阿尔弗雷德、维森伯格南出口、维勒和维勒以西山坡实施袭扰性轰击，这些轰击对德军造成了重大伤亡，大量装备损失。法军第77要塞步兵团的“法兰西集群”（Group Franc）对鸽子谷以北的477高地发起多次进攻以驱散一支德军巡逻队，他们在数人伤亡后被迫后撤，但一名德军第342步兵团的工兵被俘。无线电台报称德军在鲁昂（Rouen）和安得利（Les Andelys）之间渡过塞纳河，卢瓦尔河成为此刻法国的唯一希望。前一天法国正式与意大利进入战争状态。在马其诺防线，依旧没人认为法军防线会被拿下，战斗依然遥远。

在克吕斯内斯要塞区，C24 炮台守军时刻警惕德军可能的入侵，他们提防着从北方向马其诺防线发动的大规模攻势。观察员们报称，几天以来人们一直怀疑在奥唐格森林附近的希普斯农场（Hirps Farm）被德军观察员占据，每当 C24 有人打开炮台门就有一发 77 毫米炮弹射来，迫使他们卧倒并寻找掩护。C24 的观察员们并不能看到任何具体情况，C28〔莱塞沃尔（Réservoir）炮台〕经常发现在大型农舍的绿色百叶窗后有人活动，也许是少数几个人——没必要呼叫炮兵。

6 月 2 日，德 · 罗吉斯 · 韦莱马尔德（de Logis Vuillemard）中士从他的潜望镜中观察到农场院舍的其中一扇天窗被打开，表明这可能是德军观察哨的位置。布雷海因的指挥官决定对农场发射几发炮弹。C24 炮台观察员头戴电话耳机，通过潜望镜进行观察并等待着"开始射击……"（法语原文：Coup parti…）的命令。之后观察员们给出校正坐标，然后重复"测角仪 – 支持……偏向角 400……时间距离……"（法语原文：goniomètre-support… gisement 400 … durée de trajet …）。潜望镜转向希普斯农场的方向，没有什么东西在活动，而从电话线另一端传来了这样的声音：

炮兵信息处理区："你好 O–12[①]，准备好了吗？"

O–12: "准备好了！"

炮兵信息处理区："炮弹已经出膛。"

布雷海因要塞的 3 个隔段立刻开火，发出如滚滚雷鸣般的巨大轰响，并伴有退弹壳的嘶嘶声响。75 毫米炮弹炸出的小团灰色烟雾包围了农场，而 135 毫米炮弹炸出的烟柱和碎石块则升腾到 10 米高的空中。鸽舍被爆炸的全部力量击中，导致屋顶碎裂并飞到空中。观察员将观测结果报告给炮兵信息处理区：

"爆炸（轰响）——爆炸——方位 1410——仰角 2——正面 40——深度——

---

① 炮台被编号为 C13，但由于其只是个观察哨，因此被编号为 O–12。

可疑，对于目标，令人怀疑。”

3 分钟后，一发 135 毫米炮弹标志着炮击结束，农场的兔笼碎片落在了附近果园里，希普斯农场燃烧起来。

6 月 4 日夜间阴沉多云，远处出现闪光——炮火或闪电。作为观察员的马森被同伴代莱（Daillet）摇晃肩膀，后者对他耳语："550。"他将潜望镜对准偏向角 550 方位，什么也没有。片刻之后代莱再次提醒他，这回他看见了几道射向巴特森林的闪光。两个人默数起来……从开火到在森林上空爆炸用了 17 秒。马森抓起电话：

布雷海因炮兵信息处理区："我正在听。"

O–12："加农炮炮口焰——偏向角中——555——距离大约 5500。"

布雷海因炮兵信息处理区："起始点——550——5500。"

O–12："完毕。"

在布雷海因要塞的炮兵信息处理区，桌上摊开了一份图表，旨在寻找炮兵连位置。尽管存在不确定性，布雷海因要塞仍然齐射了 100 发炮弹，德军火炮被撤出并被转移到别处。

根据马森的说法，作为一名观察员，他必须具有敏锐的目光和准确的记忆，他必须了解每一寸土地，可以毫不迟疑地说出所处位置，在哪个区域被发现，以及比其他任何一个更重要的点高或低多少。他的搭档里考（Ricaud）观察到奥唐格森林边缘的一些灌木丛和前一日有些不同，这是不可思议的，但又是事实——这是一个德军 150 毫米炮的炮位，该炮对 C24 炮台的铁丝网阵地打出了多发炮弹。这门炮很快就被布雷海因要塞的火炮给"请"走了。几天后，一块由德国人绘制的大招牌在希普斯农场的废墟上被发现："为什么继续这种致命的战斗？"德国人知道，对他们的问题的唯一回复将是一发炮弹。

6 月 11 日，已经被分解几天的用于"无线传输"的零部件被运抵，守军聚集起来收听最新消息。但他们听到消息时，他们希望无线电台依然是坏的：德军向巴黎进军，法军抵挡他们的努力毫无希望。他们被击溃并被一个个分割开来，之后退却，徒劳地试图阻止德军并重组战线。每个新短语都在摧毁守军的希望，有人问克莱特（Clerte）中尉："马其诺防线将变成什么？沿着我们的前线？"中尉如是回答："你还期待它去做什么？坚守，观察。"

第八章
摇摆中的马其诺防线

德军A集团军群冲垮比利时的盟军并席卷法国北部时，C集团军群继续监视并袭扰马其诺防线守军。德军控制着可以俯瞰法军防线的绝佳观察点，他们似乎准备在不久的将来发起大规模进攻，只是简单地将法军牵制在原地。普雷特莱将军有其他主意，他在5月17日与他手下指挥官联系并传达了如下信息：

> 我们必须与敌人保持接触，但要避免在防线正面的前沿位置受到损失。
>
> 法军第4集团军——退回马其诺防线。
>
> 法军第3集团军——最重要的是，不要在要塞防线前方展开战斗，如有必要，不要犹豫，将掩护部队后撤至掩蔽所。

5月20日，甘末林将军被魏刚将军取代。甘末林没有表现出此时所需的决断力。魏刚于5月19日赴任。他抽空会晤了甘末林和阿方索·乔治斯(Alphonse Georges)将军[①]，之后他对雷诺总理[②]表示，他从二人那里感受到的只是一种绝望。普雷特莱在5月20日接到他的新任指挥官的电话，魏刚对他呵斥道，他理解形势艰难，但到目前为止还尚未成定局。“我们必须坚持到底，并找到办

① 曾在1939年9月时担任法军地面部队总指挥，法军于色当之战溃败后被时任总理保罗·雷诺(Paul Reynaud)解职，1940年5月19日魏刚接替其职位。

② 雷诺于1940年3月21日出任法国总理，之后因反对与德国媾和于1940年6月16日辞去总理一职。

法阻止德军坦克，我们必须想方设法让敌军头疼。”他授予普雷特莱权力以命令亨吉格采取一切必要手段。

在北部，装甲部队到达了阿比维尔（Abbeville），合围了比洛特将军的法军第一集团军群[①]。该集团军群兵力庞大，包括法军第7集团军下辖的第1军（含第4、第25摩托化步兵师）以及第16军（含第21、第60步兵师及第1轻型机械化师和第9摩托化步兵师），第1集团军下辖的第3军（含第2北非师以及第1摩托化步兵师）、第4军（含第1摩洛哥步兵师以及第15摩托化步兵师）和第5军〔含第101要塞步兵师、第5北非师、第12摩托化步兵师、第2和第3轻型机械化师以及勒内·普里乌（Rene Prioux）将军的骑兵军〕，另外还包括了被纳入法军麾下的8个英军师和20个比利时师，总计45个师。魏刚飞入包围圈内，与比洛特讨论局势，最终得出结论：唯一行动方案是向南突围，与处在索姆河的奥贝特·弗雷勒（Aubert Frère）将军的新编第7集团军会合。否则盟军师将被向西驱赶——驱赶到敦刻尔克，这样一来，法国陆军就失去了它最能征善战的师。5月10—20日，盟军损失了60个师。

魏刚只剩下两个选择：

一、组织一道紧锁住法国西海岸的战线以保持与英国的联系并保卫巴黎，这样一来，马其诺防线将被放弃；

二、紧贴马其诺防线，在东部建立一个坚固的根据地，放弃海岸线和巴黎。

两种方案都没有取胜的可能，只是为了坚持到政府的停战谈判。经过与乔治斯的讨论，魏刚选择在索姆河和埃纳河一线作战，但如果法国陆军无法坚守，西翼将被丢掉。

5月26日，普雷特莱和魏刚进行了首次私人会晤，加上乔治斯，三人一起讨论了马其诺防线。在过去几天里，法军单位被撤往西部以建立一道阻止德军前进的防线，这极大削弱了普雷特莱防区的实力。他想知道是否仍有可能并且仍然期望法军第二集团军群保卫莱茵河到默兹河之间的前线。5月10日开战时他手上有30个师，目前已经降到10个，其中6个是B类师，还有2个

---

① 比洛特于1940年5月23日死于车祸后，法军被改组为4个集团军群外加第7集团军。

波兰师。普雷特莱要求将一部分间隔部队撤出马其诺防线以建立预备队掩护侧翼，他希望开始准备撤离马其诺防线。

魏刚回应道，要塞部队是静态的，没有运输工具，因此让他们留在原地会更好。普雷特莱表示“预见到最坏的结果是更好的”（法语原文：Qu'il est bon de prevoir le pire），撤出要塞工事必须纳入考虑。魏刚称法国公众舆论将不会发表马其诺防线被轻易放弃的公告，而且他最近决定坚守索姆河和埃纳河一线，如果军队知道马其诺防线将被放弃，这将带来士气方面的大问题。他们可能永远无法理解法国怎么不经战斗就放弃了如此优越的防线，这条防线可以说是当时法国最强的。平民士气将同样受到影响。如果将军们担心平民混乱，那么不放一枪就放弃马其诺防线就将引发这样的混乱，因为法国耗费数百万修筑的防线从未派上用场，士气会因此被摧毁。

普雷特莱追问：“如果我们在索姆河和埃纳河被突破呢？”

魏刚回复：“那我们必须要求停战。”

在魏刚看来，法兰西战役已经输了，法军需要在索姆河和埃纳河进行最后的战斗，之后就会迎来终结。

普雷特莱继续争取授权，将他的部队从马其诺防线撤出，声称如果他们能够在平民百姓中维持秩序，那他们在之后几天将派上更大用场。魏刚态度坚决，将要塞部队留在原地的决心尚未改变，但事实证明，这并不能持续太久。

第二天乔治发给法军第二集团军群的命令确认了魏刚扼守索姆河和埃纳河一线不得退往马其诺防线或莱茵河一线的决定，亨吉格与普雷特莱意见一致，他也相信，一旦索姆河和埃纳河一线失守，最好的行动就是放弃马其诺防线并秩序良好地撤退，以便建立中心防御，这也能让法国在停战谈判中有更多的筹码。

普雷特莱和亨吉格为以下既定结论之一做好了准备：如果位于第2集团军左翼图雄（Touchon）将军的第6集团军被击溃，亨吉格可以后撤，但他必须在马恩河重建其防御体系并试图向东方的凡尔登和隆吉永前进；如果亨吉格在左翼受到威胁，并且联络中段，他必须围绕隆吉永防御，其结果是蒙特梅迪要塞区的炮台要塞将被迫放弃。孔代并不需要立刻担心放弃防线，放弃防线并让要塞部队打野战是不可想象的。但如果第2集团军首先撤退，接下来会发生什么将是毫无疑问的。

5月28日，普雷特莱会晤了第5集团军军长维克托·布尔雷特将军和第9军军长奥古斯特·劳雷（Auguste Laure），如果德军沿勒泰勒（Rethel）—沙龙苏尔（Châlonssur）—马恩河轴线进攻，他们可以从后方进攻马其诺防线，他首先担心也是最担心的是左翼亨吉格的部队会发生什么。布尔雷特和劳雷的任务是就地抵抗，但要做好在必要时快速撤退的准备。会晤期间，三人被告知比利时军队刚刚投降。

同样在5月28日，法军第4集团军参谋部从洛林后撤至特鲁瓦（Troyes），第20军军长休伯特（Hubert）将军于5月29日正式接管第4集团军。该部被重新命名为萨尔集群（Sarre Group），包括福尔屈埃蒙要塞区（指挥官吉瓦尔）、萨尔要塞区（指挥官达格南）、第52步兵师〔指挥官埃切拉（Échera）将军〕、第1波兰掷弹兵师〔Division de Grenadier Polonais，DIP。指挥官杜切（Duch）将军〕和2个机枪营。

6月2日，魏刚、乔治斯、普雷特莱和亨吉格在马恩河畔沙隆（Châlons-sur-Marne）会晤，商讨德军从西方取得突破之后第2和第3集团军的撤退细节。德军正忙于肃清敦刻尔克口袋，之后对索姆河 / 埃纳河一线进攻——红色计划（德语名称：Fall Rot）——将于6月5日开始。法军发挥最好也只能坚守3~4天，之后战线将土崩瓦解，德军坦克将涌入突破口并威胁法军第2集团军侧翼。

将军们对在此事上该做何反应无法达成共识。他们讨论了几个议题，包括一旦陆军部队被迫撤退要塞部队该如何处置。亨吉格提议可以将要塞和炮台守军留在身后以便阻滞德军进攻，换句话说，马其诺防线守军将为野战部队的利益牺牲自己。普雷特莱希望避免任何部队被包围，他更倾向于放弃马其诺防线。他认为一旦被单独留下，守军将无法自保。

第二天魏刚决定在法军第二集团军群左翼组建法军第四集团军群（GA4），该部由亨吉格指挥，包括雷金将军指挥的第4集团军和弗赖登贝格（Freydenberg）将军指挥的第2集团军，而殖民地部队的指挥权则移交给卡尔斯（Carles）将军。普雷特莱对这一决定感到震惊，并向乔治斯表达了他的不屑："你已经让我负责这栋房子，却把防守的大门留给了其他人。"普雷特莱的新任务是防御马其诺防线和莱茵河沿线。

进攻法国的第二阶段，即“红色计划”，于6月5日黎明开始。其中包括由冯·博克指挥的集团军群对索姆河的进攻，而亨吉格的新编第四集团军群则定于6月6日开始行动。德军B集团军群深深楔入了法军战线，马其诺防线此刻尚未受到威胁，但从6月9日起德军进入行动第二阶段，B集团军群越过塞纳河下游后，德军A集团军群对埃纳河发动了第二次进攻。

6月7日，法军开始从索姆河一线后撤。6月9日，霍特将军的装甲部队（主力为德军第15军，包括第5和第7装甲师）取得突破，开始向塞纳河进军。同日，冯·伦德施泰特的A集团军群在阿尔贡（Argonne）发起进攻，这次进攻包括古德里安麾下的装甲集群在德军步兵横跨埃纳河时发动的一次冲击。弗赖登贝格的第2集团军首当其冲遭到攻击，但也给予德军重大杀伤，数千名德军死伤或被俘。

随着德军A集团军群迅速向朗格勒高原（Plateau of Langres）推进，形势进一步恶化。6月10日，亨吉格将所部向南后撤，他希望在维特里勒弗朗索瓦（Virtry-le-François）的马恩河畔建立一道战线，并与附近的隆吉永—芒比耶内的马其诺防线建立联系。这个决定对马其诺防线有个重要影响：间隔部队将不得不在马其诺防线枪炮掩护下于6月9日晚间撤离蒙特梅迪桥头堡，要塞将于6月12—13日夜间被破坏然后被放弃。

这是法国最后的喘息，尽管取得了一系列小胜，但无论政府还是军方都没人寄希望于能扭转命运——一次新的“马恩河奇迹”（Miracle on the Marne）。魏刚本人虽然鼓励他的部下继续作战，但他意识到失败只是时间问题，于是将其位于拉法耶特–苏斯–苏阿雷（LaFerté-sous-Souarre）的指挥部向南迁往布里阿（Briare）。而保罗·雷诺的法国政府则从巴黎迁往图尔（Tours）。6月10日，墨索里尼向法国宣战。魏刚提醒雷诺：法军随时可能对意大利军队开火。

默兹河和埃纳河之间的战线一直坚守到6月10日，然而法军第20步兵师却后撤了，普雷特莱左翼因此失去支援，乔治斯回应称他依然还有可动用的要塞部队，这番声明本身就是对普雷特莱承认他无法阻止德军攻陷其左翼。此刻是否可能考虑第二集团军群撤退并放弃马其诺防线？各处法军都在撤退。乔治斯承认他没有计划。普雷特莱意识到这意味着第三和第四集团军群正在进行最后的战斗。

6 月 10 日下午，普雷特莱会晤了孔代将军，在谈话中得知法军第 2 集团军正向往南 80 千米的一条战线撤离，第 3 集团军侧翼因此洞开。弗赖登贝格的部队不可能以蒙特梅迪或隆吉永作为枢纽。

要塞部队序列——1940年6月1日

部队番号	步兵单位（机枪营）	军官数	士兵数
第2集团军			
蒙特梅迪要塞区	4个要塞步兵团（13）		
第3集团军			
第42要塞军	3个要塞步兵团（9）	610	18000
蒂永维尔要塞区	4个要塞步兵团（11）	755	22600
伯莱要塞区	3个要塞步兵团（8）	565	16800
第20军			
福尔屈埃蒙要塞区	4个要塞步兵团（12）	645	18850
萨尔要塞区	2个要塞步兵团（6）+2个殖民地要塞机枪团（6）	600	17000
第5集团军			
罗尔巴赫要塞区	3个要塞步兵团（9）	575	16850
第43要塞军	2个要塞步兵团（6）	525	15250
阿格诺要塞区	5个要塞步兵团（12）	670	22000
第103要塞步兵师	2个要塞步兵团（4）	485	15500
第8集团军			
第104要塞步兵师	2个要塞步兵团（4）+1个步兵团（3）	300	10000
第105要塞步兵师	1个要塞步兵团（3）	135	4500
第44要塞军			
阿尔特基克要塞区	2个要塞步兵团（5）	165	3300
蒙贝利亚尔要塞区	比利牛斯轻步兵营（2）	235	7390
侏罗要塞区	比利牛斯轻步兵营（3）	85	2750
第45要塞军			
总计	37个要塞步兵团/2个殖民地要塞机枪团（108）	6350	191090

6 月 11 日，普雷特莱得知弗赖登贝格所部的撤退对其侧翼构成威胁后，他随即向第二集团军群指挥官发出了编号为“第 10 号私人秘密指令”（法语原文：Instruction Personnelle et Secrète，IPS#10）的预令，内容令人绝望：第二集团军群不能再等待马其诺防线被德军包围。塞纳河已被渡过，巴黎投降，德军正在向马恩河谷进军以迂回包抄位于洛林和阿尔萨斯的法军，间隔部队的撤退必须尽快执行。普雷特莱在当时并不知道，但魏刚同时发出了一道总撤退令，最终，他和普雷特莱达成共识。

第二天，魏刚下令全体法国陆军准备迅速向南撤退以便在卢瓦尔—杜布斯一线重建防御阵地。

魏刚将军的预令：

第四集团军群（指挥官亨吉格）——沿马恩河畔沙隆—特鲁瓦—内弗（Nevers）一线撤退。

第二集团军群（指挥官普雷特莱）——沿萨尔伯格（Sarrebourg）—埃皮纳勒—第戎（Dijon）一线撤退。

私人秘密指令 #1443/3 FT

6 月 12 日 13 时，命令被执行。16 时 30 分，法军东北地区参谋长在第二集团军群司令部确认了放弃马其诺防线的命令。这道命令很快被传达给基层指挥官，但直到 6 月 13—14 日夜撤退才开始。

普雷特莱指示第二集团军群分成 5 支沿萨尔伯格—埃皮纳勒轴线机动，并于 6 月 17 日前于马恩 – 莱茵运河一线会合，之后作为一个整体向南机动。该计划要求间隔部队于 6 月 13 日晚间开始从主防线后撤，炮台守军于 6 月 14—15 日夜后撤，步兵要塞守军于 6 月 15—16 日后撤，炮兵要塞守军则于 6 月 16—17 日后撤。

普雷特莱的“第 10 号私人秘密指令”于 13 时 30 分被传达到孔代将军处，讨论撤退对第 3 集团军而言已无新意，但没人真正想到这会发生。军队怎么会想到要放弃要塞工事，更有甚者还要破坏它们，而后在开阔地作战？孔代位于圣女贞德要塞的指挥部内的军官们之间爆发了非常激烈的争论，其中一名军官发言：“8 个月无休止的工作，不分白天黑夜地浇筑混凝土，挖掘壕沟，建设掩蔽所，挖掘反坦克壕，而所有这些都是徒劳，要去其他地方战斗。”另一人则慷慨陈词：“我们正在背叛洛林，在承诺保卫它之后放弃它。如果我们不放一枪就离开并且破坏掉要塞和炮台，将没人理解。我们将让我们的人民像 1870 年的普鲁士人那样（暗示普法战争中法国战败的结局）。”又有一人提出：“要塞守军会做何反应？摧毁他们的炮塔、发电站和坑道，在从战争打响起就被告知我们将在马其诺防线阻挡德军之后？他们将怎么接受拿着一支步枪且战且退？”

马其诺防线守军表达了他们的愤慨和难以置信。有人在事后回忆：“我被这一消息所震住，我觉得我理解错了，马其诺防线不可能被放弃，这将是总溃败的信号。（这是）不能被接受的。”第 51 步兵师第 201 步兵团指挥官罗吉尔上校当即质疑：“全团挖出数千米地道、千余处炮位，所有这些努力都是无用功，明天我们必须在开阔地作战。”而博埃尔（Boell）将军干脆表示：“马其诺防线对于法国来说是神奇的，放弃它就意味着总溃败。”

这对那些不得不向其部下宣布这个决定的人而言是最艰难的。6 月 12 日 14 时 30 分，法军第 6 军军长卢瓦索将军召集所部各师师长，卢瓦索认为这是个错误决定，并且认为最好还是在马其诺防线上作战，他拒绝以书面形式下达命令。卢瓦索告知蒂永维尔要塞区指挥官普瓦索将军和伯莱要塞区指挥官贝塞将军，他们将从要塞部队中抽调组建 2 个行进师（Division de Marche，DM），并与第 26、第 56 步兵师一道撤往马恩－莱茵运河。普瓦索在他位于伊朗格（Illange）要塞的指挥所情绪激动地通知了他的参谋部人员，他们听到这个消息都哑口无言。贝塞将军在他位于海耶斯（Hayes）要塞的指挥所也同样做了传达。在规定时间里，第 160、第 161 和第 162 要塞步兵团加上第 153 和第 23 炮兵团将被整编为一个行进师。

由要塞部队转换的行进师序列——1940年6月

· 博泰尔轻型师（Division Légere Burtaire，DLB）——蒙特梅迪要塞区：第 132、第 136、第 147、第 155 要塞步兵团，第 99 摩托化要塞炮兵团，第 169 阵地炮兵团第 1 营。

· 普瓦索行进师——蒂永维尔要塞区：第 167、第 168、第 169 要塞步兵团，第 70 摩托化要塞炮兵团，第 151 阵地炮兵团。

· 贝塞行进师——伯莱要塞区：第 160、第 161、第 162、第 165 要塞步兵团，第 460 炮兵团第 2 营，第 23 摩托化要塞炮兵团，第 153 阵地炮兵团，第 30 坦克旅。

· 沙塔内行进师——罗尔巴赫要塞区：第 166、第 153、第 37 要塞步兵团，第 153 步兵团第 19 营。

· 圣沙梅行进师——第 43 要塞军／孚日要塞区：第 154、第 165 要塞步兵团，第 143 要塞步兵连（CIF），第 400 炮兵团第 5 营，第 46 要塞地域侦查队（GRRF）。

·雷加德（Regard）行进师——阿格诺要塞区：第 22 要塞步兵团第 1 营，第 23 要塞步兵团第 2、第 21 营，第 68 要塞步兵团第 1、第 2 营，第 70 要塞步兵团第 2 营，第 79 要塞步兵团第 3 营，第 69 摩托化要塞炮兵团，第 156 阵地炮兵团。

行进群组——集群

·吉拉德（Gaillard）集群：第 57 步兵团，第 5 殖民地步兵团，第 22 军属侦察队，第 4 坦克旅。

·杜比松（Dubuisson）集群：第 3 殖民地步兵师，第 1、第 444 炮兵团，第 482、第 486 殖民地炮兵团，第 65 劳工团（RR）。

·弗洛里安（Fleurian）集群——第 42 要塞军 / 克吕斯内斯要塞区：第 128 要塞步兵团，第 139 要塞步兵团第 1、第 2 营，第 149 要塞步兵团第 21 营，第 142 炮兵团第 1 营，第 46 摩托化要塞炮兵团，第 29 坦克旅第 2 营，第 5 坦克旅第 1 营。

·吉瓦尔集群——福尔屈埃蒙要塞区：第 156、第 146 要塞步兵团，第 69、第 82 要塞机枪团，第 39 摩托化要塞炮兵团第 2、第 3 营，第 163 阵地炮兵团第 1 营，第 166 阵地炮兵团第 1、第 3 营，第 142 炮兵团第 1 营，第 15 军属侦察队。

·达格南集群——萨尔要塞区：第 133、第 174 要塞步兵团及第 174 要塞步兵团第 21 营，第 41、第 51 殖民地机枪团，第 49 摩托化要塞炮兵团，第 166 阵地炮兵团。

再往东的罗尔巴赫要塞区和孚日要塞区的要塞部队整编成了一个行进师，与第 30 步兵师一同后撤，圣沙梅上校被任命为孚日要塞区的行进师指挥官，然后他留下第 165 要塞步兵团指挥官雷纳德（Renaud）指挥殿后部队。然而，与第 2、第 3 集团军防区不同，炮台和要塞守军被留在后面，要塞守军被告知撤退时间为 6 月 13 日。鲁道夫表示："耗资数百万建造的防御工事将永远不会被使用，这个决定是诡异的。"然而，阿格诺要塞区并没有从第 5 集团军处收到破坏要塞的命令，在当时这只是一种可能。

福尔 – 肖要塞指挥官埃斯布雷亚特（Exbrayat）少校问他的参谋："如果

我们收到破坏要塞的命令，我们应采取什么态度？”大家一致的反应是留在要塞内战斗。而2号隔段指挥官路易斯·夏顿内（Louis Chardonnet）则如此描述了当时隔段内的场面：“这一天每个人都意识到军队已经总溃败，坑道内充斥着哀叹声。”

前线的反应是震惊，守军们茫然地盯着他们的指挥官。维莱利炮台指挥官莫罗索里（Morosolli）中尉被第165要塞步兵团团长雷纳德中校告知，全团将要撤退，但炮台将为其他部队殿后，并坚守尽可能长的时间。雷纳德让莫罗索里告诉他的部下一个预备役师将调动到间隔中——虽然只是个谎言，但有助于维持士气。此刻炮台群独自守在森林中。

福尔屈埃蒙要塞区——特丁要塞指挥官沙维尔·马尔凯里（Xavier Marchelli）中尉在6月13日22时被告知第146要塞步兵团将于当天夜间撤退，他同时还要指挥相邻3个炮台和隔段工事。

洛德雷方——第156要塞步兵团第1营营长阿道夫·德努瓦（Adolphe Denoix）负责福尔屈埃蒙要塞区守军，他在洛德雷方要塞会见了部下，向他们通报了目前局势。要塞和炮台守军将留在原地，其他部队将被撤出。

艾因塞灵要塞指挥官阿尔伯里克·维兰特（Albéric Vaillant）中尉还在盼望有机会和德军硬碰硬，当他对部下下达撤退命令时，他们中许多人都在流泪，但这种情绪并不是伤感，而更多是一种对现实的愤怒和强烈的求战意愿。

在科尔芬特要塞，布罗奇（Broché）上尉预见到了即将到来的战术问题：要塞后方是一片难以防御的树林，尤其是没有友军提供支援时。布罗奇感到极度孤立，有种被抛弃的感觉，因为他现在没有任何可以依靠的人。他曾如此描述当时的心境：“在我们前方，在堡垒和边境之间，以及堡垒后方，都是一片空白。”

而在伯莱要塞区，米歇尔斯伯格要塞在对抗来犯德军的战斗中表现积极，并且弹药补给充足。守军收到撤退消息时情绪激动，而且更要命的是他们无法获得来自外界的其他新闻，这对士气产生了可怕的影响。晚间，75毫米炮塔对谢默里的一支德军巡逻队打出8发炮弹，突然电力中断，随即要塞的柴油发动机运转起来。第二天工程师发现当地发电站已经被法国工程师根据军队命令破坏后放弃，此刻算得上有十足的孤立感。

在昂泽兰，古列波特（Guillebot）上尉苦恼于要如何摧毁2千米的坑道，他最终得出结论，他得放水将其淹没。在此之前，工程师将在不添加润滑油的情况下运转电机将其烧毁，之后就是枪炮。

一些第一次世界大战的老兵，比如说梅特里希要塞的洛朗特（Laurent）中尉，仍然期待着另一次“马恩河奇迹”，并信心满满地等待发生。如果他们可以坚守6个月，这样的事也许会发生，他期待的其实是另一个沃克斯（Vaux）或是杜奥蒙（Douaumont）。

在易默尔霍夫，雷奎斯顿（Réquiston）上尉回忆道，守军在等待第168要塞步兵团撤离时心碎了，很多人在与密友诀别。

在布雷海因，万尼尔（Vannier）少校于17时30分告知了其部下，他们坚决表示布雷海因要塞将尽其使命。

而在莫尔万格，军官们意识到不会有援军到来，所有的人都会拼尽全力去履行他们的职责。

在拉蒂蒙特，第149要塞步兵团刚从这一防区撤出，德军炮兵在这一地带的活动特别频繁，7时55分轰击了C15和C16炮台，8时轰击了贾劳蒙特（Jalaumont）西，8时15分轰击了莱西（Laix）炮台和上维涅（Haute de la Vigne）之间地带，9时轰击了谢尼埃西（Chenières Ouest）炮台和莫瓦伊斯森林小型步兵要塞。拉蒂蒙特要塞4号隔段于9时10分被击中，10时10分，谢尼埃西炮台再次被击中，唐库尔（Doncourt）于13时15分被击中，而拉蒂蒙特要塞顶部则于14时40分被击中。拉蒂蒙特要塞指挥官菲洛弗拉特（Pophillat）少校询问副官克莱恩（Klein）是否有破坏并撤离的消息传来，回应是：“我们没有收到，您理解我说的话吗？”克莱因就是这样回答的。

在费尔蒙特，奥贝特上尉尚未听到放弃他的要塞的消息，他的指挥权限包括从隆吉永到上昂古尔（Haute de l’Anguille），其中包括查皮农场步兵要塞（此刻是马其诺防线最西段要塞）、费尔蒙特要塞、2个炮台和2个观察哨〔普谢（Puxieux）和朗格耶（de l'Anguille）〕。

蒙特梅迪桥头堡的守卫者是首批撤出马其诺防线的单位之一，他们在6月10—11日夜间开始后撤。桥头堡相对于其他阵地处于突出位置，守卫者首先需要向后撤退以与克吕斯内斯要塞区的剩余间隔部队保持一致，之后与其他友邻部队一道进行协同撤退。两股间隔部队的撤退行动计划于 6 月 11—12 日夜间进行，要塞营在博泰尔将军指挥下整编成一个轻装师（博泰尔轻型师）。

有少数几群守卫者被留在要塞内制造声响，这样就不会引起德军怀疑，之后便开始拆毁武器装备。拉法耶特要塞的陷落导致该要塞和切斯诺瓦要塞附近炮台守军在早前撤退，并且破坏了炮台。电动机被拆开，电话线被切断，25 毫米炮炮闩被拆下。储备食物被浇上柴油然后被扔进沟渠，守军加入了切斯诺瓦要塞。

在切斯诺瓦要塞、托内尔要塞和沃洛讷要塞，守军在柴油罐上打洞，并让电动机一直运行直到烧毁。他们还通过拆掉炮闩摧毁炮管的方式破坏了火炮。在切斯诺瓦要塞，75 毫米炮被用将手榴弹塞进炮管的方式破坏。这样的工作被做得尽可能悄无声息以避免引起德国人注意。马其诺防线需要看起来仍然有人防御并可以作战。如果德军知道法军主力已经撤出防线，他们会迅速采取行动切断法军退路。切斯诺瓦的守军于 1 时离开要塞前往凡尔登，马维尔高原的隔段工事守军于 6 月 13—14 日夜间离开，从而完成了隆吉永以西防御的撤退。尽管法军试图掩盖，但这样的行动并没有瞒过德国人。

德军第 169 步兵师防区与桥头堡接壤，很快就查明了正在发生的事情。指挥官海因里希·基希海姆（Heinrich Kirchheim）将军派出几支巡逻队前往观察各要塞情况。从 3 时起，来自第 378 步兵团的一支巡逻队悄悄接近沃洛讷要塞，发现该要塞已被放弃。这一消息传到德军司令部，巡逻队受命占领空无一人的要塞防区并向同样也处于撤退中的克吕斯内斯要塞区进发。

来自第 379 步兵团的巡逻队发现莫伊炮台已是空空如也，德军从那里越过了要塞防线。6 月 14 日 11 时，德军控制了切斯诺瓦要塞和附近炮台。14 时 15 分，第 378 步兵团拿下了托内尔要塞和沃洛讷要塞。而在 20 时，第 169 步兵师的先头部队穿过了蒙特梅迪镇并沿路易斯维尼河畔朱维尼（Juvigny-sur-Loison）—伊勒 - 勒塞克（Iré-le-Sec）—奥泽因河畔巴泽耶勒（Bazeilles-sur-Othain）的路线展开，距离隆吉永—芒比耶内位置的初始点仅有 12 千米。

在克吕斯内斯要塞区，第 42 要塞军指挥官雷农铎将军并没有任命替代者以便在间隔部队离开后执行普雷特莱将军的撤退命令，这个决定留给了各个要塞的指挥官们。6 月 13 日晚间，间隔部队在大要塞的火炮掩护下按计划撤出。

不久后工程师开始着手摧毁马其诺防线前后的道路、桥梁和通信线路，切断与守军的联系，而后者则留守等待最后的日子。

因为德军尚未形成威胁，所以炮台和要塞守军并不急着要撤出。法军第36军（隶属于第1集团军，包括第215、第246和第96师）开始向南部转移，而放弃了克吕斯内斯要塞区的间隔部队和德军第169步兵师正以平行路线“一同”向南机动。

6月13日各要塞区起草了计划，以明确将哪些部队撤离，何时撤离，并协调拆除和销毁工作。在法军第3集团军，孔代将军下达了以下命令，指明了破坏要塞所有正常运作的设备和撤出并与主力部队会合的时间表。

· J日——A措施：增援部队、间隔部队、支援部队在马其诺防线和炮台炮掩护下撤退——于6月15日2时。

· J+1日——B措施：间隔炮兵和炮台守军在要塞掩护下撤退——于6月16日0时。

· J+2和J+3日——C措施：要塞守军在摧毁武器装备后撤出，如果德军给他们时间完成这一切——于6月17日22时。

· 6月17日22时，要塞将被摧毁，放弃之前要进行爆破和水淹破坏，守军将重新加入大部队。

蒂永维尔要塞区——让–帕特里斯·奥苏利文（Jean–Patrice O'Sullivan）上校被普瓦索将军安排负责撤退工作，他在其设立于蒂永维尔以南的旧德国强化要塞工事伊朗格内的指挥所中下令进行以下部署：

· 措施A：撤离包括部分要塞守军在内的人员，一部分骨干守军成员将留在要塞内。

· 措施B：6月17日22时，一大批要塞守军将在一小部分掩护部队（petite croute）的掩护下撤出，以给人留下防线仍然有人驻守的假象。

· 措施C：6月18日22时，掩护部队在他们认为合适时从要塞撤出。

伯莱要塞区——拉乌尔·科钦纳德（Raoul Cochinard）上校被任命为该要塞区剩余部队的指挥官，他制定了一个和其他要塞区相近的计划：

· 6月17日，大多数守军在一支掩护部队掩护下于晚间撤退。

· 6月18日，留下殿后的掩护部队进行破坏工作，并于4时尝试与大部队会合。

福尔屈埃蒙要塞区——计划是在摧毁枪炮弹药和设备后于6月17日17时开始撤退，由阿道夫·德努瓦负责指挥，他将指挥部设在洛德雷方要塞内。

罗尔巴赫要塞区——福克斯（Fuchs）上校被沙特内（Chastenet）将军指派留下负责撤退，康拉德（Conrad）上校负责指挥炮兵师。

萨尔要塞区——达格南上校负责指挥撤退后被留下殿后的要塞部队及2个额外的步兵师。间隔部队定于6月14日晚间在一支轻装掩护部队的掩护下撤退，而掩护部队则将在24小时后撤离，这将防止德军的快速前进迟滞法军第3和第5集团军定于6月13—14日夜间的撤退。上普里耶尔要塞和周围5个炮台——维特兰、大布瓦、西北阿尚、北阿尚和东北阿尚——计划于6月14日下午撤离。这些人由若利韦（Jolivet）少校率领，他将指挥所设在上普里耶尔。他的计划是在6月17日22时之前摧毁要塞工事。

负责罗尔巴赫要塞区和孚日要塞区的第43要塞军指挥官莱斯坎尼将军对情况有不同的也许是现实的看法。据他估计，该要塞区要塞必须从下达撤退间隔部队的命令时开始坚守，他没有就放弃和毁掉马其诺防线下达进一步命令。

阿格诺要塞区由施瓦茨中校指挥，他的指挥所设在霍赫瓦尔德要塞。他的命令很简单——留在原地，但保有足够的手段，准备在命令下达时破坏并放弃防线。

莱茵河防御由劳雷将军的法军第8集团军守卫，该军也是普雷特莱将军的法军第二集团军群的一部分。向孚日撤退的命令被下达时，他的部队正在被加强的过程中，仅有的被留下守卫莱茵河沿岸炮台和隔段工事的部队是第170阵地炮兵团的一个炮兵群一部。

6月14日晚间，第一批要塞步兵师——第104要塞步兵师（指挥官为库斯将军）和第105要塞步兵师（指挥官为迪迪奥将军）开始在炮台守军掩护下撤退，东部法军向南部的大撤退开始了。德军的目的是扰乱撤退，冯·勒布的C集团军群在“红色计划”第三阶段的任务是攻击马其诺防线最薄弱的环节以加快其投降。他命令所部分别于6月14日和15日攻击萨尔要塞区和莱茵河沿岸。德军忽略了他们的部署是在法军撤退过程中进行的事实，这本应是个简单的形式。实际上，德军在萨尔行动期间经历了他们第一次也是唯一一次考验，他们也发现炮台、要塞、前沿哨所和间隔野战工事的守军并不会在开第一枪后就逃跑，他们会坚守阵地直到他们牺牲或者再也无力自卫。尽管未来几天的战斗结果似乎是由法军主力撤退所决定，但战斗本身不会成为走过场。

第九章
德军在萨尔的突破

鲁道夫少校在他 6 月 13 日的笔记中这样评论道：这是最黑暗的日子的第一天——“防线被抛弃了。”要塞区完全安静下来，但在法国西部，陆军正在向阿尔萨斯后退。10 时 30 分，鲁道夫被告知，阿格诺要塞区被留下一个师用以在努伊苏拉维埃（Nuits-sous-Ravière）和肖蒙（Chaumont）之间建立一道反坦克障碍。所以野战炮兵都将撤出，并且准备在接到撤退命令时摧毁要塞。

指挥所陷入了绝对的混乱，各种文件被烧毁，步兵指挥官们迅速离开以便向所部宣布将于夜间开始的行军命令。重型列车炮部队的指挥官下令由列车将 2 门 320 毫米炮运走。这两门炮从 1938 年 9 月起就被部署于靠近卡岑豪森（Katzenhausen）的炮兵连，但从未开过火。

霍赫瓦尔德要塞指挥官仍然被消息所震惊，马其诺防线花费了数百万法郎，它却要在未经战斗、状态良好的情况下被抛弃和摧毁？其火炮表现出色，德军接近了防线，但只能步步为营，绝大多数情况下他们都被炮火所击退。不过命令还是要执行，米科耐特中校会见了工程指挥官布瑞斯（Brice）上尉，讨论如何执行摧毁这座巨大要塞的战斗能力的命令。较小的部分可以被摧毁（包括枪炮、弹药、发电机等），但无法对混凝土造成实质性损害，为此需要成吨的炸药。一组工兵被选中以谨慎地实施这一计划。

14 时 30 分，朔恩伯格要塞向盖斯贝格东北方向和斯克莱塔附近发现德军活动的地方打出了 50 发炮弹。S1 炮兵连朝罗本塔尔（Robenthal）打出了

20发炮弹，S4向斯克莱塔以南打出了400发炮弹（这也是其最后库存弹药）。一名德军逃兵被带往位于鸽子谷的第81轻步兵营，在那里他受到讯问，供认出关于德军巡逻队和伤亡情况等信息。整连整连的德军部队被送上卡车前往伏击“法兰西军团”，德军狙击手躲在树林中，先放过法军巡逻队，然后再开火。

当天的无线电台宣布的消息惨淡：巴黎被占领了——德军向圣迪齐耶（St. Dizier）方向进攻。索姆河战线被突破，德军坦克向东南进军。间隔部队离开并转向肖蒙，让要塞守军看清了眼下的严峻形势。没人知道德军会从什么地方发起进攻。它会成为围困战吗？它会从莱茵河两岸而来吗？6月13日，要塞正面土地上空空如也，但法军知道德军就在某个地方。

6月13—14日夜，德军进攻了位于塞尔兹桥（Pont de Seltz）炮台〔指挥官为奥贝丁（Aubertin）军士长〕以南1千米的莱茵河岸边的31BC隔段〔指挥官为弗雷尔（Frère）准尉〕。该隔段工事有8名守军，配有2挺机枪。一支9人组成的德军巡逻队趁夜色渡过莱茵河并攻击了隔段。前两次尝试均告失败，第三次德军切开铁丝网并进攻到了混凝土外墙。5名守军端着机枪冲出隔段发动反击，击退德军并抓获3名俘虏。德军很快得到了马其诺防线依然被据守的消息。

在德军对莱茵河法国一侧沿岸的隔段工事进行的试探性进攻中，法军开始撤离马其诺防线。前沿哨所、掩蔽所和指挥所得到命令撤出，漫长的南征开始了。

在普雷特莱所部的左翼，德军深入向南推进并逐步消耗弗赖登贝格的师，法军第2集团军的战线正被持续扩大到危险的地步。弗赖登贝格向孔代请求增援，第3集团军指挥官已无力提供任何帮助。之后弗赖登贝格联系了亨吉格，后者又联系了普雷特莱的参谋长贝拉德（Bérard）。法军第6集团军在香槟（Champagne）受到威胁，第4集团军从马恩河以南逃离，而第2集团军将其左翼从圣迪济耶（Saint-Dizier）延伸到了已有德军先头部队开进的维特里-勒弗朗索瓦，因此亨吉格所部无法在马恩河和奥贝（Aube）之间的任何地方堵住德军。普雷特莱同意将第56步兵师派给第2集团军以堵住防线上的任何缺口。6月14日下午，对普雷特莱而言形势似乎还并不算太糟糕，德军对萨尔要塞区发起了一次大规模进攻。

老虎行动——萨尔攻势，6月14—15日

一个多月的时间里，德军C集团军群面对着从卢森堡到瑞士的马其诺防线。在“红色计划”的当前阶段，冯·勒布所部将在此刻起继续进攻并迫使在洛林和阿尔萨斯的法军投降。

希特勒的第13号训令指明了2个目标：推进对位于巴黎—梅斯—贝尔福特三角区域内的法军主力的攻击以迫使马其诺防线投降，第二次攻势将以有限兵力进行，在位于圣阿沃尔德和萨尔格米纳之间的马其诺防线薄弱点取得突破。而且，根据这种形势的发展，只要不超过8~10个师就能对莱茵河发动更猛烈的进攻。古德里安从朗格勒推进到瑞士边境时，在萨尔和莱茵河的攻势将把法军压缩在口袋阵里。

德军第1集团军指挥官冯·维茨勒本受命执行萨尔攻势，虽然计划看起来规模有限，但德军却派出了一支有3个军规模并配有1000门支援火炮和空中支援的强大部队。“老虎行动”的目的就是突破马其诺防线。

在萨尔要塞区，法军部署有第3集团军战斗序列下休伯特将军指挥的第20军，休伯特麾下有2个常规师，分别是埃查德（Échard）将军的第51步兵师和杜切将军的第1波兰掷弹兵师，后者还配属有要塞单位——3个要塞机枪团，第69、第82和第174要塞机枪团。这些部队与右翼的第133要塞步兵团一道被部署在萨尔隘口中。

6月13日早晨，前线观察员报称在普特朗齐和萨拉勒贝的森林中传来敌军活动的巨大声响——履带式车辆和汽车的杂乱轰鸣以及马匹的嘶吼声。千余名德军正在进入阵地。更糟糕的是，80个德军炮兵连被侦察机发现——300门炮被部署在普特朗齐前沿地带的正面。从6月12日起，休伯特将军开始将其部队从前沿阵地撤回，除了驻扎在位于萨拉勒贝、贝尔维尤、拉杜伊莱里（la Tuilerie）和克诺普山顶的隔段工事的第51殖民地机枪团第1营。休伯特预计德军第1集团军编成内有装甲部队，但并没有。

6月14日7时，德军发起的“老虎行动”——由冯·维茨勒本指挥的第1集团军的进攻——于萨尔格米纳和圣阿沃尔德之间展开。德军部队包括9个师，6个位于第一梯队：

· 第30军——第258、第93步兵师——指挥官哈特曼（Hartmann）。

· 第12军——第268、第75步兵师——指挥官海因里希（Heinrici）。

· 第24军——第60、第252步兵师——指挥官冯·施韦彭堡（Von Schweppenburg）。

· 第79、第198和第168步兵师位于第二梯队。

按计划进攻将以轰炸开局。德军炮兵包括259个炮兵连和大约1000门火炮，加上每团配属的Pak 37型反坦克炮、88毫米高射炮以及作为空中支援的“斯图卡”和亨克尔He-111型轰炸机中队。H时到来时，所有火炮将一同开火，后续推进将迅速而彻底。

萨尔要塞区的法军并没有坐以待毙，几天前他们就开始针对德军集结地进行了炮火反准备，加强阵地工事的工作仍在继续，也没有迹象表明法军已从防线撤离。天气不利于德军，几天前下起了雨，地面和道路变得泥泞，使得车辆和火炮的行进变得困难。

德军并没有将这次进攻预想成像公园散步那样轻而易举，法军的轰击和恶劣天气让士兵们即使到深夜也难以入睡。第472步兵团指挥官霍奇（Hotzy）上校在营级通报上写道，他预计德军会在进攻特定区域时遭到重大伤亡，因为他们将进攻他们中许多人敬畏已久的马其诺防线的混凝土掩体。

格尔德·冯·克特尔霍特（Gerd von Ketelhodt）中校被选中率领第一梯队。该梯队由2组组成，每组各有30支“突击队”（德语：Stosstrupps），负责攻下克诺普高地。该高地是块难啃的骨头，高度为252米，由法军第51殖民地机枪团第2营的24名守军防守，指挥官为德里安（Drianne）上士。主要防御包括5个机枪隔段工事、堑壕和铁丝网阵地。德军工兵将前出，在包围阵地的铁丝网阵中打开缺口，而狙击手则将瞄准隔段的射击孔。进攻将获得一个210毫米重迫击炮连和“斯图卡”的火力掩护。飞机在最后一分钟被叫走，但这并没有影响德军对计划周密的任务成功的信心。

法军观察员继续报告位于战场边缘的德军车辆的声响。4时30分，法军第174要塞机枪团第2营的炮兵对位于埃尔维尔（Elviller）的一处德军集结点进行了炮击。6时，德军炮兵开火，标志着进攻拉开序幕。落在普特朗齐前沿地带的德军炮弹来自卡尔默里奇森林（Bois de Kalmerich），在一个小时内德军炮兵就打过了防线并逐渐增加了炮击强度。落在萨尔要塞区前哨站的数百发炮弹炸出的浓烟使得晨雾更加浓厚。

由于法军的炮火反压制和支援火力，对克诺普的攻击开局并不顺利，有几名士兵死伤,其中包括打头的工兵。克特尔霍特怀疑这次进攻是否该被叫停,但事实并非如此。8 时 50 分，他下令向克诺普冲锋，210 毫米重迫击炮的轰击最终于 9 时 10 分停止，部队向前进攻，穿过铁丝网，冲入隔段工事中枪炮无法打到的火力死角。工兵们将手榴弹和发烟罐扔进射击孔，之后法军士兵高举双手走出隔段工事。只有 24 人守卫的克诺普投降了。

德军炮弹持续不断地穿过前线落下，击中了防线后方的村镇、农村、隔段工事和仓库。电话线被切断，无线电天线也被打掉。来自第 51 殖民地机枪团第 1 营的 250 名官兵守卫着萨尔左岸高地，这也是德军下一个进攻目标。8 时，德军的 Pak 37 型反坦克炮被推上前线并对隔段工事的射击孔开火。埃唐（l'Etang）隔段工事的金属百叶窗被关上,但一发德军炮弹直射击中了其中一个,打穿了金属叶片并打伤了里面的 2 名守军,其他人逃走。位于索尔维（Solvay）工厂的杜伊勒里（de la Tuilerie）前沿哨所遭到攻击，守军逃往豪里耶尔运河（Canal de Houillières）。9时,第51殖民地机枪团第1营指挥官杜塞特(Dousset）少校下令撤退。

攻下克诺普后，下一轮进攻直指一处名为格罗斯伯格（Grossberg）的前沿阵地，该地靠近村镇比丁，地势较高，处于主防御带上，由第 69 要塞机枪团第 1 营防守。虽然由于缺乏混凝土结构工事而实力较弱，但可以得到附近 3 个炮台——左翼由弗雷塞（Fraysse）中尉指挥的第 2 机枪连（2nd Compagnie de Mitrailleuses，CM/2）把守的炮台、杜博特（Duport）少尉指挥的位于比丁出口处的炮台以及贝雷特（Bellettre）中尉指挥的位于右翼与第 82 要塞机枪团防区交界处的炮台。这些炮台是简陋的——射击孔前方没有照明、装甲或是遮光罩。格罗斯伯格被第 3 机枪连〔指挥官为德里恩（Derrien）上尉〕和第 1 机枪连〔指挥官为卡皮兰（Capilaine）中尉〕守卫，加上几个被称为“木质掩蔽所”（abris en rondins，由原木修建的掩蔽所）的小型野战要塞工事。

格罗斯伯格于 6 时遭到德军轰击，参与轰击的火炮包括 1 门瞄准位于小堡（Forêtde Petite）和格兰德 – 弗雷讷（Grande-Frêne）边界上的木质掩蔽所的 Pak 37 型反坦克炮，该炮敲掉了绝大多数掩蔽所和机枪阵地。9 时，德军出现在法军第 69 要塞步兵团阵地后方，绕过了已被德军炮弹摧毁的格罗斯伯格北部前沿哨所。德军也被目击到在攀爬山北坡。法军第 110 轻步兵营受命发动反击，他们从比丁向格罗斯伯格进发，对德军发起冲锋。反击中法军猎兵的侧翼遭到德军自动武器扫射而伤亡惨重，投入反击的 55 人中仅有 11 人返回比丁，第 3 机枪连指挥官德里恩和其他几名第 69 要塞机枪团的军官均告阵亡。德军进攻并渗透进了法军迫击炮阵地后方，在格罗斯伯格的法军残部宣布投降，德军向比丁进军。

巴斯特 – 卡佩尔前沿地带包括 2 个村镇，其中卡佩尔由法军第 82 要塞机枪团第 2 营的第 6 机枪连〔指挥官为多雷（Doré）上尉〕防守，而巴斯特则由第 7 连〔指挥官为格曼宁（Germain）上尉〕防守。该前沿地带包括大量隔段工事和木质掩蔽所，巴斯特有 4 个前沿哨所，更加易守难攻：

· 城堡（Château）前沿哨所，指挥官为维尼奥莱（Vignolles）上士。

· 伊格里斯（l'Eglise）前沿哨所，指挥官为施莱芬（Schleiffen）中尉。

· 韦洛（Verrou）前沿哨所，指挥官为韦佐恩（Weizorn）少尉，负责防御巴斯特侧翼。

· 西方（l'Occident）前沿哨所，指挥官为莫瑞（Maury）中尉，负责掩护西南。

德军轰击停止后，德军第 272 步兵团第 3 营〔指挥官洛维克（Löwrick）少校〕对卡佩尔发起进攻。20 分钟后，第 272 步兵团第 2 营〔指挥官维尔德穆特（Wildermuth）少校〕对巴斯特发起进攻。法军第 6 机枪连据守的前沿哨所很快被德军第 272 团第 3 营打得损兵折将。9 时 30 分，靠近巴斯特的切明 – 克雷（Chemin–Creux）前沿哨所遭到进攻，尽管周围有铁丝网，哨所内有机枪，该前沿哨所依然很快陷落，在不到 2 小时时间里，卡佩尔的绝大多数阵地都被拿下。

德军利用烟雾掩护将 2 门炮沿马林塔尔公路向前推进，但它们被伊格里斯前沿哨所的观察员发现并被手榴弹驱赶下公路。德军的 Pak 37 对巴斯特的掩蔽所和隔段工事开火，C17 隔段的 25 毫米炮被敲掉。德军的攻势非常猛烈，个别中队对之前被火炮和反坦克炮轰击过的混凝土要塞工事展开进攻，法军机枪成弹盒地消耗子弹，手榴弹箱也被打空。巴斯特燃起大火，德军控制了绝大部分镇区，但被伊格里斯前沿哨所和西方前沿哨所所阻挡。到中午时，巴斯特的阵地依旧被法军据守。

村镇霍温位于莫德巴赫前沿地带，地形沿山体走势铺开，并被十余个隔段工事保护，其中包括M118T－霍温南1号，一个顶部装有2个坦克炮塔的“军事建设”型步兵隔段工事。该隔段工事被反坦克轨条阵和埋入反步兵地雷的铁丝网阵所环绕，整个工事防御区由第41殖民地机枪团第3营第9机枪连〔指挥官为库尔达沃（Courdavault）上尉〕防卫。隔段工事群保卫着一道斜坡，该斜坡逐渐上升到通往韦德岑森林（Bois de Wiederchen）的山坡，从森林出口到山顶的道路一直通向斜坡，这是德军需要拿下的道路，这样他们才能占领阵地。为了拿下道路，他们必须穿过一片800米的开阔地。

6时30分，德军开始轰击法军阵地，所有的法军电话线都被切断。7时，位于霍温和希尔巴赫（Hirbach）之间的莫德巴赫河上桥梁被法军炸毁，德军打出烟幕弹并开始向前推进。库尔达沃意识到德军正在烟幕中前进，要求炮兵沿山势打出弹幕，这是正确的。8时30分，德军已经到达反坦克轨条阵并试图在障碍物中冲出一条道，他们开路时遭到了法军机枪的射击。而在南边，几名德军士兵设法突破并接近了隔段工事群，法军预备队发动了一次反击，在将德军赶回后又回到了掩蔽所内。德军炮击强度还在增加，反坦克炮对准隔段工事射击孔开火。M12B－霍温南6号隔段（也被标注为M12b掩蔽所）是个带有2个射击孔的掩蔽所，该隔段被一发重炮炮弹打成碎片，第9机枪连在数小时的炮击中伤亡惨重。德军再次以营级规模沿山地发起进攻并到达了铁轨阵。德军显然以为法军阵地已被摧毁，居然以密集队形推进到法军机枪射程内。法军几乎不敢相信他们的眼睛，一直等到德军接近到500米以内才开火，展开攻击的德军被打得惊慌失措。其中一些人转身向树林奔逃寻找掩护，但他们在距离树林300米的开阔地上；另外一些人则趴在地上寻找掩护。短短10分钟内，对霍温的进攻即告瓦解。而在北边，德军在雷默林堤坝（Remering dyke）进攻了法军第41殖民地机枪团第2营，该堤坝也是穿过洪泛区的唯一通道。由雷德莱特（Raydelet）上尉指挥的第7机枪连进行了激烈的战斗，德军被法军挡住。

德军在普特朗齐村镇以北发起了一次进攻，该村镇由法军第174要塞机枪团第3营第9机枪连防守。R4B隔段工事配有自动步枪，由提尔比什（Tirbisch）中尉指挥。周围相邻的2个隔段工事都有一圈铁丝网带守护，而其他一些机枪隔段工事负责掩护普特朗齐以北的福尔巴赫公路，并保护卢普斯豪斯大堤

（digue de Loupershouse）。这些隔段工事都遭到了攻击，被 Pak 37 型反坦克炮隔着洪水打来的炮弹击中受损。德军并没有发起进攻，隔段工事阻止了德军接近铁路的企图。隔段工事中隶属于第 174 要塞机枪团第 2 营的守军被命令于 21 时撤退，但他们所处位置已被德军包围。提尔比什决定就地抵抗。6 月 14 日 5 时，R4B 隔段工事阻滞了德军第 268 步兵师的推进线路。7 时，德军又发起新一轮进攻，但隔段工事被 Pak 37 打残，于 11 时 30 分投降。

位于普特朗齐西北的康福伦特（Confluent）前沿哨所由 3 个隔段工事和 1 个“工程技术部”型炮台守卫，德军在阻挡住隔段工事观察员和炮手视线的烟幕中开进，并且架起一门 Pak 37 型反坦克炮对准 C14 隔段工事的射击孔开火，该隔段工事是一个守卫勒宁（Léning）和瑞宁（Réning）之间道路的步兵炮台。随着烟幕散去，前沿哨所的法军用机枪对反坦克炮和一组正在架桥渡过霍斯特巴赫（Hostebach）的德军工兵开火。由于伤亡惨重，德军第 222 步兵团的进攻被叫停。在最初的步兵进攻后，德军呼叫空中支援，“斯图卡”的空袭持续了数小时。法军没有防空能力，也没有空中掩护。18 时左右，德军对霍温发起了又一次进攻，激烈的战斗持续到 20 时 30 分左右，法国人又一次守住了前沿哨所。

对霍斯特 - 巴斯（Hoste-Bas）的进攻同样残酷，德军的目标是霍斯特 - 巴斯堤岸（digue de Hoste-Bas），德军进攻了 C12B、R6B 和 MC8B 隔段工事[①]，Pak 37 型反坦克炮对其造成严重损失，守军被迫逃离，只有霍斯特 - 巴斯堤岸上的 M113N 和 C15N[②] 依然在坚守，而德军继续前进并试图穿过霍斯特 - 巴斯池塘和上霍斯特（Hoste-Haut）。这两个小湖泊之间的通道被铁丝网、地雷和两个隔段工事——M108N 和 R8B 所阻隔[③]，德军在卡佩尔公路上架起反坦克炮并对 2 个隔段工事射击。R8B 损毁严重，被称为“十字架 1 号”（Calvaire 1）

① C12B 是一个位于罗瑟 - 胡贝尔山（Rother-Hubel，海拔 250 米）的安装了一门反坦克炮的“军事建设”型隔段工事；R6B 是一个用于防御霍斯特 - 巴斯堤岸的“军事建设”型自动步枪隔段工事，由第 174 要塞机枪团第 2 营第 6 机枪连据守，指挥官为鲍尔（Bauer）上士；MC8B，同时也被编号为 Mc-27，是一个“工程技术部”型 B 型简易炮台，由莫尔格（Morge）少尉指挥。

② M113N 是一个配有一挺哈奇开斯机枪和自动步枪的步兵隔段工事，用于戒备堤岸；C15N 是一个“军事建设”型隔段工事，装有一门朝向道路对面的反坦克炮。

③ 这两个隔段工事保卫着堤岸和从霍斯特 - 巴斯到上霍斯特的道路。其中 M108N 是一个配有一门反坦克炮的隔段工事，守军来自第 174 要塞机枪团第 1 营第 2 机枪连，指挥官为希拉尔（Hilaire）上士。R8B——上霍斯特也是一个配有自动步枪的“军事建设”型步兵隔段工事，用于保卫堤岸，守军同样是第 2 机枪连一部，由鲁道夫（Rudolph）少尉指挥。

的M108N隔段也遭到严重损毁。10时30分左右，一枚“斯图卡”投下的炸弹命中R8B隔段，德军工兵向最后的障碍推进。R8B继续作战，但守军被迫投降。德军进入上霍斯特村镇。尽管面临巨大压力，德军直到6月15日早晨才突破萨尔要塞区，将坚守的隔段工事一一拔除。

卡尔豪森次级要塞区位于萨尔要塞区右侧，由第133要塞步兵团指挥，其中包括甘博迪上尉指挥的上普里耶尔要塞。甘博迪于6月14日10时接到来自第133要塞步兵团的电话，得知法军已从要塞间隔撤出。他奉命坚守阵地，保护撤出的间隔部队的行动，最重要的是，尽其所能地坚守阵位。甘博迪的部下非常高兴地得知他们不会被迫撤离上普里耶尔，由于他们的任务不是逃离德军，所以士气依然高涨。他们对结局并没有什么误解。上普里耶尔要塞并没有来自邻近友军的炮兵支援，野战炮兵已经撤离，该要塞留有反坦克炮和机枪。然而，事态变化非常迅速，命令也发生了变化。6月15日3时30分，甘博迪收到来自第133要塞步兵团的消息，这一消息通知他于6月17日22时停止在上普里耶尔要塞和邻近5个炮台的抵抗，守军同时将重新加入位于萨尔联合体的第133要塞步兵团。

根据此时萨尔要塞区陷落的情况，很有可能这一命令无法被执行，因为此时德军甚至已经包抄迂回到了马其诺防线后方，甘博迪的撤退路线被切断。在所有目的和意图上压倒了法国人之后，德军是会满足于等待停战还是发起一次进攻并承担不必要的伤亡？遗憾的是，德军的将军们选择了后者，生命被毫无意义地挥霍掉，这也给了马其诺防线最后一次展现其能力的机会。

此刻，马其诺防线以北已完全放弃，正在被德军包围。6月初还在序列中的守军已有四分之三不复存在。那些被遗忘的人只能想象他们的命运和接下来几天将会发生的事。是会像莫伯日要塞那样迅速结束，还是像拉法耶特要塞那样痛苦地走向终结？要塞会像蒙特梅迪要塞区那样被放弃并破坏，还是变成持续数周或数月的“长期顽强战斗”？答案将在接下来的日子里揭晓。

第十章
剩余的要塞区，1940年6月14—15日

在霍赫瓦尔德要塞，亚德里安（Adrian）博士这样描述鲁道夫少校："他冷酷而难以亲近，面孔凹陷而苍白，眼里有泪。我被告知我们的人员将在摧毁我们的要塞几天后组成一支行进师，鲁道夫表示这一决定是'疯狂的'。"阿格诺要塞区指挥官施瓦茨中校直言他"希望在他军旅生涯的最后时刻扮演一个不那么丢脸的角色"。

6 月 14 日，阿格诺要塞区收到命令，要求其就地抵抗直到得到新命令。这是当时最强大的要塞区，因其仍然有一支规模可观的步兵部队。每个要塞步兵团留下一个营，第 70 步兵师则留下了来自第 81 轻步兵营的部队。有约 12000 人留下，外加 3 个大型炮兵要塞和 40 个炮台。剩下的步兵分散在被撤离的区域以掩护各个通道。

6 月 14 日这天敌军并没有进行炮击，但有一个飞机大编队从东向西飞过，并于 90 分钟后返回。午夜前后，德国空军对阿格诺要塞区后方进行了空中侦察，观察在阿格诺和沃尔伯格（Walbourg）的部队调动。

要塞区的支撑点（Points d'appui，PA）和前沿哨所所组成的最前沿防线由一条由西向东的防线接续：

· 博埃什农场到卡里姆巴赫以北。

· 卡里姆巴赫道路（Route de Climbach）到鸽子谷。

· 舍霍尔的林间工事房。

· 276 高地。

· 盖斯贝格顶峰、盖斯特朔夫（Geitershof）村。

· 村庄西面的奥伯塞巴赫隔段工事、特里姆巴赫隔段工事，之后是 194 高地以北以及村镇埃伯巴赫（Eberbach）一直到塞尔茨和莱茵。

· 莱茵河右岸由堤岸上的炮台和与巴斯莱茵要塞区交界处的几个支撑点守卫。

德军尚未与该要塞区的前沿哨所交手，此时德军巡逻队对该防线已了如指掌。他们活动隐秘，并未被孟达特森林以及斯克莱塔和劳特伯格之间南北走向的沟壑内的法军观察员发现。

6 月 14 日，在克吕斯内斯要塞区的 C24 炮台，炮台的装甲门被猛然关上，发出宛如敲锣般的声响。守军们想知道门什么时候才会重开，而他们要何时才能不用通过射击孔的狭小开口、潜望镜或反射投影仪的镜头来观察外面的世界？他们又要到何时才能重新呼吸到新鲜空气？此刻炮台完全被孤立，在其后方已经没有什么还在堑壕防线上活动，而数十座隔段工事此刻却为敌军所用。炮台内只存有 15 天用量的食物，却要用来支撑 45 天。

一组德军被观察员发现，后者发出警报：“警报，警报……1201——敌步兵集群——方位角 402……高低角 –4，前沿 30——深度 3——K2 加高度 2。”几秒钟后：“1020——德军步兵集群——方位角 719——高低角 –9——前沿 20——深度 0.4——B.I 边缘。”

在炮台的炮室里，47 毫米炮被撤回并以 2 号双联装机枪代替。盖兰（Guéran）眼睛对准双联装机枪的瞄准镜，扫视着地形地貌。雷纳尔（Reinal）则操作另一挺双联装机枪（1 号双联装机枪）等待着，他的绰号是“吕西安”（Lucienne）和“尼古拉”（Nicole）。德洛（Deloor）和雷纳德兄弟准备好更换弹夹，而炮长萨特尔（Sartel）则坐在一张小桌前检查开火计划。马森爬上了折射观察钟型塔观察目标。“布雷海因还在等什么？”他自言自语。一股大约 100 人的敌人距离 C24 仅有 800 米，第二股则有 1500 米距离，正在离开靠近 C26 炮台〔即新克吕斯内斯西（Nouveau–Crusnes Ouest）炮台〕的巴特森林。马森还在犹豫的原因是 C26 炮台视线受阻，谁也没法确定山上正在发生什么。

布雷海因要塞的炮塔被听见向另一个方向开火，其潜望镜被替换为 N 型，这种潜望镜是一个包括 2 个被集成在单个容器中的单筒潜望镜的集合体，其中一个放大倍率为 8 倍，用于观测方位，而另一个则用来指示物体高度。马森观察到有个戴钢盔的德军穿着衬衫站在 K2 顶部，并用双筒望远镜向 C24 方向观察。之后他听见一挺机枪开火，然后那个人丢下双筒望远镜消失不见了，有可能是跌下了斜坡，具体情况不得而知。这挺机枪属于 C25 炮台（克吕斯内斯东炮台），萨特尔被命令到自动步枪哨戒钟型塔操作 50 毫米迫击炮，第一股敌人摸到 H2 后，他将在 C25 炮台的双联装机枪开火的同时开火。

武利马尔德（Vuillemard）电话报告了布雷海因要塞炮兵信息处理区："1203——第二股被挡住——方位角 734——高低角 -8——前沿 10——深度 0.5——位于 R.17。"

一分钟过后，炮塔开火，敌军出现在 K2 山上。C24 炮台只能看见他们的钢盔。炮兵信息处理区："4 号隔段攻击 1203——弹道长度——11 秒——开火！"德军被 4 号隔段、C24 炮台的迫击炮和 C25 炮台的双联装机枪压制住。75 毫米炮塔掩护了 R17，机枪和迫击炮分别掩护 K2 和 K3。两股德军之后逃往树林寻找掩护。

向比特克集群下发的命令和阿格诺要塞区收到的相同——摧毁武器弹药后向南，但要在命令到来后进行。"不是执行而是准备执行。"（莱斯坎尼，第 58 军）在维尔朔夫要塞，吕瑟塞特（Lhuisset）上尉并没有认真对待撤退命令，它不可能是真实的。但事实如此。破坏的想法是难以置信的，吕瑟塞特将命令宣读给了他的部下，海特（Haite）中尉出于维持士气的目的不想将其传达给部下，但觉得应该与上普里耶尔的守军讨论。相邻的要塞与其分别处于不同的管辖范围，如果上普里耶尔要塞的撤退时间不同，很可能使维尔朔夫要塞陷入缺乏侧翼支援的危险境地。顺带一提，维尔朔夫要塞是从第 5 集团军指挥官布尔雷特那里收到命令，而上普里耶尔要塞则是从第 3 集团军指挥官孔代将军那里获得的命令。

维尔朔夫要塞总工程师卡拉曼（Caraman）中尉被派往上普里耶尔要塞与甘博迪和若利韦少校商谈。后者透露称他们被命令在 6 月 17 日 22 时破坏要塞和炮台，并在之后向南转移。卡拉曼收到了孔代的命令，上面写道："上普里耶尔和次级要塞区 5 个炮台的守军的任务是于 6 月 17 日 22 时停火。这一日守军将加入萨尔联合体——费内特朗日（Fénétrange）轴线上的团。"（贝特朗上校，第133要塞步兵团指挥官）因此可以肯定的是，维尔朔夫要塞在6月17日后将不再有侧翼保护。

萨尔要塞区的陷落将在上普里耶尔和特丁之间留下一道30千米宽的缺口，德军将从这一缺口向前推进。到甘博迪所部摧毁要塞并于6月17日离开时，他们还有可能被切断退路。若利韦少校于6月14日出现在上普里耶尔要塞门口，并带着命令宣布他将负责“上普里耶尔集群”（Groupement Haut–Poirier），包括要塞本身和5个邻近炮台——维特兰、大布瓦、西北阿尚、北阿尚和东北阿尚。究竟为什么由若利韦负责对这些人来说是个谜，他对要塞工事的技术知识一无所知。军官之间窃窃私语，期间有人暗示这个“若利韦少校”其实是个伪装的德国人。最终他们称同意服从他的命令，但如果他将守军置于危险之中，他们就将躲到他的背后。

6月15日，工程师们开始着手摧毁上普里耶尔集群的炮台和要塞。计划是将炸药通过线路连通到一个电子起爆器上，然后同时炸毁所有的隔段和坑道。工程师将在主装甲门上安装陷阱，以便在德军到来时关闭。

间隔部队于6月13—14日夜间离开福尔屈埃蒙要塞区，截止到6月14日尚无命令传达到邻近萨尔要塞区的要塞守军，他们认为他们将和其他要塞区采取相同行动。他们希望能留在原地，仅仅因为他们受的训练是在要塞中战斗而不是在野外开阔地。[①]

德努瓦少校被任命为福尔屈埃蒙要塞区的负责人，他负责组建行进师并监督马其诺防线的摧毁和放弃。德努瓦将他的指挥所设在洛德雷方。

6月15日左右，福尔屈埃蒙要塞区的要塞收到了有关摧毁设备的具体指令：

双联装机枪：拆下隔闩（“封闭系统”，法语原文：système de fermeture）和气缸，之后将机枪包括瞄准镜分解成零部件。

47毫米炮：拆下后膛，切断气管并摧毁定位装置。

放弃时，摧毁钟型塔和炮塔内的设备。

---

① 法语原文“Notre univers, c'est le béton”，即“我们的宇宙是具体的”。

拆下炮塔控制并卸下配重使其落入沟槽中，最后通过切断电缆破坏升降机。

在离开要塞之前，破坏门和防火墙，将其卡在开启位置，并点燃柴油。

6月15日晚间，福尔屈埃蒙要塞区失去了快速步兵（Voltigeurs，即前哨单位）以及并不在要塞区指挥下的炮台守军，这其中包括邦比代尔斯特罗（Bambiderstoff）北和南炮台、夸特文茨（Quatre–Vents）南和北炮台，以及洛德雷方炮台。这是唯一以这种方式设立的要塞区。洛德雷方炮台的军官向德努瓦表明了他们的反对意见，他们争辩称炮台是其防御体系的延伸。经过一番讨论，德努瓦同意派出一支小分队占领夸特文茨南炮台以掩护圣阿沃德－福尔屈埃蒙公路。不幸的是，之前的据守者已按命令破坏了炮台，炮台里的所有东西都被毁坏并被淋上了柴油。食品被取出打开扔进沟渠，并在那里被浸泡上柴油。档案和计划书被烧毁。然而，邦比北（Bambi Nord）是唯一一处燃油被点燃的地方，火光照亮了夜空，在数英里之外也清晰可见。

6月15日晚间，22人离开了洛德雷方前往占领夸特文茨南炮台。除了这个炮台之外，摧毁仍在继续。武器被破坏，弹药被扔入井中，炮闩被拆下，观瞄镜头被打碎。到了夜间，守军向南行进并加入法军余部。

伯莱要塞区是马其诺防线最强大的要塞区，包括以下要塞工事：

（A：要塞；C：炮台；O：观察哨；X：掩蔽所）

瓮堡·布丹热（Hombourg Budange）次级要塞区：第164要塞步兵团〔1940年6月时指挥官为澳格宾（Orgebin）少校〕

· X20——胡默斯贝格（Hummersberg）掩蔽所，C53——胡默斯贝格北炮台，C54——胡默斯贝格南炮台。

· A19——哈肯伯格要塞〔先任指挥官埃伯兰德（Ébrard）上尉，后于1940年6月13日被伊斯梅尔（Ismeur）少校接任〕。

·C55——韦克兰(Veckring)北炮台,C56——韦克兰南炮台,X21——韦克兰要塞。

· A20——科科要塞〔指挥官洛克斯（Roques）上尉〕。

· X22——科科掩蔽所，O4——燃橡树（Chênes-Brûlés）观察哨，X23——燃橡树掩蔽所，X24——克朗（Klang）掩蔽所，X25——韦尔奇山掩蔽所。

· A21——韦尔奇山要塞〔指挥官塔利（Tari）少校〕。

· C57——门斯基尔（Menskirch）炮台,Bb44——“工程技术部”型隔段工事。

· A22——米歇尔斯伯格要塞〔指挥官佩雷蒂尔（Pelletier）少校〕。

· Bb43——“工程技术部”型隔段工事，X26——比尔米特（Bilmette）掩蔽所，C58——胡贝尔布施（Huberbusch）北炮台，C59——胡贝尔布施南炮台，X28——伊辛（Ising）掩蔽所。

· A23——霍布林（Hobling）要塞〔指挥官为布尔洛（Boileau）上尉〕。

伯顿库尔特（Burtoncourt）次级要塞区：第162要塞步兵团〔指挥官为索耶（Sohier）中校〕

· C60——艾德林（Edling）北炮台，C61——艾德林南炮台，X29——赫斯特罗夫（Hestroff）掩蔽所，O10——赫斯特罗夫观察哨，X30——罗特伯格（Rotherberg）掩蔽所。

· A24——波瑟要塞〔指挥官为拉莫德（Ramaud）上尉〕。

· A25——昂泽兰要塞〔指挥官为吉尔伯特（Guillebot）少校〕。

· A26——贝伦巴赫（Bérenbach）要塞（指挥官为拉莫德上尉）。

· X31——博康热（Bockange）掩蔽所，X32——戈梅兰热（Gomelange）掩蔽所，X33——科明（Colming）掩蔽所。

特罗姆博恩（Tromborn）次级要塞区：第161要塞步兵团〔指挥官为维雷特（Viret）中校〕

· C62——埃布朗格（Éblange）炮台。

· A27——博文贝格（Bovenberg）要塞〔指挥官为兰贝雷特（Lambret）中尉〕。

· BCa2——博文贝格“梅斯筑垒地域”型炮台，C63——朗赫普（Langhep）北炮台，C64——朗赫普南炮台，BCa1——奥托维尔（Ottonville）“贝尔福特筑垒地域”型炮台。

· A28——邓丁要塞〔指挥官为科斯特（Coste）上尉〕。

· A29——库姆镇要塞〔指挥官为卢苏斯（Lussus）中尉〕。

· A30——北库姆附属要塞〔截止到1940年6月9日指挥官为蒂伦施耐德（Dillenschneider）少尉〕。

纳贝方丹（Narbéfontaine）次级要塞区：第160要塞步兵团〔指挥官为布

埃（Bouet）中校〕

·A31——库姆要塞〔指挥官为苏布里耶（Soubrier）中尉〕。

·A32——南库姆附属要塞〔指挥官为福库兰切（Faucoulanche）上尉〕。

·C65——北贝斯特贝格（Bisterberg）一号炮台，C66——北贝斯特贝格二号炮台，C67——南贝斯特贝格三号炮台，C68——南贝斯特贝格四号炮台。

·A33——莫滕贝格要塞〔指挥官为克洛雷克（Cloarec）上尉〕。

·C69——莫滕贝格南炮台。

该要塞区的处置工作被指派给拉乌尔·科钦纳德上校，他的命令包括与其他要塞区相似的3个步骤：

·措施A——快速步兵和小型间隔隔段工事守军于6月15日（星期六）22时撤离，炮台守军坚守原位。

·措施B——阵地炮兵——分两步撤退——120毫米炮营（50人）、瓮堡·布丹热次级要塞区以及由奥利弗（Olive）中尉指挥的250名步兵于6月15日22时撤退。第二天，来自9个阵地炮兵连（5个来自第153要塞炮兵团第2营的155毫米炮兵连、1个来自第153要塞炮兵团第1营的240毫米炮兵连以及3个来自第153要塞炮兵团第3营的155毫米炮兵连）的400名炮兵在破坏掉他们的装备后进行编组并由第153要塞炮兵团第2营的德尔帕特（Delpartive）上尉指挥。

·措施C——要塞守军于6月17日（星期一）22时离开，并留下一小股部队，一部分用于阻滞德军，另一组人员用以完成破坏，他们按计划将于6月18日4时撤离。

伯莱要塞区的马其诺防线守军也被组织，或者说是被改编成行进师，哈肯伯格的行进师序列设置如下：

43名军官、122名士官和854名士兵——2个步兵连分别由巴尔贝林（Barbelin）中尉和乔瓦伊（Chauvay）中尉指挥，2个炮兵连分别由格莱塞特（Graïset）上尉和杜邦（Dupont）中尉指挥，一个工兵连由沃延（Voyen）上尉指挥。

全军携带3日份食品、5万发弹药，每连2挺自动步枪。

阻滞部队由朱利安·孔贝莫德（Julien Combemord）上尉指挥，由一小部分人——钟型塔和炮塔守军组成，用于摧毁弹药。列维奇（Leviche）上尉指挥的一组工兵负责安装炸药。

部队在试图向后方转进时遇到了一个主要问题：在6月14—15日夜间，法军工程兵(工兵)炸毁了后方的弹药和燃油补给站，引起了德军的注意。另外，所有河上的桥梁——坎纳（Canner）、尼德·阿勒曼德（Nied Allemand）、尼德·弗朗塞斯（Nied Français）——都已被炸毁。

与此同时，德军依旧保持活跃。6月15日22时，德军巡逻兵被米歇尔斯伯格要塞观察员发现，他们可能是被仓库的爆炸惊动而试图接近要塞入口。75毫米炮塔将其打退。米歇尔斯伯格要塞炮兵指挥官圣－索弗（Saint–Sauveur）上尉打电话给他在昂泽兰要塞的同僚加斯东·萨洛蒙（Gaston Salomon）上尉讨论相互开火支援事宜，令他意外的是，萨洛蒙回答道他们正在焚烧销毁弹药和目标划定档案，所以相互支援不大可能实现。这一事件表明要塞区已经完全处于混乱无序的状态，他们错误解读了命令。圣－索弗不得不怀疑措施C是否已在早些时候开始进行，也许他已经错过了什么。他和身处哈肯伯格要塞的埃伯兰德上尉试图弄清正在发生的事情，他被告知措施C仍被定于6月17日22时开始执行。

在霍布林小型步兵要塞，布尔洛上尉从米歇尔斯伯格要塞指挥官佩雷蒂尔少校那里收到命令准备撤退并进行破坏。布尔洛对这一命令感到惊讶，并与韦尔奇山要塞指挥官塔利少校取得联系，以了解他是否从佩雷蒂尔那里获得了相同的命令。塔利不敢相信他所听见的内容，他向布尔洛保证称一切都没改变，措施C仍将按计划于周一进行。布尔洛通知他的副官布兰吉尔（Blangille）中尉去告诉要塞守军，他们此刻没有准备撤离——这是个错误的警告。要塞回到防御状态。消息传到波瑟森林小型步兵要塞时已经太迟了，指挥官拉莫德上尉给守军下达了撤退命令。设备被破坏，炮闩被扔进厕所，波瑟已经不再具有战争机器的功能。与此同时，佩雷蒂尔与哈肯伯格要塞的埃伯兰德取得联系，并最终了解到撤退命令仅仅适用于快速步兵，要塞工事守军要到星期一才能撤离。佩雷蒂尔及时将这一消息传达给了圣－索弗——15分钟后炮塔就将被炸毁。

在要塞内外，守军忙于修复损毁、移除爆炸物并抢救文档资料。波瑟的守军向后方转进，他们的目的地是奥维尔城堡（Château d'Orville）。6月18日，他们在马其诺防线后方 40 千米处被德军俘获。

蒂永维尔要塞区

蒂永维尔要塞区是马其诺防线上最强大的要塞区，有 6000 名官兵和 11 个要塞，其中 7 个配备有炮兵武器，具体包括以下这些：

（A：要塞；C：炮台；O：观察哨；X：掩蔽所）

昂热维尔（Angevillers）次级要塞区：第 169 要塞步兵团〔指挥官为图森特（Toussaint）少校〕

· A8——罗雄维勒尔要塞〔指挥官为吉列曼（Guillemain）上尉〕。

· C36——大罗特（Grand Lot）炮台，X2——大罗特掩蔽所，C37——埃舍朗日（Escherange）西炮台，C38——埃舍朗日东炮台，C39——彼得斯伯格（Petersberg）西炮台，C40——彼得斯伯格东炮台，X3——埃舍朗日森林掩蔽所，X4——彼得斯伯格掩蔽所。

· A9——莫尔万格要塞〔指挥官为贾斯塔蒙（Justamon）少校〕。

· C41——昂特朗格（Entrange）炮台，X5——肯芬森林，C42——肯芬森林西炮台，C43——肯芬森林东炮台，X6——泽特霍尔茨（Zeiterholz）掩蔽所。

埃唐格 – 格朗德（Hettange-Grande）次级要塞区：第 168 要塞步兵团〔指挥官为费罗尼（Ferroni）中校〕

· X7——斯特雷斯林（Stressling）掩蔽所。

· A10——易默尔霍夫要塞（指挥官为雷奎斯顿上尉）。

· X8——埃唐格掩蔽所，O9——埃唐格观察哨，X9——卢森堡公路（Route du Luxembourg）掩蔽所，O10——卢森堡公路观察哨，X10——赫尔梅里奇（Helmerich）掩蔽所。

· A11——索尔里希要塞〔指挥官为亨格（Henger）少校〕。

· O13——博斯特（Boust）观察哨，C44——博斯特炮台，X11——巴伦霍夫（Barrunshof）掩蔽所。

· A12——卡雷森林要塞。

· X12——卡雷森林掩蔽所，C45——下帕西安（Basse-Parthe）西炮台，C46——下帕西安东炮台，X13——里佩特（Rippert）掩蔽所，X14——卡唐翁森林（Bois-de-Cattenom）掩蔽所。

· A13——科本布什要塞〔指挥官为查纳尔（Charnal）中校〕。

· A14——奥伯海德（d'Oberheide）要塞〔指挥官为波博（Pobeau）中尉〕。

· O20——卡唐翁观察哨，C47——索南伯格（Sonnenberg）炮台。

· A15——加尔根贝格要塞〔指挥官为泰斯农尼埃（Teysnonnière）上尉〕。

· A6——森奇兹要塞〔指挥官为朗格兰德（Langrand）中尉〕。

· Cb8——森奇兹炮台，C8——科尼格斯马克尔（Koenigsmacker）北炮台，C9——科尼格斯马克尔南炮台，C50 梅特里希北炮台，C41——梅特里希南炮台，X15——克雷克尔布施（Krekelbusch）掩蔽所。

· A17——梅特里希要塞〔指挥官为劳加（Lauga）少校〕。

· X16——南梅特里希掩蔽所，X17——诺嫩贝格（Nonnenberg）掩蔽所，X18——北比彻（Bichel）掩蔽所，C52——科尼格斯马克尔森林炮台，X19——南比彻掩蔽所。

· A18——比利格要塞〔指挥官为罗伊（Roy）中校〕。

让-帕特里斯·奥苏利文上校为步兵出身，他被留下负责蒂永维尔要塞区的撤退事宜。他的指挥所设在蒂永维尔的伊朗格要塞，这是一个建于 20 世纪 00 年代早期的德国要塞。要塞区三分之二的炮台守军被命令留守在原地，其余人员则被撤离。措施 B 要求撤离阵地炮兵，而措施 C 则要求撤离要塞守军。由于弹药太多，以至于无法在不引起德军注意的情况下将其销毁，因此措施 C 被修改，该措施被分成两部分：

1. 6 月 17 日 22 时——大要塞守军撤离，一支小分队将被留下以掩护撤退部队直至 6 月 18 日 22 时。

2. 6 月 18 日 22 时——在销毁武器并在可能情况下销毁弹药后，剩余人员可以自行决定行动。

克吕斯内斯要塞区

在克吕斯内斯要塞区，类似于马维尔次级要塞区和蒙特梅迪次级要塞区的炮台已经在几天前被破坏。雷农铎将军没有像其他要塞区那样留下某人负责撤退，结果是没有撤退计划，反而出现了不知道该由谁负责的混乱情况。拉蒂蒙特要塞指挥官菲洛弗拉特少校是最高军衔军官，他同时负责第 149 要塞步兵团下辖的次级要塞区。布雷海因要塞指挥官万尼尔少校负责第 138 和第 139 要塞步兵团下辖的次级要塞区。到此时为止，指挥官们接到的唯一命令就是原地坚守。第 128 要塞步兵团的命令是一直坚守到弹药补给告罄，菲洛弗拉特给部下的命令则是挡住德军前进的道路。

费尔蒙特要塞指挥官丹尼尔·奥贝特（Daniel Aubert）上尉有相同理解，费尔蒙特要塞和邻近要塞工事将被坚守尽可能长的时间直到补给弹药被消耗一空。查皮小型步兵要塞指挥官蒂博（Thibeau）中尉命令其部下的工程师准备一个摧毁计划以备不时之需。然而，撤退命令从未到来。

与此同时，德军正在考虑如何对付马其诺防线。截止到 6 月 12 日，他们还处于观望态势。他们知道法军在默兹河以南撤退以及弗赖登贝格的第 2 集团军在 6 月 11 日撤退，但是马其诺防线呢？他们在 6 月 11 日发现蒙特梅迪要塞区的要塞工事已被放弃。德军怀疑类似的行动将紧接着在整条防线上展开，他们据此计划了 2 次行动，而选择何种行动取决于要塞部队采取的行动：

·施泰因施拉格（Steinschlag）行动——如果马其诺防线守军撤出并留下一支实力较弱的部队，德军将进攻并突破防线。

·雪崩（德语名称：Lawine）行动——如果马其诺防线被完全撤出，德军将追击逃跑法军。

无论哪个行动都将在 6 月 14 日展开，并带有 24 小时警告，包括一次双管齐下式的攻击：

·第 162 步兵师〔指挥官为弗兰克（Franke）将军〕派出一个团插入莫瓦伊斯森林小型步兵要塞和杜福尔森林小型步兵要塞之间，第 329 步兵团〔指挥官赫纳（Hühner）上校〕攻击布雷海因要塞。

·第 161 步兵师〔指挥官为威尔克（Wilck）将军〕派出一个团在埃唐格－格朗德方向上攻击肯芬森林要塞——莫尔万格和索尔里希之间的通道。

无论哪个行动都没有获得重炮和飞机支援，这表明要塞的防御能力被大大低估。德军还有可能会因马其诺防线的枪炮而伤亡惨重。

6 月 14 日早些时候，来自第 31 特设军级司令部（Höheres Kommando

XXXI）[①]的考皮施（Kaupisch）将军[②]被第162步兵师指挥官冯·哈默施泰因（von Hammerstein）中将告知法军似乎正在放弃马其诺防线，来自第183步兵师的巡逻队也在他们的报告中证实爆炸后防线后方有卡车活动。考皮施将军同意这些评定，认为撤退正在进行。这些报告并不足为奇。在马维尔和蒙特梅迪要塞区以西已经完全没有法军踪迹，而要塞炮台也已被破坏并放弃。德军第183步兵师派出一支巡逻队从朗威（Longwy）出发前往隆吉永，途中并未遭遇抵抗。这让考皮施改变了计划，命令从西面对防线进行合围。然而，报告并不准确，事实上要塞仍然被据守，自动武器和火炮的声音仍能听见，这一部分故事并没有被传到考皮施那里。6月14日，第183步兵师沿RN18公路向马其诺防线开进。

6月15日4时，一名来自埃米蒂奇（l'Ermitage）炮台[③]的观察员目击到了德军第183步兵师望不到头的车队，该炮台指挥官利奥特（Riotte）中尉自己也进行了观察，他看见由摩托车、骑兵、卡车和火炮组成的一路纵队在向隆吉永开进。其他克吕斯内斯要塞区的观察员也报告了车队情况，费尔蒙特要塞1号隔段的75毫米炮塔准备开火。从埃米尔·德尔哈耶（Émile Delhaye）中尉指挥的3号隔段可以看到40千米外杜奥蒙特藏骨堂（Ossuary of Douaumont）的屋顶和以北15千米朗威的某些地貌，但那时候他的潜望镜正固定对准德军。目标位置被标定并迅速传给1号隔段的博格特（Bogaert）炮兵上士（Maréchal de Logis Chef），双联装75毫米炮以最高射速打出高爆弹，炮塔内变得如同熔炉般炽热，因为炮弹被不停地尽可能快地装填入每门炮中。RN18公路上的目标一个接一个地被命中，但此时炮塔被缩回以冷却炮管并检查校准情况，这给了德军重组车队的时间，之后炮塔再次升起并倾泻火力。到这一天结束时，德军已经放弃了在RN18公路行军的计划，并在1号隔段射程范围外的后方道路中寻找替代路线。

---

① 该司令部在1940年6月处于第16集团军建制下，指挥驻丹麦德军和在法国的后备师，包括第161、第162和第183步兵师。

② 有资料指出他已于1940年4月10日被第78步兵师指挥官加仑坎普将军接替，此后他转入预备役。

③ 该炮台编号为埃米蒂奇·圣·昆丁-C7（Ermitage Saint Quentin-C7），是一个位于普拉科特（Pracourt）南部靠近塔普市（Tappe）的"筑垒地域组织委员会"型步兵炮台。这一炮台配备有JM/AC47、双联装机枪、A型自动步枪哨戒钟型塔、双联装机枪钟型塔各一和2个自动步枪射击孔。

15 时左右，普谢炮台的观察员目击到有一支德军驮马重炮兵车队正沿隆吉永西南的诺尔斯高原（Plateau de Noërs）开进，法军火炮再次瞄准开火，击中几辆车并将车队打散。

再往东，德军的 162 步兵师奉命沿南北轴线行军并插入拉蒂蒙特和布雷海因之间。做出这一决定是基于马其诺防线最西端要塞工事已被德军第 183 步兵师悉数消灭的想法，但很快就有证据表明马其诺防线依然活跃且富有战斗力，经由隆吉永包抄防线的行动变成了一场灾难。

6 月 16 日 15 时 30 分，弗兰克将军向欧梅斯小型步兵要塞以北被烧毁的希普斯农场派出一名信使，布雷海因要塞指挥官万尼尔少校得知信使的消息并派出一队人马与德军见面。一封信件被交给莱塞沃尔炮台指挥官达斯（Dars）中尉，他将信件转交给了万尼尔少校。这份备忘录概述了战略和战术状况并建议要塞撤离，留给万尼尔回复的时间期限是 3 小时。当天晚间，威尔克的第 161 步兵师围绕第 183 步兵师行军以开进克吕斯内斯要塞区后方。

伯莱要塞区——6 月 15 日

在伯莱要塞区，德军第 95 步兵师指挥官希斯特・冯・阿尼姆（Sixt von Arnim）将军和第 167 步兵师指挥官奥斯卡・沃格尔（Oskar Vogl）将军向马其诺防线派出多支巡逻队以了解法军会如何反应。6 月 15 日 7 时，德军占领了比利格和哈肯伯格之间的莱梅斯特鲁夫（Lemestroff），这两个要塞有足够火力将村镇炸成一个大弹坑，但任务被留给比利格要塞，守军使用 75 毫米和 135 毫米炮将德军宿营地“抹去”。10 时 30 分，在布宗维尔（Bouzonville），米歇尔斯伯格要塞的观察员们目击到一列摩托化火炮行军纵队向弗赖斯特罗夫（Freistroff）开进，5 号隔段的 75 毫米炮塔对道路倾泻了火力。此后德军没有任何机会前进，这一地区的道路也空无一人。

一支德军巡逻队接近了南库姆附属要塞，要塞守军整个冬天都在忙着清理附近树林。德军设法接近到距离他们仅有 100 米的地方。他们利用树木为掩护，在接近 1 号隔段时遭到法军自动步枪火力驱赶。在霍布林和科尔芬特要塞，守军同样与德军巡逻队发生交火。

福尔屈埃蒙要塞区——6月15日

德军第95步兵师穿过萨尔隘口并迂回到福尔屈埃蒙要塞区后方。6月16日，洛德雷方要塞指挥官德努瓦少校被告知德军第95步兵师一部已处于距离其后方10千米的曼维勒尔（Mainvillers），不久后发来的一份报告称德军骑兵正沿距离要塞后方4千米的雷德拉奇－特里特林（Redlach–Tritteling）公路开进。至少对于福尔屈埃蒙要塞区的守军而言，破坏并从防线撤出的计划在此刻似乎已经由于形势所迫而被取消了。

穿过萨尔隘口后，甘博迪上尉担心退路被切断。他派出几组小规模巡逻队，这些巡逻队在15千米外的迪梅林根与德军遭遇。甘博迪询问若利韦："德军现在是不是在15千米外？6月17日晚间22时他们会在哪里？"他也很清楚不会有撤退了。

罗尔巴赫要塞区——6月15日

罗尔巴赫要塞区是一个战斗力较强的要塞区，包括以下防御要塞工事：

比宁（Bining）次级要塞区：第166要塞步兵团〔指挥官为苏比维（Subervie）中校〕，含第2炮台守军连〔指挥官为朱哈内特（Jouhanet）上尉〕，包括以下防御要塞工事：

·"筑垒地域组织委员会"型炮台：辛格林西炮台、辛格林西北左炮台、辛格林西北右炮台。

·240——维尔朔夫要塞（指挥官为吕瑟塞特上尉）。

·比宁"筑垒地域组织委员会"型炮台。

·250——罗尔巴赫要塞〔指挥官为德·圣－费尔热（de Saint–Ferjeux）上尉〕。

·"筑垒地域组织委员会"型炮台：罗尔巴赫站（Station de Rohrbach）炮台、罗尔巴赫炮台。

德·莱热雷特（de Légeret）次级要塞区：第153要塞步兵团〔指挥官为莫文（Mauvin）中校〕，含罗尔巴赫要塞区的第3炮台守军连〔指挥官为斯特恩（Stern）上尉〕

·"筑垒地域组织委员会"型炮台：辛纳伯格（Sinnerberg）西炮台、辛纳伯格东炮台、小雷代尔尚（Petit-Réderching）西炮台、小雷代尔尚东炮台、希尔伯格（Seelberg）西炮台、希尔伯格东炮台、朱尼霍夫（Judenhoff）炮台、弗拉赫梅莱（Fröhmüle）炮台、霍尔巴赫炮台。

· 300——西姆塞霍夫要塞〔指挥官为邦拉龙（Bonlarron）中校〕。

· 莱热雷特炮台、莱热雷特掩蔽所、弗罗伊登贝格（Freudenberg）观察哨、弗罗伊登贝格掩蔽所、弗罗伊登贝格炮台、雷埃尔斯维勒（Reyersviller）掩蔽所。

· 前沿哨所：贝特维勒（Bettviller）、霍尔林（Hoelling）、维尔朔夫 / 卡佩伦霍夫（Kappellenhoff）、比特克堡（Bitcherberg）。

· 要塞工事房：斯克韦昂（Schweyen）。

比特克次级要塞区：第 37 要塞步兵团〔指挥官为科贝特（Combet）中校〕，含孚日要塞区的第 1 炮台守军连

· 350——西斯塞克要塞〔指挥官为斯托克尔（Stoquer）少校〕。

· 拉姆施泰因（Ramstein）西炮台、拉姆施泰因东炮台、城堡（Citadelle）观察哨。

· 400——奥特贝尔要塞〔指挥官为勒格劳内茨（Le Glaunec）上尉〕。

· 机场（Champ d'Aviation）西炮台、机场东炮台、金德尔伯格（Kindelberg）掩蔽所、罗切特（Rochat）西炮台、罗切特东炮台、小霍赫基尔炮台、大霍赫基尔西炮台、大霍赫基尔东炮台、勒坎普（Le Camp）掩蔽所。

6 月 15 日下午，罗尔巴赫小型步兵要塞指挥官德 · 圣 – 费尔热上尉奉命与奎兴（Guising）和奥尔费尔丁霍夫（Olferdingerhof）这两个前沿哨所取得联系，并向其派出两支巡逻队。前往奎兴的巡逻队于 2 小时后返回，但前往奥尔费尔丁霍夫的巡逻队却迟迟未归。1 号隔段的观察员们寻找这些人时，他们听到了步枪射击声。15 分钟后巡逻队中的两人返回，他们遭到了德军伏击，两人阵亡，一人受伤，一人被俘。更糟糕的是，德军掌握了前沿哨所于 6 月 15 日晚间撤离的命令，这一信息被传送到了第 262 步兵师。当天晚间法军前沿哨所遭到猛烈攻击，也许是因为德军了解到守军正在后撤，将其围困。最终前沿哨所被西姆塞霍夫和西斯塞克要塞的重炮所救，守军得以成功突围。德军还进攻了位于维尔朔夫小型步兵要塞前方的大雷德兴（Gros Rederching）的前沿哨所，夜间前沿哨所守军分成小股突围，向南加入第 166 要塞步兵团。

阿格诺要塞区

阿格诺要塞区指挥官施瓦茨中校在6月15日意识到他的要塞区将不会有撤退或者破坏行动。他从第5集团军司令部布尔雷特将军那里得到一条信息，该信息警告了一次可能从背后发起的进攻。阿格诺要塞区的新任务是坚守阵位并尽可能长时间地拖住德军以掩护后方的法军主力，当前处于要塞工事内的人员物资都不得调动。因此施瓦茨的任务就是在东北方向上拖住尽可能多的德军单位：以12000人对抗60000人，而要塞工事数量太多以至于无法悉数据守。一个放弃并摧毁隔段工事以缩短防线的提议由于德军第264步兵师〔指挥官为埃里克·丹尼克（Eric Danëcke）〕在黎明时分对法军第79和第23要塞步兵团据守的前沿哨所发起进攻而化为泡影。

6月15日2时30分，由保罗·梅耶（Paul Mayer）少尉指挥的7号前沿哨所遭到攻击，梅耶打出绿色和红色信号弹以便向奥博洛德恩发出进攻警报。7号隔段距离炮台防线最近，被2挺哈奇开斯机枪守卫。梅耶打电话给塞巴赫（Seebach）谷地的8号和9号前沿哨所，但都没有回应。突然，德军步兵出现，从8号前沿哨所方向向7号前沿哨所进攻，梅耶的2挺机枪开了火，但由于打出太多子弹导致过热而不得不进行冷却。梅耶呼叫了增援，但很显然整条防线都在遭到进攻。他之后呼叫了霍芬森林炮台的观察员，向其提供了德军位置。片刻之后，朔恩伯格要塞3号隔段的75毫米炮塔对8号前沿哨所开火，迫使德军退却。

在更东边的艾本巴赫（Ebenbach），法军第23要塞步兵团的隔段工事遭到猛烈轰击，法军士兵要么被迫退却要么阵亡。位于奥伯塞巴赫以北的隔段工事被Pak 37型反坦克炮击中，作为回应，亨利·安格莱斯（Henri Anglès）中尉指挥的霍赫瓦尔德要塞7比斯隔段打出40发炮弹，迫使德军停止突击。到7时，德军对基特尔肖夫附近进行猛烈炮击，德军伤员横七竖八地躺在铁丝网阵前。与此同时，德军再次出现在梅耶的前沿哨所背后的阿施巴赫，梅耶要求向8号前沿哨所方向再来一轮炮火支援。这次霍赫瓦尔德要塞6号隔段的3门75毫米炮台炮同时开火。

在特里姆巴赫附近，10号、11号和11比斯前沿哨所从3个方向遭到攻击。11号前沿哨所指挥官，同时也是第79要塞步兵团下属前沿哨所群指挥官的杨

（Jung）中尉打电话给位于第 4 炮台守军连指挥部的基内（Quinet）上尉，声称他无法再支撑更久，他的枪炮弹药即将告罄，并有被包围的危险。他要求基内如果认为他应当和部下一道撤退就在 17 时打出一发白色信号弹，他估计 17 时后他就将打光弹药。第 79 要塞步兵团第 1 营指挥官亨利少校命令所部坚决抵抗，信号弹从未被打出。10 号和 11 号前沿哨所守军坚守到 18 时 30 分才投降，而沙尔中尉所部则从 11 比斯前沿哨所突围。在 7 号前沿哨所附近，德军第 246 步兵师的推进被阻挡，霍赫瓦尔德要塞和朔恩伯格要塞共同向塞巴赫谷地打出了 5200 发炮弹。

第二天德军继续进攻，各要塞的火炮，尤其是安格莱斯中尉指挥的 7 比斯隔段和柯克德（Coquard）少尉指挥的 1 号隔段的 135 毫米炮塔，打出了 6~10 轮齐射。朔恩伯格要塞的 3 号和 4 号隔段的两个 75 毫米炮塔也表现不俗。德军对奥伯塞巴赫的攻势猛烈，但也付出惨重伤亡。

以下是鲁道夫对 6 月 15 日行动的描述：

一系列炮击在 3—4 时进行：朔恩伯格要塞向维森伯格东北出口打出 40 发炮弹，并向阿尔滕施塔特上方通道打出 40 发炮弹。2 时 50 分起，为盖斯贝格前沿哨所提供了支援炮火。

德军炮兵于 3 时开火，炮火集中于霍芬次级要塞区，导致村镇大面积起火，尤其是阿施巴赫。炮击过后，德军对前沿哨所发起进攻。在那里，少量守军占据阵位形成一个连规模，很难守卫。8 号和 9 号前沿哨所遭到全方位攻击，法军守军被逐出。德军从突破口涌入并包围了邻近的前沿哨所。4 时 48 分，朔恩伯格要塞对 7 号前沿哨所进行了火力支援，从 3 号隔段打出的 8 发炮弹使得德军中止进攻，但从里德塞尔茨到莱茵一线的进攻依然在继续。

5 时，奥伯塞巴赫隔段工事呼叫炮兵支援，15 分钟后，100 发炮弹被射向基特尔肖夫北和东北以缓解其防御压力。守军此起彼伏地呼救。德军此刻从阿施巴赫以东的 8 号和 9 号前沿哨所之间的缺口突入，向斯坦威勒进军。德军的主要进攻落在了 7 号前沿哨所。大约在 8 时 30 分，德军进入霍赫瓦尔德要塞 6 号隔段射程范围内。8 时 38 分，特里姆巴赫的各隔段（包括 10 号前沿哨所）的步兵坚守阵位，德军在铁丝网阵地前被打得七零八落。8 时 40 分，霍芬次级要塞区报告称奥伯塞巴赫东隔段遭到进攻，7比斯隔段打出50发炮弹，将德军驱散。8时45分，基特尔肖夫被敌军占领，需要进行支援，7比斯隔段打出80发炮弹，德军在付出多人伤亡后被逐出。大约在同一时间，朔恩伯格要塞向8号和9号前沿哨所开火，3号观察哨报告德军正在这一带机动以向7号前沿哨所发起进攻。

8时58分，7号观察哨目击到德军从弗罗纳霍夫（Fronackerhof）农场射来炮弹，德军正是从这里发起了对奥伯塞巴赫的进攻，该村位于战线德军一侧。霍赫瓦尔德要塞的6号隔段奥伯塞巴赫以南打出100发炮弹，德军正在那里寻找一条向北的道路以便包围奥伯塞巴赫东隔段工事。9时30分，德军使用一门Pak 37型反坦克炮向隔段工事射击孔射击，打死了达格纳特（Dagrenat）军士长。法军撤出了该隔段工事，退回到村镇西南的2号前沿哨所。这一消息与身在霍芬次级要塞区指挥所的集群指挥官有关，他决定发起反击。

在特里姆巴赫以东，一直确保与各前沿哨所和第23步兵团保持联络的11比斯前哨站由于友邻单位撤退导致侧翼暴露而被迫撤退。德军占领了埃伯巴赫村镇并进抵194高地，该高地是法军战线上至关重要的一处观察哨。只有S5炮兵连能打到该区域，该连打出140发炮弹，使得德军纷纷寻找掩护。为了加强炮兵支援，集群指挥官命令S1炮兵连的一门炮炮口转向东方以便能打到奥伯塞巴赫。

接下来的几个小时里，要塞和120L区域对依旧被德军占领的奥伯塞巴赫东隔段工事开火，夺回该隔段工事的反击正在进行。朔恩伯格要塞和霍赫瓦尔德要塞7比斯隔段共同提供了支援。到13时18分,3个炮台打出了80发炮弹，隔段被一名中士和6名士兵重新夺回，德军向东退回并挖掘战壕。

从此时已被德军占领的昂斯帕克（Anspach）出发，德军试图从南方包围7号前沿哨所。德军的一挺机枪被架在昂斯帕克钟楼上以支援进攻，但朔恩伯格要塞打出50发炮弹敲掉了这挺机枪。德军向奥伯塞巴赫进行了增援，法军141b指挥所要求提供支援以抵挡从塞巴赫谷地接近安斯帕克的德军步兵，朔恩伯格要塞的两个炮塔打出了100发榴霰弹。18时30分，德军从东北方沿一条低洼道路对7号前沿哨所发起进攻，随后又从南部进行了一次进攻，在那里，增援部队仍在涌入昂斯帕克，法军打出的150发75毫米和120毫米炮弹将德军击退。18 时，特里姆巴赫的 10 号和 11 号前沿哨所停止作战——他们打光了弹药。他们面对德军持续不断的进攻抵抗竟日，给予德军重大杀伤，并阻滞了其向南机动。整个夜间，朔恩伯格要塞的炮塔都在开火以支援 7 号前沿哨所，6 月 15 日总计打出 5200 发炮弹。

德军的主要目的是奥博洛德恩的防线突出部，在这里法军炮兵难以进行火力支援。德军对这一薄弱防御地带发动了非常猛烈的进攻，但收效甚微且伤亡惨重。德军没有发起夜袭，他们利用这一时间重组了队伍。

法军进行了非常顽强的抵抗，炮手们的操炮非常出色，尤其是在朔恩伯格要塞，火炮为处在德军毁灭性进攻下的法军提供了精准而快速的火力和强有力的支援。炮手们赤裸上身在闷炉般的炮室内操作，烈日直射在金属表面上。法军士气高涨，守军们意识到一场决战已经到来，而他们没有来自外界的帮助。

克吕斯内斯要塞区，C24 炮台——6 月 15 日

间隔部队的撤离使得观察员完成任务更加困难，此刻他们不仅需要对防线前方保持观测，连后方也要多加留意。夜间是最糟糕的时候，它能掩盖降落的伞兵或工兵向铁轨移动的踪迹，以及可能来自身后的威胁。在钟型塔里的观察员总是成对出动，在观察窗和潜望镜之间活动并且永远竖直耳朵。此刻守军每日的口粮实行定量供应，包括三分之二罐咸牛肉（boite de singe）、1.5 罐金枪鱼或者三分之二罐沙丁鱼、14 片饼干和 1 勺果酱。晚餐是由浓缩片剂冲泡而成的浓汤，饮料则是四分之一升的葡萄酒或者半夸脱的烧酒或者一升过滤水。

逃离防线——6 月 15 日

6 月 15 日晚间，有 3500 名守军从马其诺防线的蒂永维尔要塞区、伯莱要塞区和福尔屈埃蒙要塞区撤离：

易默尔霍夫——70 名士兵和 2 名军官于 23 时离开，之后穿越了荒无人烟的埃唐格 – 格朗德次级要塞区，期间马其诺防线的火炮朝他们身后开火并照亮了夜空。第二天他们到达梅斯。

奥博海德——24 名士兵和 2 名军官向梅斯进发并在那里被俘获。

莫尔万格——60 人分成 3 组，其中两组在梅斯被俘获，由马蒂厄（Mathieu）中尉率领的第三组于 6 月 17 日到达查姆斯。

加尔根贝格——121 人由阿尔伯特·布雷恩（Albert Brenn）中尉率领。

梅特里希——279 名士兵和 11 名军官乘坐被征用的车辆到达了诺梅尼（Nomeny），但不得不在穿越塞耶河（Seille）的高架桥上将车辆抛弃。

比利格——150 名士兵和乔治·米歇尔（George Michel）中尉于 6 月 16 日早晨到达圣朱利安勒梅斯（Saint-Julien-les-Metz），并于 6 月 17 日黎明时分到达诺梅尼，之后辗转到达南希（Nancy）。

罗雄维勒尔——不明数量的守军官兵于 6 月 25 日在靠近沃厄夫尔地区芒翁库尔（Manoncourt-en-Woëvre）被俘获，在那里他们被告知停战已经生效。

在接下来的几天里，仍然有部分马其诺防线守军试图撤离要塞，这样的行动一直持续到停战后的 7 月初。

第十一章
莱茵河防御，6月15日

莱茵河防御力量虚弱，缺乏纵深，但毫无疑问他们并不缺少数量。河岸被分入3个要塞区：巴斯–莱茵要塞区，包括从德鲁森海姆（Drusenheim）南部到迪博斯海姆一段60千米长的河岸；科尔马要塞区，包括一段直到布洛德斯海姆（Blodesheim）的50千米长的河岸；牟罗兹要塞区，包括一段直到康布（Kembs）的25千米长的河岸。

巴斯–莱茵要塞区包括〔后缀数字是一些莱茵隔段的专属编号；斜杠（/）后的数字表示防御线——第一道、第二道和第三道〕：

斯特拉斯堡次级要塞区：第172要塞步兵团〔指挥官为勒穆埃尔（Le Mouel）中校〕，含巴斯–莱茵要塞区的第3、第4炮台守军连：

第3炮台守军连防区包括第一道防线（莱茵河两岸的炮台），计有用于守卫凯尔桥（Pont de Kehl）的7个“筑垒地域组织委员会”型炮台和一个“工程技术部”型炮台；另有金齐格（Kintzig）北炮台、金齐格南炮台、石油盆地（Bassin-aux-Pétroles）炮台、斯波雷宁塞尔（Sporeninsel）炮台、工业盆地（Bassin-del'Industrie）炮台、凯尔桥隔段工事、赛马场（Champ de Courses）炮台和小莱茵（Petit Rhin）炮台。

第4炮台守军连驻守穆绍（Musau）炮台、鲁绍（Ruchau）炮台、哈克梅瑟格伦德（Hackmessergrund）炮台、罗尔肖伦（Rohrschollen）炮台、派桑斯（Paysans）炮台、客栈（L'Auberge）炮台、克里斯蒂安（Christian）炮台和第三道防线炮台斯塔尔（Stall）18/3炮台和哥萨克（Cosaques）19/3炮台。

埃尔斯坦次级要塞区：第34要塞步兵团〔指挥官为布罗卡德（Brocard）中校〕，含巴斯－莱茵要塞区的第5和第6炮台守军连：

第5炮台守军连：第一道防线——戈尔斯塞姆北炮台、戈尔斯塞姆中炮台、戈尔斯塞姆南炮台；第二道防线（掩蔽所防线）——朗科普夫（Langkopf）10/2掩蔽所、朗格兰德（Langgrund）10比斯/2掩蔽所；第三道防线（村镇防线）——普洛布塞姆20/3炮台、上图莱里（Tuilerie d'En Haut）21/3炮台、戈尔斯塞姆22/3炮台。

第6炮台守军连：第一道防线——莱茵劳（Rhinau）北炮台、莱茵劳中炮台、莱茵劳南炮台；第三道防线——欧本海姆磨坊（Moulin d'Obenheim）23/3炮台、齐格霍夫（Ziegelhof）24/3炮台、诺伊格拉本（Neuergraben）25/3炮台、弗里森海姆（Friesenheim）27/3炮台、奥伯威特（Oberweidt）27比斯/3炮台。

科尔马要塞区包括：

埃尔森海姆（d'Elsenheim）次级要塞区：第42要塞步兵团〔指挥官为丰卢普特（Fonlupt）上校〕，含科尔马要塞区的第1和第2要塞守军连。

第一道防线：利奥波德（Léopold）53/1掩蔽所、斯绍埃诺（Schoenau）北52/1炮台、斯绍埃诺中51/1炮台、斯绍埃诺南50/1炮台、林伯格（Limbourg）北49/1炮台、林伯格桥46a/1掩蔽所、林伯格南46/1炮台、斯蓬内克（Sponeck）北45/1炮台、艾斯瓦瑟科普夫（Eiswasserkopf）40/1炮台。

第二道防线：斯绍埃诺小莱茵（Abri Schoenau Petit–Rhin）15/2掩蔽所、林伯格农场16/2掩蔽所、斯蓬内克奥博格（Sponeck Auberge）18/2掩蔽所。

第三道防线：里德（Ried）28/3炮台、埃斯佩里恩瓦尔德（Esperienwald）北29/3炮台、埃斯佩里恩瓦尔德南30/3炮台、纳奇韦德（Nachweidt）30比斯/3炮台、萨阿瑟南（Saasenheim）31/3炮台、里克托尔桑（Richtolsheim）32/3炮台、马尔科尔桑（Marckolsheim）北34/3炮台、马尔科尔桑南35/3炮台、阿尔滕海姆（Artzenheim）北36/3炮台、阿尔滕海姆南37/3炮台、巴尔岑海姆（Baltzenheim）炮台。

德森海姆（Dessenheim）次级要塞区：第28要塞步兵团〔指挥官为罗曼（Roman）中校〕，含科尔马要塞区的第3和第4要塞守军连。

第一道防线：莫特尔（Mortier）堡32/1炮台、新布里萨赫船桥（Pont de

Bateaux de Neuf–Brisach）31/1 炮台、新布里萨赫铁路桥（Pont Rail de Neuf–Brisach）30b / 1 掩蔽所、新布里萨赫铁路桥北 30/1 炮台、新布里萨赫铁路桥南 29/1 炮台、奥奇申科普夫（Ochsenkopf）北 27/1 炮台、奥奇申科普夫南 24/1 炮台、盖瓦瑟（Geiwasser）北 23/1 炮台、盖瓦瑟南 22/1 炮台、曼格斯海姆 – 莱茵（Mangsheim Rhin）21/1 炮台、斯坦因胡贝尔（Steinhubel）17 / 1 炮台、格罗斯格伦（Grossgrun）16/1 炮台。

第二道防线：犹太人公墓（Cimetière des Juifs）21/2 掩蔽所、拉锡雷恩（La Sirène）23/2 掩蔽所、沃格尔格伦（Vogelgrün）24/2 炮台、盖瓦瑟村（Geiwasser–Village）25/2 掩蔽所、纳姆布斯海姆 – 迪格 26/2 掩蔽所。

第三道防线：库恩海姆（Kunheim）北 39/3 炮台，库恩海姆南 40/3 炮台、北海姆（Biesheim）北 41/3 炮台、北海姆南 42/3 炮台、阿尔戈斯海姆（Algolsheim）北 44/3 炮台、阿尔戈斯海姆南（东）49/3 炮台、纳布斯海姆（Nambsheim）北 47/3 炮台、巴尔格南（Balgau Sud）49/3 炮台、费森海姆（Fessenheim）北 50/3 炮台、费森海姆南 51/3 炮台、圣科洛姆贝教堂（Chapelle Ste–Colombe）52/3 炮台、布洛代尔桑（Blodelsheim）北 53/3 炮台、布洛代尔桑中 54/3 炮台、布洛代尔桑南 55/3 炮台。

牟罗兹要塞区包括：

施利巴赫（Schliebach）次级要塞区：第 10 要塞步兵团加上第 10 要塞步兵团下属要塞守军连和第 104 要塞步兵师下属第 5 要塞守军连。

第一道防线：查兰佩 – 勒巴斯（Chalampé-le-Bas）14/1 炮台、阿梅森根德（Ameisengründ）13b/1 炮台、查兰佩 – 贝尔热（Chalampé Berge）北 11/1 炮台、查兰佩船桥（Pont de Bateaux de Chalampé）8b/1 掩蔽所、查兰佩铁路桥（Pont Rail de Chalampé）北 8/1 掩蔽所、查兰佩铁路桥南 7/1 掩蔽所、查兰佩 – 贝尔热南 6/1 炮台。

第二道防线：查兰佩西北 34/2 炮台、查兰佩西南 35/2 炮台。

第三道防线：鲁默斯海姆（Rumersheim）北 56/3 炮台、鲁默斯海姆南 57/3 炮台、班岑海姆（Bantzenheim）北 58/3 炮台、班岑海姆南 59/3 炮台、奥特马尔海姆（Ottmarsheim）北 60/3 炮台、奥马尔海姆南 61/3 炮台、霍姆伯格（Hombourg）北 62/3 炮台、霍姆伯格南 63/3 炮台、“工程技术部”型隔段工事哈德特南 66 号和索伦茨（Sauruntz）77 号。

自从6月13日法军第二集团军群总撤退以来，莱茵河守军就陷入孤军奋战的局面，只剩下一支轻装掩护部队被留下殿后以掩护主力撤退。莱茵河防御由7个营和18门火炮组成，炮台武器只能近距离射击，而德军火炮却能有数百米射程。多尔曼将军指挥的德军第7集团军下辖7个师，并能获得300门火炮迎战法国。700艘突击艇可用于搭载德军迅速渡河以建立起桥头堡并架设起临时浮桥以便主力部队和车辆通过。

德军第37军〔指挥官为阿尔弗雷德·瓦格（Alfred Wäger）将军〕主力为2个师：第218步兵师〔指挥官为格罗特（Grote）将军〕和第221步兵师〔指挥官为普弗贝尔（Pflugbeil）将军〕，由北向南依次为：

第218步兵师——第397步兵团〔指挥官为冯·布谢（von Busse）上校〕下辖的一个营从魏斯韦尔（Weisweil）西侧穿插到斯绍埃诺南部。第386步兵团〔指挥官为马尼蒂乌斯（Manitius）上校〕下辖的两个营从怀伦（Whylen）以西穿插到马肯海姆（Mackenbeim）。

第221步兵师——第360步兵团〔指挥官为克洛肯布林（Klockenbring）上校〕下辖的两个营在林伯格进行穿插，并与第386步兵团一道进攻法军第42要塞步兵团第1营〔指挥官为克罗布（Culomb）少校〕。第350步兵团〔指挥官为科赫（Koch）上校〕下辖的两个营进攻由法军第42要塞步兵团第2营〔指挥官为加涅克斯（Gagneux）少校〕守卫的通往阿尔滕海姆道路上的区域。

第33特设军级司令部〔Höheres Kommando z.b. V XXXIII，指挥官为格奥尔格·布兰德特（Georg Brandt）将军〕下辖的第239步兵师〔指挥官为诺伊林（Neuling）将军〕掩护进攻的南翼。第441步兵团〔指挥官为哈克尔（Hacker）上校〕下辖的两个营伴随两个营的工程兵在阿尔滕海姆和巴尔岑海姆之间的法军第42要塞步兵团第2营防区内建立起一个桥头堡，第327步兵团〔指挥官为德雷伯（Drebber）上校〕下辖的2个营和1个工兵营进攻由尼诺乌斯（Ninous）少校指挥的法军第9比利牛斯轻步兵营[①]所防御的库恩海姆。

第33军第552步兵师第623步兵团〔指挥官维特罗德（Veterrodt）上校〕

① 比利牛斯轻步兵营在编制上与阿尔卑斯轻步兵营相同，除了缺少滑雪侦察排。这一区别在第4半旅的营被指派给阿尔卑斯集团军后结束，该半旅的每个营都组建了一个排，而人员来自被向北调动的阿尔卑斯步兵团留下的滑雪巡逻队。

负责进攻莱茵河畔布里萨赫（Vieux-Brisach），并在那里为第556步兵师架设起一座桥梁，以便向法军第28要塞步兵团第1营〔指挥官为查佩（Chappey）少校〕防御的新布里萨赫（Neuf-Brisach）进军。

卡尔·里特尔·冯·普拉格（Karl Ritter von Prager）将军的德军第25军下辖的第557步兵师将在斯特拉斯堡（Strasbourg）发起两次牵制性进攻，第一次是进攻旺特泽诺（Wantzenau），第二次则是进攻莱茵劳附近。第555步兵师同样在南部进攻时对斯特拉斯堡以北发动了佯攻。沃德特（Wordt）中校的第633步兵团进攻莱茵劳，其中格拉腾堡（Galttenberg）上尉的第633步兵团第3营为进攻矛头，其后则是基瑟尔（Kissel）中校的第633步兵团第2营和霍夫迈斯特（Hoffmeister）少校的第633步兵团第1营。

被称为“小熊行动”的进攻作战被分为两个阶段进行。6月14—15日夜间，突击部队进入德国一侧河岸阵地，对从斯绍埃诺到新布里萨赫的30千米正面的炮击于9时开始。88毫米高射炮和Pak 37型反坦克炮对莱茵河河岸上的法军炮台进行近距离射击，此时法军炮台仍能进行回击。德军炮手将火炮直接瞄准钟型塔和射击孔，在将其迅速消灭后，法军炮台丧失了所有观测能力。加尔切里（Garchery）隔段工事遭遇了相同的命运，被高初速炮弹打得千疮百孔。炮击仅仅持续了10分钟，炮台群就迅速失去了战斗力。

9时20分，德军突击部队在浓雾掩护下渡河，法军部队尤其是斯绍埃诺南炮台进行了坚决抵抗，导致德军进攻一度停滞。德军火炮之后瞄准斯绍埃诺以南的隔段工事群开火，渡河德军沿这一方向机动以建立起一个桥头堡。

德军第221步兵师第360步兵团第1营指挥官波尔（Pohl）上尉惊愕地看到迪希库尔（Dichschädel）炮台被毁灭，一发88毫米高射炮弹击中炮台正中央的正面，随后的3发炮弹击中了相同的弹着点并发生跳弹，而第四发炮弹又命中了同一弹着点，在混凝土表面打开了一个小缺口。之后命中的炮弹扩大了缺口，炮台内充满了烟雾。第七发炮弹射入炮台内部后消失不见，而第八发炮弹在内部爆炸，制造出令人印象深刻的画面。

在邻近马尔科尔桑的左翼，德军第221步兵师奉命夺取法军第42要塞步兵团阵地，德军摧毁了该防区的隔段工事，法军的人员伤亡和要塞受损情况如下：

G10——8 人阵亡；

G11——守军被俘获；

G12——守军突围；

G14——守军突围前有 4 人阵亡。

船桥（Pont-de-Bateaux，CM 31/1）炮台——由格罗斯佩林（Grosperrin）少尉指挥，炮台表面被德军炮火打得千疮百孔，整个钟型塔暴露在混凝土层之外。

盖斯瓦瑟（Geiswasser）北的 231 号炮台——情况与船桥炮台相同，钟型塔悬在半空，而包裹在外的混凝土层被摧毁。

之后，德军扫荡了沿岸仍在继续抵抗的剩余法军炮台，法军伤亡情况如下：

林伯格北（49/1）——3 人阵亡；

林伯格桥掩蔽所（46/a1）——2 人阵亡，其中包括指挥官格吕内瓦尔德（Grunewald）中尉；

斯蓬内克北（45/1）——1 人阵亡；

斯蓬内克南（41/1）——2 人阵亡，但炮台坚守了较长时间。

在解决了以上要塞攻势后，德军涌入了莱茵森林并冲向阿尔滕海姆炮台和巴尔岑海姆炮台所在的主防御防线，登陆法国一侧河岸不到一小时，德军就开始在林伯格架起一座浮桥。

在科尔马要塞区更南端的新布里萨赫，德军第 239 步兵师面对法军第 9 比利牛斯轻步兵营，第 554 步兵师第 623 步兵团面对第 28 要塞步兵团，而第 556 步兵师则面对第 10 比利牛斯轻步兵营。第 623 步兵团试图渡河到达右岸，但面临着来自未被消灭的隔段工事的抵抗，加上法军还拥有这一区域的野战炮兵连的支援，因而举步维艰。德军被压制在河岸上，伤亡不断增加，布兰德特将军叫停了行动。

“小熊行动”的第二阶段于 13 时在法军第 103 要塞步兵师正面打响，执行进攻的是德军第 25 军第 557 步兵师第 633 步兵团。德军迅速渡过莱茵河并迅速消灭了河岸上的法军隔段工事和莱茵劳北炮台。莱茵劳南炮台继续坚守，但无法阻止德军向莱茵河河岸后方的村镇进军。德军于 17 时占领了齐格霍夫炮台，到了晚间，德军已经实现渡过莱茵河并在法国领土上站稳脚跟的目标，但他们并未达成其主要目的——莱茵—罗纳（Rhine-Rhone）运河。当天最成功的行动是包括第633步兵团进军村镇防线的第二步行动。

6月16日早晨，“小熊行动”仍在继续，德军向村镇防线进攻，“斯图卡”加入了攻击并接连炸毁了几个仍在河岸上坚决抵抗的炮台。飞行员在射击孔前投下500千克炸弹，企图用各种瓦砾碎片将其堵塞，炸弹爆炸震撼着炮台并严重影响了守军的士气。持续不断的轰击产生了预期的效果。要塞射击孔被损毁或是阻塞，导致炮台无法持续坚守。此后不久，莱茵劳南炮台、斯绍埃诺南炮台和莱德桥（Pont-Raid）南炮台被拿下，而斯绍埃诺北炮台和阿尔滕海姆北炮台守军也撤离了。巴尔岑海姆炮台指挥官森特尔（Senter）中尉被一枚在射击孔前爆炸的炸弹炸死，机枪也在爆炸的气浪中被冲入炮室。守军很快放弃抵抗。

34/3号炮台——马尔科尔桑北是一个M2F型“筑垒地域组织委员会”型双炮台，由吉尔伯特（Guilbot）军士指挥，21名守军来自第42要塞步兵团第2要塞守军连。炮台被德军炮兵和航空兵命中，并遭到携带炸药包的德军工兵攻击。这次进攻导致9名法军士兵阵亡。炮台被摧毁，大块的混凝土被炸碎；炮台内被烧毁，内部弹药发生殉爆。一些说法提到德军工兵使用了一支火焰喷射器，但无论法军还是德军报告都没有提到有火焰喷射器的出场。

35/3号炮台——马尔科尔桑南是一个“筑垒地域组织委员会”型炮台，该炮台带有两个用于容纳JM/AC47和两挺双联装机枪的射击孔以及3个用于容纳自动步枪的射击孔，另外还配有1个双联装机枪钟型塔和1个A型自动步枪哨戒钟型塔（装有自动步枪和50毫米迫击炮）。炮台守军有30人，指挥官为马洛伊斯（Marois）中尉。6月16日，炮台遭到空袭。6月17日，德军第221步兵师从马尔科尔桑方向发起进攻，该地由克罗布少校的法军第42要塞步兵团第1营防御。34/3号炮台和35/3号炮台阻挡了德军第360步兵团的进攻步伐，但德军推出了一门88毫米高射炮。这门炮对准35/3号炮台钟型塔直射，加上轰炸后留下的大弹坑，掩护了德军工兵摸近炮台。到达炮台后，他们将炸药包扔进钟型塔射击孔，烟雾开始从炮台内涌出。海因特克（Heintke）中士携带一个25千克炸药包悄无声息地沿着隔段外墙向火炮射击孔接近，他到达中央射击孔时那里正在向进攻者喷射机枪子弹。海因特克将炸药包从开口处扔进去，引爆了起爆器，引发了巨大的爆炸，之后又有一股火焰喷出，震撼了炮台地基。守军有一人阵亡，其他人无法呼吸，马洛伊斯于 18 时宣布投降。

6 月 16 日晚间，在马尔科尔桑，防御线遭到进攻，但作为坚固支撑点的该村镇依然在坚守，德军的进攻被推迟到第二天进行。到了深夜，法军第 104 要塞步兵师接到命令撤往孚日地区由第 54 步兵师设置的防御后方，该师于 6 月 17 日 7 时执行了撤退命令。由此德军向科尔马进军。

6 月 17—18 日夜间，由于德军突破莱茵河并向斯特拉斯堡推进，该城市被疏散，而沿河所有可能被摧毁的铁路和公路桥都被摧毁殆尽。疏散斯特拉斯堡城后，巴斯 - 莱茵要塞区的莱茵河炮台也被撤离，而炮台则被破坏并放弃，这反过来暴露了施瓦茨中校指挥的阿格诺要塞区的整个右翼。为避免被包围，施瓦茨决定在破坏要塞区的炮台后将第 70 要塞步兵团的单位从艾尔利塞姆次级要塞区撤往阿格诺森林（Haguenau Forest）。

总结——6月14—16日的作战

要判断莱茵河和萨尔作战的防御价值是困难的，因为到德军发起进攻时，由于法军主力撤退，阵地防御已经大打折扣。在萨尔要塞区，需要大量人力维持的防御被严重削弱，法军短暂地阻滞了德军，但他们最终被命令撤退。防御莱茵河的部队没有炮兵支援以击退渡河德军，而且莱茵河岸和炮台防线之间的距离太宽，使得德军能够快速穿越、巩固阵地并继续推进。莱茵河阵地从未被侧翼炮台加强，侧翼的 75 毫米炮无法阻止渡河，但能阻滞后续推进。失败的关键又是缺少间隔部队。

在突破了莱茵河和萨尔防御后，德军此刻不仅能够向南推进并追击撤退法军，还能进行迂回并从后方进攻马其诺防线。德军第 95 步兵师开始在福尔屈埃蒙要塞区后方进行部署，并向伯莱要塞区后方推进。第 262 步兵师向东推进以便迂回到罗尔巴赫要塞区后方。几个较小的要塞将在未来几天遭到严峻考验。

在更靠西的位置，德军利用被放弃的马维尔高原包围了克吕斯内斯要塞区并向蒂永维尔推进。德军尝试了强行从杜福尔森林小型步兵要塞和莫瓦伊斯森林小型步兵要塞之间强行突破防线的可能性，而最终则是派出第 183 步兵师经由诺尔斯高原迂回到目前已经没有法军的要塞后方。这一部署从6月14日开始，并且终结了克吕斯内斯要塞区部队的撤退计划，他们被分割并将就地作战。

另一方面，在蒂永维尔要塞区、伯莱要塞区和福尔屈埃蒙要塞区，措施B按计划被付诸实施。炮兵、掩护部队和在要塞中并不担负至关重要任务的守军在6月14日晚撤出阵地,阵地炮兵无法移动他们的火炮(缺少驮马或机动车辆),被迫将其破坏并扔在身后。步兵的状况也好不到哪儿去，很多士兵被包围在德军的合围圈中。

由于撤退时的混乱局面，伯莱要塞区的部队曲解了命令，导致了进一步的混乱。昂泽兰要塞指挥官吉尔伯特上尉命令他的部下和其他由他指挥的工作人员开始破坏装备，这本该是根据措施C进行的，而吉尔伯特却提前了2天下达命令。霍布林、波瑟森林、昂泽兰和贝伦巴赫（Berenbach）要塞的技术人员投入工作并开始破坏武器。幸运的是，一道反制命令被下达以阻止破坏，但对波瑟森林要塞来说命令来得太迟了，拉莫德上尉的部下已经开始破坏，尤其是破坏了电话交换机。夜间，要塞被放弃，两夜后守军在梅斯以东被俘。

第二天，也就是6月15日，科钦纳德上校将其指挥所从海耶斯转移到了昂泽兰。他下达了新指示：措施B（撤出炮兵）于当日20时执行，但措施C被暂停直到收到新命令。要求守军留在要塞内并就地抵抗的命令来自孔代将军的第3集团军。

在福尔屈埃蒙要塞区，8个间隔炮台[①]的守军在按计划进行了破坏后放弃了他们的阵位。唯一遏止当前态势的措施是由洛德雷方要塞的几名守军重新占领四方南炮台，以便能掩护圣－阿沃尔德公路。洛德雷方要塞指挥官派出了几名守军占领了艾因塞灵的炮台群。6月16日下午，德军已经牢牢占据要塞防线后方位置，吉瓦尔将军下令在第二天撤离要塞，但此时形势已更为恶化。德努瓦主动取消了该命令，下令就地抵抗。

在萨尔要塞区，德军的推进使得法军撤退的企图化为泡影，一些法军部队仍然有机会撤出，譬如上普里耶尔要塞和其周围的5个炮台。若利韦少校发现维尔朔夫要塞被下令就地抵抗，一时不知所措。最终，在与西姆塞霍夫要塞指挥官邦拉龙中校取得联系并在无线电台中听到贝当呼吁停战之后，若利韦取

---

① 分别为邦比代尔斯特罗北和邦比代尔斯特罗南炮台、艾因塞灵北和艾因塞灵南炮台、夸特文茨北和夸特文茨南炮台以及洛德雷方北和洛德雷方南炮台。

消了撤退命令，选择就地抵抗。

在比特克要塞区、孚日要塞区和阿格诺要塞区内的法军第 5 集团军正面，因为向东推进的德军到这里仍有一定距离，因此仍然存在撤退可能，但突破萨尔和莱茵河造成的后果将导致布尔雷特将军下令要塞部队就地抵抗。这将形成一个“壁垒”（rampart），以对抗撤退中的法军身后的德军。

在阿格诺要塞区，施瓦茨中校已经了解到德军并不打算被动等待，因为法军主力的撤退给他们留下了可以自由通行的道路。

为最后战斗做准备的马其诺防线

很快事态就明显了，马其诺防线上的剩余要塞将不会被破坏并放弃；取而代之的是它们的守军将战斗到底——究竟什么是“底”还是个未知数：被围困？被攻克？突围？或者像拉法耶特要塞的守军那样死在坑道里？

要塞群做好了正面进攻的准备，并且武装到了牙齿，德军在每个独立观察哨和要塞工事的防区内都受到监视。每条通往主防御防线的路线、每一棵树、每条河道、每条道路或建筑都被标注在地图上，并且能在几分钟内被炮弹击中。75 毫米炮台隔段提供了侧射火力以掩护间隔，炮台装备了火炮和机枪。火力死角被 50 毫米、81 毫米和 135 毫米迫击炮覆盖。对前沿的各种火力覆盖堪称完善，而对后方的防御则称不上完善，后方很少存在火力覆盖，而敌人有可能从后方发起进攻。在几乎所有情况下，指挥官们都没有为这样的可能做准备。

比特克集群的大霍赫基尔要塞指挥官法布雷少校是其中一个采取措施应对全方位包围的指挥官。整个集群包括第 154 要塞步兵团的炮台，这些炮台都在大霍赫基尔要塞的 4 号隔段的 75 毫米炮塔的保护下，而后方防御包括定期向后方和比特克营地（Camp de Bitche）方向派出巡逻队。法布雷在判断德军会从哪个方向进攻，希望巡逻队能阻滞其推进。一个工兵分队的指挥官波拉克（Bollack）中尉通过在道路上用炸药炸出大弹坑的方式切断了通往要塞的道路，而铁路桥也被摧毁，留在巴恩施泰因（Bannstein）火车站的补给物资则被付之一炬。什么也不会留给德军——物资、弹药抑或食物。

一组工程兵被送入沃尔夫沙登森林（Bois de Wolfschaden）以砍伐、焚烧和炸毁尽可能多的阻碍观察员视线的树木。轻质营房里用汽油罐和手榴弹制成了只要德军接近就会引爆的诱杀陷阱，巡逻队搜查了被放弃的隔段工事，带回了几挺机枪、自动步枪和步枪外加数千发子弹和数百枚手榴弹。铁丝网阵地宽度从入口到要塞增加到原来的3倍，而在弹药库入口处设置了3排反坦克轨条阵。人员入口处交通壕内用泥土填埋了一半，并且还埋设了一枚可通过电击发方式引爆的地雷。最后，装甲门前堆放了沙袋以吸收轰击时产生的震动。一门47毫米海军炮被安装在回廊上，炮口对准弹药入口的格栅。

不幸的是，其他指挥官并没有采取和法布雷相同的举措，巴姆贝斯赫要塞和科尔芬特要塞未能将其后方的茂密植被清理，这将在接下来的几天里极大程度上导致这些要塞的迅速陷落。

第十二章
东部法军的终结

从6月13日开始，4个法军集团军（第2、第3、第5和第8集团军），下辖11个军，试图转进并在更南的地区建立起一条新防线。在左翼的第3集团军防区内，德军很快识破了法军企图，派出摩托化部队尾随法军，使得法军撤退受到压制。与此同时，右翼的第四集团军群试图在维特里－勒弗朗索瓦—圣梅内乌尔德（Vitry-le-François–Sainte-Menehould）建立起一道防线以阻止德军合围马其诺防线。而在中央位置，撤退在要塞的保护下进行，因此法军部队在没有任何德军压力的情况下撤退。

6月14日，形势发生了戏剧性的转变，德军第1装甲师占领了圣迪济耶，切断了连接法军第四集团军群和第二集团军群的脆弱防御带。这一突破给德军带来了进行战斗的新思路，他们决定派出古德里安的装甲部队直插法瑞（士）边境，而克莱斯特的集群则朝第戎和里昂方向推进。装甲部队如入无人之境般向目标迅速推进，而法军却只能徒步前行。

左翼，法军第21军吸纳了杜比松行进集群（Marching Group Dubuisson，包括法军第3轻骑兵师和博泰尔轻型师），该军在凡尔登前线投入作战，并在304高地和“死亡者之地”（Mort-Homme）进行了激烈交战。6月15日，凡尔登落入德军之手，法军形势更加恶化。古德里安的装甲集群越过索恩河（Saône）并威胁要关闭此时仍然开放的唯一一处法瑞边境通道，而在萨尔和莱茵河的突破同样迫使法军且战且退，德军则对法军后卫紧追不舍。

撤退中的要塞部队希望能到达马恩－莱茵运河，然后从摩泽尔河畔帕格尼（Pagny–sur–Moselle）到卢策尔堡（Lutzelbourg）建立起一道新的防御防线，并控制图勒 – 南希（Toul–Nancy）桥头堡。在6月17日，弗洛里安行进师的要塞部队在福格（Foug）和利文顿（Liverdun）之间的马恩 – 莱茵运河和摩泽尔河上建立起防御。与此同时，法军第51步兵师在默兹河以西建立起防御，而第58步兵师则在默兹河以东建立起防御。后两个单位刚刚在第42要塞军协助下脱离了凡尔登地区，并在右翼得到了下辖两个行进师——来自蒂永维尔要塞区的普瓦索行进师和来自伯莱要塞区的贝塞行进师——的法军第6军的掩护。6月15日上午，这两个行进师到达了迪奥考特（Thiaucourt）—蓬阿穆松（Pont–a–Mousson）—德尔梅（Delme）一线。6月17日，普瓦索行进师占据了南希西南的阵地，而贝塞行进师则在默兹河畔弗拉维尼（Flavigny–sur–Meuse）和圣尼科拉德波尔（Saint–Nicolas–du–Port）之间进行了重组。

法军第20军位于法军部署的中心位置，包括吉鲁德行进师（来自福尔屈埃蒙要塞区）和达格南行进师（来自萨尔要塞区）。吉鲁德集群经由德尔梅—沙托萨兰（Château-Salins）撤退，并在6月15日晚间驻扎于此。达格南集群向阿尔特维尔（Altviller）进发，并从6月16日晚间开始在赫罗考特（Hellocourt）和贡德勒克桑格（Gondrexange）之间驻扎。在更东边，第43要塞军由两个行进集群组成，这两个集群在6月16日晚间分别通过德鲁林格—萨尔堡（Drulinger–Sarrebourg）轴线（沙特内行进师）和拉 – 佩蒂特 – 皮埃尔—法尔斯堡（La-Petite-Pierre – Phalsbourg）轴线（圣沙梅行进师）撤退。第43要塞军在运河上驻扎，沙特内行进师在贡德勒克桑格池塘（Étang de Gondrexange）到黑森（Hesse）之间驻扎，而圣沙梅行进师则在黑森到阿尔茨维勒（Artzwiller）之间驻扎。

6月17日，贝当元帅出乎所有人意料地通过无线电台向部队宣布："我痛心疾首地告诉你们，我们必须停战。"这一声明让官兵们刚刚鼓起的士气顿时消失。而让事态变得更糟糕的是——好像事情总能变得更糟糕——古德里安集群的部队关闭了通往东部部队的大门。就在6月17日8时，第29摩托化步兵师的一支附属侦察队到达了蓬塔利耶附近的法瑞边境，9时，该师先头部队进入城镇。德军继续向南推进，发现自己处于侏罗山要塞区的拉蒙特防御（法语中Supérieure意为高地要塞，Inférieure意为低地要塞）的末尾位置和茹堡（Fort du Joux）位置，后者被法军第 23 非洲轻步兵营（Bataillon d'Infanterie Légère d'Afrique，BILA）和第 170 阵地炮兵团据守。拉蒙特高地要塞遭到炮击，于 20 时左右宣布投降，而茹堡则一直坚守到 6 月 24 日。为了避免这种灾难性的局面，孔代将军制定了一项计划以阻止德军渡过运河。第 20 军和第 43 要塞军被选中在这一困兽犹斗的局势中牺牲自我。

德军对马恩 – 莱茵运河的进攻于 6 月 18 日上午展开，运河被一层浓雾覆盖，德军主攻方向为法军第 43 要塞军正面。攻击以一轮猛烈轰击开始，随后是一轮步兵进攻。德军的目的是在法军第 37 要塞步兵团据守的赫明（Hemin）和克苏阿克桑格（Xouaxange）渡过运河，而第 37 要塞步兵团则被迫退回到洛尔屈安—朗当格（Lorquin – Landange）一线。

在左翼的法军第 133 要塞步兵团同样被迫撤回到弗朗索瓦港（Port du Col des Français），但组织起一次反击，阻止了德军推进。第 133 要塞步兵团于晚间继续后撤。在遭到突破之前，莱斯坎尼将军决定改变其阵位。晚间，沙特内行进师转向孚日山正面以阻止德军从西方攻入。

激烈的战斗在位于北部法军第 6 军正面的迈歇（Maixe）（第 7 步兵师据守）和安热赖（Aingeray）展开，前者落入德军之手，而后者则是德军在当天下午早些时候拿下南希前渡过摩泽尔河的渡河地。当天下午结束时，第 6 集团军受到来自东方的压力，仍有能力战斗的单位在圣尼古拉港（Saint–Nicolas–du–Port）的默尔特河上建立起一道防线。6 月 19 日上午，普瓦索行进师在位于圣文森特桥（Pont–Saint–Vincent）的摩泽尔河上，而贝塞行进师则位于圣尼古拉港的默尔特河上，进攻使得德军得以在罗西埃奥萨利内（Rosières-aux-Salines）的高地上突破法军防线。普瓦索行进师余部加入了贝塞行进师，向阿鲁埃（Haroué）和巴戎（Bayon）后撤。

第 43 要塞军处于同样糟糕的境地，在德军的挤压下，圣沙梅行进师后撤至哈尔茨威勒（Harzwiller）和阿塞尔布尔（Hazelbourg），并在当天结束时在阿布雷什维勒（Abreschwiller）化整为零。而沙特内行进师则向巴顿维尔斯（Badonvillers）—拉翁莱塔佩（Raon L'Étape）一线且战且退，于 6 月 20 日向后转向以应对来自贝特龙比斯（Bertrambois）、圣屈伊兰（Saint–Quirin）和鲁普特 – 德 – 达梅斯（Rupt–des–Dames）的德军。6 月 20 日，贝塞行进师的人员在杰蒙维尔斯（Germonvillers）附近被俘获。

在6月21日晚间，除了一系列同样在当日被逐渐收紧的口袋之外，有组织抵抗基本结束。在南希，负责指挥在南希和图勒直接被围部队的杜比松将军麾下仍然有来自8个不同师的68000人，但部队士气非常低，战斗意愿同样很低。到了6月21日晚间，杜比松命令其参谋长普拉卡德（Plaicard）上校与德国人取得联系以商定停火。普拉卡德与德军第212步兵师指挥官恩德雷斯（Endres）将军进行了会谈，后者同意在第二天上午举行一次和谈。杜比松同时派遣第3轻骑兵师步兵指挥官库森（Cuzon）上校与德军第36军指挥官菲格（Feige）将军进行接触。菲格并不像其下属那样爽快，他要求法军无条件投降，而库森未经谈判就同意了。投降文件于6月22日15时30分签署。

法军第43要塞军指挥官莱斯坎尼将军麾下尚有3万人，他此刻驻扎在唐隆山口（Col de Donon）的顶峰，希望据守于此直至停战。6月23日早些时候，一名之前被德军俘获的法军军官被派给莱斯坎尼带信，后者被告知停战协议已签署（事实上当时法德双方已经签字，但同为参战方的意大利尚未签字），而德军已经准备停火。经过进一步谈判，莱斯坎尼同意于6月24日11时30分投降。投降命令中包括一条规定，所有投降时的武器将被保持原样。

越来越多的小股集群在圣迪耶（Saint-Dié）地区坚守，在勃艮第（Bourgonne），吉瓦尔行进师部队和第54步兵师〔指挥官为科拉丁（Coradin）将军〕等待着下一步行动，孔代将军的指挥所目前设在距离上雅克山口（Col du Haut–Jacques）不远处的皮皮耶尔（Pimpierre）的林间工事房中，孔代所部尚有约5万人，大多数来自第20军。6月22日7时，德军信使出现在一处路障工事，之后他们被带去见吉瓦尔、休伯特和孔代将军。后者认为目前形势已经严重到足以让他的部队投降，于是他在12时30分宣布投降。

法军第13军此时位于热拉尔梅（Gérardmer）。6月22日上午，德军先头部队突入该镇的外围防御并向镇中推进。10时15分，第13军指挥官米塞雷（Misserey）将军下令停火。

第8集团军指挥官劳雷将军身处其位于拉布雷斯（La Bresse）的指挥所内，该集团军陆续有滕克德（Tencé）和梅纳（Mena）将军的第44要塞军和库斯将军的第103要塞步兵师加入。6月21日晚间，德军与法军展开接触。6月22

日黎明时分，法军最后的防御被攻破，德军接近了劳雷将军的指挥所。劳雷在拉布雷斯下令所部停火。

剩余部队很少有人等待在停战生效后投降，在这些人中有2500人来自迪迪奥将军指挥的第105要塞步兵师，他们驻扎在距离阿尔萨斯峰（Ballon d'Alsace）不远的红草坪（Rouge–Gazon）。6月25日早晨，迪迪奥很高兴盼到了停战生效，希望能和他的部下一道被送往"自由区"（Free Zone），因为他们并未被俘虏。不幸的是，眼下形势并不允许他逃脱和第105要塞步兵师守卫者相同的命运——他们也被囚禁起来。

对法军而言，始于6月10日的崩溃是以德军突击队突袭并占领边境线上多条主要道路为开局，而在通往孚日山区的道路上终结。从第一天起，法军就在一路撤向他们不光彩的结局。投降的东部部队包括了在最初关键的几小时内战斗在卢森堡的部队，就像第3轻骑兵师和从6月14日起撤出马其诺防线的行进师。然而在所有这些悲伤情绪中，依然闪烁着一些亮点。在成百上千人向南转进的10天里，一小部分被主力抛弃而留守在马其诺防线的混凝土要塞工事内的守军依旧在可怕的情况下坚持战斗。

突破萨尔和莱茵河后，德军迂回到马其诺防线工事背后，以期慢慢消灭它们，尽快迫使其投降。攻击规模通常是有限的，并未采取彼此呼应的总攻。这当中包括小规模巡逻队的渗透和炮兵的袭扰性轰击。然而，其中一些行动的代价是沉重的，不仅造成德军大量伤亡，也使得法军的多个隔段被德军火炮尤其是88毫米高射炮严重损毁。在法军一侧，绝大多数互相配合的行动都是由炮台和炮塔守军以及守卫入口分段的守军完成的。

在要塞内，士气宛如过山车般忽高忽低。法军主力已经在数千米之外，而且没有任何进行援救的计划或准备。守军除了通过无线电台或者电话了解到外界的零星信息之外完全与世隔绝。马其诺防线守军此刻只是为了剩余的法国土地而战，不管铁丝网障碍之后是什么，否则他们的处境将会令人绝望。他们唯一必须坚持的积极的事情是在停战后被允许进入自由区而不是成为战俘。另一种选择就是"与舰同沉"并拉上尽可能多的德国人垫背。最光荣的是，他们仍然有值得捍卫的荣誉。

在法军南下后，德军所需要做的就是喝喝咖啡、抽抽烟、写写信，然后等到停战协议签署。然而，出于各种只能被认为是自吹自擂、自私自利或是要在个人履历上加上攻克马其诺防线要塞漂亮的一笔的缘故，一些德军指挥官选择进攻并拿下马其诺防线一部分，尽管这会造成部下的伤亡。当然，停战谈判可能已经破裂，但坐等数日可能比损失更多人更加审慎。

法军要塞守军已经没什么可以再失去，他们很乐意继续射击直到在几周后打光弹药。他们被给予了最后一次机会以维护他们的荣誉，并有可能以能让他们昂首挺胸地度过余生的方式结束作战生涯，不论在未来几天会发生什么。对指挥官们而言，他们所要考虑的则更多。比利格要塞指挥官罗伊少校表示，他将率部坚守 3 个月，而鲁道夫则希望能“以壮丽的方式了结”。

第十三章
墨索里尼的闹剧——意军对马其诺防线的进攻，1940年6月10—25日

北部的马其诺防线守军等待德军的下一步行动时，沿法意边境一直向南的地区的事态正在不断发展，在这里，一个新的威胁——意大利军队——正准备考验要塞防线。此时由于法军最高统帅部将绝大多数的注意力都放在了北部的战事上，因此对意大利军队的防御将主要交由马其诺防线守军完成。马其诺防线在阿尔卑斯山脉法国一侧的要塞区与北部地区相去甚远，两部分之间没有任何理由进行协同，而且这一部分马其诺防线的要塞工事的声名几乎完全被北部要塞所掩盖，虽然它们一样有能力（甚至做得更好）阻挡入侵，而事实也正是如此。除了占领芒通城镇内的几条街道之外，来犯的意大利军队被全线赶回，对法军而言，这是一次完完全全的胜利，直到停战协议让他们失去了这一来之不易的胜利。

由勒内·奥利（René Olry）将军指挥的马其诺防线南部守军，即“阿尔卑斯军团”（Army of the Alps），于1939年8月22日进入战备状态，并于数日后进入要塞中的阵位。阿尔卑斯军团由艾蒂安·贝内特（Etienne Beynet）将军指挥的法军第14军和阿尔弗雷德·蒙塔涅（Alfred Montagne）将军指挥的法军第15军组成（而法军第16军曾于9月15日被指派守卫罗纳要塞区和萨沃伊要塞区，但很快于9月27日向法国东北部移防），他们的任务是严守防御。因为南部没有重大威胁，而北部则有一个不断增加的威胁，因此从9月起大约三分之二的阿尔卑斯部队被派往东北部，留下一系列要塞半旅（Fortress Demi-Brigades，法语缩写DBAF）和猎兵营。而阿尔卑斯山区滑雪巡逻队（Section d’Éclaireurs Skieurs，SES）则守卫前沿哨所，并以要塞和间隔炮兵连的

阵地炮兵作为后盾。

在叙述意军在阿尔卑斯地区的进攻之前，有必要简单介绍一下阿尔卑斯地区马其诺防线的构筑由来。早在法德边境的要塞防线开始动工之前，阿尔卑斯地区的要塞建造工作就已经开始，这也是墨索里尼夸口称他将把“失去”的尼斯和萨沃伊省夺回给意大利人的结果，而此时希特勒仍是个等待浮沉的历史注脚。1928年，位于滨海－阿尔卑斯要塞区内的林普拉斯村的玛德琳要塞（Ouvrage de la Madeleine）破土动工。未来的林普拉斯要塞[①]将是东南防线上让人叹为观止的独特要塞中的第一个。这个守卫蒂内埃河（Tinée）河谷、鲁比翁（Roubion）和瓦尔代布洛尔（Valdeblore）等地的鹰巢的战斗隔段准备了75毫米和81毫米迫击炮、75毫米榴弹炮、榴弹发射器和机枪。此后，一系列其他要塞工事也相继开工建造，虽然受制于预算等原因，实际建成的要塞工事比起工程蓝图来有所逊色。

阿尔卑斯地区马其诺防线包括以下要塞区：

萨沃伊要塞区：从北部的博福塔因（Beaufortain）和塞洛盖斯谷地（vallon de Séloges）一直向南延伸到加利比耶山口（Col du Galibier）附近的罗奇莱斯营地（Camp des Rochilles）。其右翼是多菲内要塞区，而左翼则是罗纳要塞区（Secteur Défensif du Rhône）。该要塞区的首要任务是掩护从意大利延伸而来的通道，尤其是位于毛里埃讷（Maurienne）的塞尼斯山口和塔伦塔伊塞（Tarentaise）的小圣伯纳德山口（Col du Petit-Saint-Bernard）。而一些次要的通道，例如阿尔利斜谷（Val d'Arly）、塞涅山口（Col de Seigne）和小塞尼斯山（Petit Mont-Cenis）也同样在其保护之下。

因为与意大利在该地区有漫长的共同边境线，“筑垒地域组织委员会”对毛里埃讷地区的防御给予了优先考虑。在此期间，塞尼斯山高原（Plateau of Mont-Cenis）内的所有区域以及狭窄的瓦莱峡谷（Vallee Étroite）都属于意大利，因此通往法国的道路比通往塔伦塔伊塞的道路要多得多。所以后者遭到了远大

---

① 由“筑垒地域组织委员会”修建，包括5个隔段：1号隔段——2门81毫米迫击炮；2号隔段——架设81毫米迫击炮的露天平台；3号隔段——机枪钟型塔；4号隔段——2门75/33型榴弹炮和1门75/31型迫击炮装在炮台内，用于掩护西翼；5号隔段——2门75/33型火炮和1门75/31型迫击炮装在炮台内用于掩护东翼。

于毛里埃讷的损失。最终，始建于1937年的一些小要塞到1940年并未完工。

就下辖要塞工事的实力而言，要塞区之间并不等同。南部相比北部要更加强大，尽管采用的几个塞雷·德·里维埃要塞群要塞有助于抵消这种不平衡。1939—1940年，“军事建设”在所有主要谷地〔毛里埃讷、多伦（Doron）、塔伦塔伊塞和阿尔利斜谷〕区域的后方都增加了第二道防线。

萨沃伊要塞群由要塞部队和增援部队守卫。在1940年6月，要塞群由米歇尔·德·拉鲍姆（Michel de la Baume）上校指挥，包括以下单位：

要塞单位：

·第16阿尔卑斯要塞半旅〔指挥官为韦尔热扎克（Vergezac）中校〕，下辖第70阿尔卑斯要塞营和第6轻步兵机枪营。

·第30阿尔卑斯要塞半旅〔指挥官为拉弗拉基耶（La Flaquiere）中校〕，下辖第71、第81和第91阿尔卑斯要塞营和第164阵地炮兵团。

塔伦塔伊塞谷地（Vallée de la Tarentaise）：指挥官为米歇尔·德·拉鲍姆上校

波弗丁（Beaufortin）次级要塞区：指挥官为韦尔热扎克中校（来自第16阿尔卑斯要塞半旅）

包括以下部分：

·塞洛盖斯（Séloges）前沿哨所[①]、贝勒加德（Bellegarde）隔段工事。

塔伦塔伊塞次级要塞区：指挥官为德·布兰格尔（de Branges）中校（来自第215步兵团）

·勒孔博蒂埃（Le Combottier）前沿哨所掩蔽所、小圣伯纳德阻塞点、棱堡废墟（La Redoute-Ruinée）勒普拉奈（Le Planay）前沿哨所、飞机头（La Tête du Plane）前沿哨所掩蔽所、萨沃内斯（Savonnes）前沿哨所掩蔽所。

·布尔格－圣莫里斯堡（barrage du Bourg–Saint–Maurice）位置：韦尔索延（Versoyen）公路路障、查特拉德（le Chatelard）要塞、卡农洞穴（Cave–à –Canon）要塞。

·塞雷·德·里维埃要塞群：沃尔米克斯堡（Fort Vulmix）、特鲁克堡（Fort

① 该前沿哨所配有7个隔段和1个守卫塞涅山口出口的观察哨和入口隔段，7个隔段中有6个隔段是配有自动步枪的炮台，其余一个配有机枪。

le Truc）、拉普拉特（La Platte）隔段工事、库尔巴顿炮台（Batterie Courbaton）。

帕莱－瓦诺伊斯（Palet–Vanoise）次级要塞区：指挥官为卡伦科（Carenco）少校（来自第70阿尔卑斯要塞营）

· 瓦诺伊斯前沿哨所。

· 第二道防线：阿尔利谷地、波弗特多伦谷地（Vallée du Doron de Beaufort）、塔伦塔伊塞谷地、伯泽尔多伦谷地（Vallée du Doron de Bozel）。

毛里埃讷谷地：指挥官为布彻（Boucher）将军（来自第66步兵师）

上毛里埃讷（Haute–Maurienne）次级要塞区：指挥官为罗塞尔（Roussel）中校（来自第281步兵团）

· 塞尼斯山区域：乌伊隆（Ouillon）掩蔽所、勒莫拉德（Le Mollard）A和B隔段工事、勒莫拉德掩蔽所和阿塞林（Les Arcellins）隔段工事。

· 莱维特（Revêts）前沿哨所、勒斯莱维特（Les Revêts）阻塞工事、图拉堡垒（Fort de la Turra）。

· 安宾斜谷区域（Quartier du Val d'Ambin）：弗洛依德山（Mont–Froid）隔段工事、弗洛依德山掩蔽所、贝西亚掩蔽所（Abri La Beccia）、图拉西掩蔽所（Abri Ouest de la Tuile）、克鲁瓦斯德科莱特掩蔽所（Abri Crois de Colleret）、卡斯布兰奇掩蔽所（Abri Casse Blanche）。

中毛里埃讷（Moyenne–Maurienne）次级要塞区：指挥官为拉弗拉基埃（Laflaquière）中校（来自第30阿尔卑斯要塞半旅）

· 阿莫顿区域（Quartier d'Amodon）：奥尔格（L'Orgère）掩蔽所、阿莫顿掩蔽所、阿莫顿观察哨。

· 德阿克区域（Quartier de l'Arc）：萨佩（Sapey）要塞、萨佩堡垒、雷普拉顿（Replaton）堡、圣戈班（Saint–Gobain）要塞、圣安托万要塞。

· 科尔斯南区域（Quartier des Cols Sud）：阿尔潘街区（Sous–quartier Arplan）——格兰斯（Granges）和图拉德普（Turra d'Arplane）观察哨、拉沃尔（Lavoir）要塞、帕斯杜罗克要塞、弗雷瑞斯（Fréjus）前沿哨所、茹恩（Roue）前沿哨所、窄谷山口（Col de la Vallée Étroite）要塞、阿龙达斯（Arrondaz）要塞。

下毛里埃讷（Basse–Maurienne）次级要塞区：指挥官为杜索（Dussaud）中校（来自第343步兵团）

·瓦尔梅尼耶区域（Quartier de Valmeinier）：2415 高地炮台、下皮辛 NE（NE de la Baisse de la Pissine）炮台。

· 瓦卢瓦区域（Quartier de Valloire）：罗奇莱斯（Rochilles）要塞。

· 第二线阵地：下毛里埃讷障碍工事（Barrage de Basse–Maurienne）—帕斯 – 德拉波特阵地（Position du Pas–de–la–Porte）、帕斯杜罗克阵地、特莱格拉菲堡垒（Fort Le Télégraphe）、三岔口（Col des Trois–Croix）隔段工事。

多菲内要塞区：该要塞区坐落于北部的萨沃伊要塞区和南部的阿尔卑斯 – 滨海要塞区之间，从罗奇斯兵营（Casernement de Rochilles）一直延伸到福奇斯兵营（Casernement des Fourches）。多菲内要塞区守卫两条主要道路，这两条路的主线由上杜兰斯〔Haute Durance，又称布里昂松（Briançon）〕和乌巴耶谷地组成。其他边境小道不过是供骡子通行的步道，即便在天气良好时也不利于大部队通行。

最早于 1924 年被命名为上阿尔卑斯要塞区（这一设定一直保留到 1933 年）的该地区充满了沃邦（Vauban）式要塞和塞雷 · 德 · 里维埃要塞群。"筑垒地域组织委员会"制定了一个非常雄心勃勃的计划，后来为了阿尔卑斯 – 滨海要塞区的利益将其推迟或放弃。最终"筑垒地域组织委员会"只建造了一些原计划中的炮兵工事，该地区剩余工事则由"军事建设"完成。

乌巴耶谷地包括十字岩石、圣乌尔（St Ours）和上雷斯特福德（Haute–Restefond）炮兵工事。贾努斯（Janus）要塞则被建在上杜兰斯谷地，该要塞得到了一些被"军事建设"翻新的旧堡垒、步兵工事或哨所的补充。尽管有这些限定条件，但多菲内要塞区实力依然非常强大，并在抵抗意大利入侵的过程中表现不俗。

多菲内要塞区分成三个区域，在地理上分别对应布里昂松谷地、奎伊拉斯（Queyras）和乌巴耶谷地。这些区域又被分成次级区，次级区又被分成地区。

指挥官：赛沃斯特（Cyvoct）将军

下辖以下单位：

· 第 75 阿尔卑斯要塞半旅〔指挥官为博内特（Bonnet）中校〕，下辖第 72、第 82、第 92 和第 102 阿尔卑斯要塞营。

· 第 157 阿尔卑斯要塞半旅〔指挥官为索耶（Soyer）中校〕，下辖第 73

和第83阿尔卑斯要塞营。

·炮兵部队〔指挥官为玛丽(Marie)上校〕,下辖第154和第162阵地炮兵团。

布赖恩索奈：指挥官为赛沃斯特将军

·上克莱利（Haute-Clarée）次级要塞区：

吉萨内（Guisane）：德格拉翁山口（Col-de-Granon）要塞、奥利弗堡垒、莱斯·阿克尔斯〔Les Acles,又称拉克莱达（La Cleyda）〕、普兰皮内（Plampinet）前沿哨所、十点岩（Rocher des Dix Heures）前哨站。

·上杜兰斯（Haute-Durance）次级要塞区：

切尔韦雷特（Cerveyrette）:拉瓦切特（La Vachette）要塞、拉瓦切特桥（Pont de la Vachette）阻塞工事、图卢兹十字（Croix de Toulouse）观察哨、蒙特热内夫尔（Montgenevre）阻塞工事、贾努斯要塞、切纳莱特（Chenaillet）前沿哨所、贡德兰（Gondran）E要塞、莱斯·艾特（Les Aittes）要塞。

奎伊拉斯谷地：由博内特中校指挥（来自第75阿尔卑斯要塞半旅）

·吉尔（Guil）次级要塞区：

步兵阵地和机枪隔段工事。

乌巴耶谷地：指挥官为德索（Dessaux）上校

·乌巴耶次级要塞区：

隆巴德平台（Plate-Lombard）要塞、拉彻（Larche）前沿哨所、维雷塞（Viraysse）堡垒（炮兵）、上圣乌尔（Saint-Ours Haut）要塞、圣乌尔东北掩蔽所、丰特维夫（Fontvive）西北掩蔽所、下圣乌尔要塞、塞雷拉－普拉特（Serre-la-Platte）观察哨、十字岩石要塞、前营（Ancien Camp）掩蔽所、大十字岩石（Roche-la-Croix Supérieur）炮台、拉杜伊尔（La Duyère）观察哨、查兰奇（Challanches）观察哨、图尔努（Tournoux）堡垒、格鲁希（Grouchy）堡垒、第7号炮台。

·若谢尔（Jausiers）次级要塞区：

雷斯特福德山口掩蔽所、雷斯特福德要塞、格兰斯－康姆内斯（Granges-Communes）要塞、福奇斯掩蔽所、拉莫蒂埃（La Moutière）要塞、拉莫蒂埃掩蔽所、勒普拉（Le Pra）前沿哨所、布拉塞山口（Col de la Braisse）的36个隔段工事、莫林（Maurin）前哨站、卡斯特莱特（城堡）前哨站、福卢乌泽（Fouillouze）

隔段工事、三棵松（Trois-Mélèzes，即 2018 高地）隔段工事、莱斯·萨涅斯（Les Sagnes）隔段工事。

阿尔卑斯－滨海要塞区（Secteur Fortifié des Alpes-Maritimes，SFAM）覆盖了从上蒂内埃河（Haute-Tinée）到地中海沿岸的一片区域。阿尔卑斯－滨海要塞区是阿尔卑斯山区面积最大的要塞区，是为应对来自意大利的威胁而从 1924 年开始动工的。要塞部队覆盖了阿尔卑斯－滨海要塞区的南部，这里的要塞工事实力最强而且数量最多。北部区域受到阿尔卑斯加强部队（alpine reinforcement troops）特别是第 65 步兵师的保护。

阿尔卑斯－滨海要塞区：指挥官为马格尼恩（Magnien）将军

包括如下单位：

· 第 40 阿尔卑斯要塞半旅〔指挥官为绍瓦洪（Sauvajon）中校〕，下辖第 75、第 85 和第 95 阿尔卑斯要塞营。

· 第 58 阿尔卑斯要塞半旅〔指挥官为默西尔·圣克罗伊（Mercier de Saint-Croix）中校〕，下辖第 76、第 86 和第 96 阿尔卑斯要塞营。

· 第 61 阿尔卑斯要塞半旅〔指挥官为马奎利（Marquilly）中校〕，下辖第 74、第 84 和第 94 阿尔卑斯要塞营。

· 炮兵部队：下辖第 157、第 158 和第 167 阵地炮兵团。

第 65 步兵师防区：

穆尼耶（Mounier）次级要塞区：指挥官为阿斯托夫蒂（Astolfi）上校

· 圣达尔马莱塞尔瓦格（Saint-Dalmas-le-Selvage）前沿哨所、克罗斯山口（Col de Crous）要塞、A 掩蔽所、B 掩蔽所、克罗斯山口掩蔽所、埃索拉（Isola）前沿哨所、瓦莱特山口（Col de la Valette）要塞。

蒂内－韦叙比（Tinée-Vésubie）次级要塞区：指挥官为马奎利中校

· 瓦拉布雷斯（Valabres）北前沿哨所、瓦拉布雷斯南（附属）前沿哨所、弗雷西尼亚（Fressinéa）要塞、阿贝利拉（Abelièra）“工程技术部”型炮台、林普拉斯要塞、瓦尔代布洛尔要塞、拉瑟琳娜（La Séréna）要塞、小泰蒂埃（Petite Tétière）“工程技术部”型炮台、博利内特（La Bollinette）“工程技术部”型炮台、大凯雷（Caire-Gros）要塞、孔切塔斯（Conchetas）前沿哨所、韦南松（Venanson）“工程技术部”型炮台、堡垒山口（Col-du-Fort）要塞、旧卡斯特（Castel-Vieil）前沿哨所、罗屈埃比利埃（Roquebillière）“工程技术部”型炮台、戈尔多隆（Gordolon）要塞、下戈尔多隆“筑垒地域组织委员会”型炮台、圣索弗尔教堂（Chapelle Saint-Sauveur）1比斯型炮台、行星（Le Planet）前沿哨所、弗劳特（Flaut）要塞、博莱讷（La Bollène）东“工程技术部”型炮台和博莱讷西“工程技术部”型炮台。

阿尔卑斯-滨海要塞区：

欧蒂永河（Authion）次级要塞区：指挥官为布鲁恩（Brun）中校

·劳斯山口（Col de Raus）前沿哨所、下圣维兰（Baisse de Saint Véran）要塞、三共享点（Pointe des Trois Communes）隔段工事、福卡（Forca）掩蔽所、米尔-福奇斯（Mille-Fourches）掩蔽所、普兰-卡瓦尔（Plan-Caval）要塞、贝勒（Béole）要塞、迪阿（Déa）要塞、阿格农山口（Col d'Agnon）掩蔽所、阿尔博因（Arboin）“筑垒地域组织委员会”型炮台。

索斯佩尔次级要塞区：指挥官为绍瓦洪中校

·库古勒十字（La Croix de Cougoule）前沿哨所、布鲁伊斯山口（Col de Brouis）要塞、蒙特格罗索要塞、尼亚（Nieya）北“军事建设”型炮台、阿盖森要塞、阿盖森射击场掩蔽所、图拉克（La Tourraque）掩蔽所、索斯佩尔高尔夫球场（Golf de Sospel）“工程技术部”型炮台、吉亚诺蒂广场（Place Gianotti）“军事建设”型炮台、贝韦拉河（Bévéra）、奥雷利亚（Oréglia）、卡斯特-鲁恩斯（Castes-Ruines）前沿哨所、圣克里斯多夫（Saint-Christophe）北“军事建设”型炮台和圣克里斯多夫南“军事建设”型炮台、圣洛克（Saint-Roch）要塞、坎帕奥斯特（Campaost）“军事建设”型炮台、巴博内特（Barbonnet）要塞[①]、巴博内特南“军事建设”型炮台。

峭壁公路次级要塞区：指挥官为默西尔·圣克罗伊中校

·5个“军事建设”型炮台、下斯库维翁（Baisse de Scuvion）前沿哨所、皮埃尔-图库埃（Pierre-Pointue）前沿哨所、卡斯蒂荣要塞、加鲁切峰（Pic de

① 即叙歇（Suchet）堡垒，是位于要塞上方的一个旧堡垒，配有旧式155毫米莫金式炮塔（Mougin turret），包括入口在内有2个隔段：2号隔段配有2门75/29型火炮和2门81/32型迫击炮，用于掩护通往卡斯蒂荣（Castillon）和芒通的右翼；守军来自第158阵地炮兵团第12炮兵连和第157阵地炮兵团附加来自第95阿尔卑斯要塞营的步兵，总计12名军官、40名士官和277名士兵，由迪涅（Diné）上尉指挥。

Garuche）观察哨、班卡特山口（Col de Banquettes）掩蔽所、佩纳（Péna）前沿哨所、科莱塔（La Colletta）前沿哨所、法西亚丰达（Fascia Fonda）前哨站、戈尔比奥的马德娜（Madone de Gorbio）北“军事建设”型炮台和马德娜·戈尔比奥南“军事建设”型炮台、圣阿涅斯（Sainte–Agnes）要塞、卡斯特利亚（Castellar）前哨站、戈尔比奥（Gorbio）北“军事建设”型炮台和戈尔比奥南“军事建设”型炮台、加尔德山口（Col de Garde）要塞、阿格尔山要塞、阿格尔山以东观察哨（“筑垒地域组织委员会”型）、柯莱杜皮隆（Collet du Pilon）前沿哨所、蒙特－格罗斯·德·罗克布鲁内（Mont–Gros de Roquebrune）观察哨、罗克布鲁内要塞、莱塞沃尔圆丘（Croupe-du-Réservoir）掩蔽所、峭壁公路十字路口（Carrefour des Corniches）掩蔽所、维斯基（Vesqui）北“军事建设”型炮台和维斯基南“军事建设”型炮台、马丁角隧道、伊丽莎白桥阻塞工事（Barrière Pont-Elisabeth）、马丁角要塞、圣路易斯桥阻塞工事（Barrage Pont–Saint–Louis）。

罗纳要塞区、萨沃伊要塞区和多菲内要塞区是法军第14军的组成部分，而阿尔卑斯－滨海要塞区则是法军第15军的组成部分。

阿尔卑斯山脉呈弧形走势，从匈牙利经过奥地利和瑞士，之后南下扫过日内瓦直到地中海。通常所说的法国阿尔卑斯山指的是阿尔卑斯山脉西部地区，这一带包括以下山峦（括号内为最高海拔）：

·沙布莱斯（Chablais）阿尔卑斯——从日内瓦湖（Lake Geneva）到蒙特斯山口（Col des Montets）。

·格雷安（Graian）阿尔卑斯——从塞尼斯山口到小圣伯纳德山口〔大帕拉迪索山（Gran Paradios）——4061米〕。

·多菲内（Dauphine）阿尔卑斯——从蒙热内夫雷山口（Col du Montgenevre）到塞尼斯山口〔埃金斯岩坝（Barre des Ecrins）——4102米〕。

·科特蒂安（Cottian）阿尔卑斯——从马达雷纳山丘〔Colle de la Maddalena，又名拉彻山口（Col du Larche）〕到蒙热内夫雷山口。

·滨海阿尔卑斯——从滕达山丘〔Colle di Tenda，又名滕德山口（Col de Tende）〕到马达雷纳山丘。

阿尔卑斯守军防御的主要道路如下：

·滕达山丘——海拔1908米。

· 马达雷纳山丘——海拔 1994 米。

· 蒙热内夫雷山口（Col de Montgenèvre）——海拔 1854 米。

· 弗雷瑞斯山口（Col de Fréjus）——2537 米。

· 塞尼斯山口——2084 米。

如此一来防线本身就没有留下太多回旋余地，对防御方非常有利。

意大利军队战斗序列

意大利军队包括了几个阿尔卑斯山地师（Alpini Division），这些师最初组建于 1872 年，目的是保卫意大利的北部边境。士兵们来自北部地区，熟悉他们的作战地域。阿尔卑斯山地部队的士兵身穿带有绿色火焰领缀的制服，头戴插有一根黑色羽毛的“阿尔卑斯帽”（意大利语：Capello Alpino），因此他们被冠以“黑羽毛”（意大利语名称：Penne Nere）的绰号。第一次世界大战后，阿尔卑斯山地营遭到裁撤，1935 年，墨索里尼又重新组建了 6 个师：第 1“金牛座人”（Taurinense）师、第 2“特伦托天拿”（Tridentia）师、第 3“茱莉亚”（Julia）师、第 4“库内利斯”（Cuneense）师、第 5“普斯特拉亚”（Pusteria）师和第 6“格兰安阿尔卑斯”（Alpi Graie）师。

由阿尔弗雷多·古佐尼（Alfredo Guzzoni）将军指挥的意大利第 4 集团军直面萨沃伊要塞区，包括以下单位：

阿尔卑斯军团，指挥官为路易吉·内格里（Luigi Negri）将军——B 行动（贝尔纳多）

· 第 2“特伦托天拿”阿尔卑斯山地师，指挥官为乌戈·圣维托（Ugo Santovito）将军，下辖第 5、第 6 阿尔卑斯团和第 2 阿尔卑斯炮兵团。

· 第 1“金牛座人”阿尔卑斯山地师，指挥官为保罗·米切莱蒂（Paolo Micheletti 将军）。

· 第 101“的里雅斯特”（Trieste）摩托化师，指挥官为维托·费罗尼（Vito Ferroni）将军——来自意大利陆军装甲军〔Armoured Corps，指挥官为费德里奥·达欧拉（Fidenzio Dall'Ora）将军〕。

· 莱万纳分遣队（意大利语名称：Raggruppamento Levanna）。

多菲内要塞区当面意大利部队：意大利第 1 军〔指挥官卡洛·维切艾莱

利（Carlo Vecchiarelli）将军〕

·第11“布伦内罗”（Brennero）师，指挥官为阿纳尔多·福吉耶罗（Arnaldo Forgiero）将军。

·第59“卡利亚里”（Cagliari）师，指挥官为安东尼奥·斯库罗（Antonio Scuero）将军。

·第1“苏佩加”（Superga）师，指挥官为库里奥·巴巴塞蒂·迪普伦（Curio Barbasetti di Prun）将军。

·第24“皮内罗洛”（Pinerolo）师，指挥官为朱塞佩·德·斯特凡尼斯（Giuseppe De Stefanis）将军。

第4军，指挥官为卡米洛·麦卡利（Camillo Mercalli）将军

·第1“斯福尔扎”（Sforzesca）师，指挥官为阿方索·奥莱拉罗（Alfonso Ollearo）将军。

·第58“莱格诺”（Legagno）师，指挥官为埃尔多拉多·斯卡拉（Edorado Scala）将军。

·第26“阿西耶塔”（Assietta）师，指挥官为埃马努埃莱·基尔南多（Emanuele Girlando）将军。

·第3阿尔卑斯分遣队（组织结构未知）。

阿尔卑斯–滨海要塞区当面意大利部队：第1集团军〔指挥官为彼得罗·平托（Pietro Pintor）将军〕

第2军，指挥官为弗朗切斯科·贝尔蒂尼（Francesco Bertini）将军——M行动〔马达雷纳（Maddalena）〕

·第16“皮斯托亚”（Pistoia）师，指挥官为马里奥·普雷奥里（Mario Priore）将军。

·瓦莱塔波（Varaita Po）分遣队（组织结构未知）。

·第36“弗利”（Forli）师，指挥官为朱利奥·佩鲁吉（Giulio Perugi）将军。

·“库内斯阿尔卑斯”（Cuneense Alpini）师，指挥官为阿尔贝托·费雷罗（Alberto Ferrero）将军。

·第33“阿奎”（Acqui）师，指挥官为弗朗切斯科·萨托里斯（Francesco Sartoris）将军。

· 第4“里窝那”（Livorno）师，指挥官为贝内努托·乔达（Benenuto Gioda）将军。

第3军，指挥官为马里奥·阿里西奥（Mario Arisio）将军

·第6“库内奥”（Cuneo）师，指挥官为卡洛·梅洛蒂（Carlo Melotti）将军。

·“捷斯阿尔卑斯”（Gessi Alpini）分遣队（组织结构未知）。

· 第3“拉文纳”（Ravenna）师，指挥官为爱德华多·内比亚（Edoardo Nebbia）将军。

第15军，指挥官甘巴拉·加斯托涅（Gambara Gastone）将军——R行动〔里维埃拉（Riviera）〕

· 第22阿尔卑斯山猎兵师（意大利语名称：Cacciatori delle Alpi），指挥官为但丁·洛伦泽利（Dante Lorenzelli）将军。

·第37“摩德纳”（Modena）师，指挥官为亚历山德罗·格洛里亚（Allessandro Gloria）将军。

· 第5“科塞里亚”（Cosseria）师，指挥官为阿尔贝托·瓦萨里（Alberto Vassarri）将军。

· 第44“克雷莫纳”（Cremona）师，指挥官为翁贝托·蒙迪诺（Umberto Mondino）将军。

· 第5“普斯特利亚阿尔卑斯”（Pusteria Alpini）师，指挥官为阿曼多·德西亚（Amedo De Cia）将军。

墨索里尼在6月10日向法国和英国宣战，他的目标是在停战之前占领足够多的法国领土，以便在谈判中夺得话语权，并拿下原意大利行省尼斯和萨沃伊。基于意军对法军几乎5:1的优势，法国南部的迅速沦陷似乎已成定局，尤其是此时德军正向靠近法瑞边境的法军后方推进。霍普纳将军的第16军正在罗纳河谷地进军，目的是追上阿尔卑斯集团军。德国人的高歌猛进让意大利人产生了危机感，他们认为如果德国人在停战之前取得了足够的进展或是占领了阿尔卑斯山区，自己就将一无所获。不过此时的形势对法国人来说似乎并非糟糕透顶，1940年的冬天非常严峻，而现在还没有到6月中旬，这样一来在阿尔卑斯山区进行一次攻势作战变得几乎不可能，而所有的意大利通信线路都在要塞堡垒的火炮打击范围内。另外意大利人的攻势是否能够达成目的并不取决

于意军人数多少，因为通往法国领土的通道数量有限，所有山道都是狭窄而易守难攻的。然而，意大利人低估了法军防御的价值，决定发起一次进攻。

在意大利对马其诺防线发起进攻的最初十天里，意军的行动只包括针对坚固设防的前沿哨所的小规模前哨战，意军指挥官也很清楚，他们若要突破防线，还需要将一支更强大的部队调往前线。

对萨沃伊要塞区——塔伦塔伊塞谷地的作战行动

意军阿尔卑斯军团于 6 月 21 日发起了一次两线夹击攻势，行动编号为 B 行动，而 B 所指代的贝尔纳多则是小圣伯纳德山道的意大利语名称。意军步兵在雪中沿圣莫里斯堡和波弗丁的方向推进，一路人马取道穿过小圣伯纳德山道的 RN 90 公路下行至罗西埃谷地。另一路则向下行切入莱夏皮谷地（Valley of Les Chapieux）的塞涅山口进发。

意军第 1“金牛座人”阿尔卑斯山地师奉命为第 101“的里雅斯特”摩托化师和第 133“利托里奥”（Littorio）装甲师（装甲军）扫清道路，小小的堡垒废墟（Redoute-Ruinée）前沿哨所阻止了他们的前进。该要塞工事由来自法军第 70 阿尔卑斯要塞营的 36 名官兵把守，配备有装在一座炮台内的一挺机枪和露天布置的两门 81 毫米迫击炮加上 7 挺自动步枪，守军由德塞尔特克斯（Desserteaux）少尉指挥。堡垒废墟前沿哨所的任务是监视从小圣伯纳德延伸而来的道路，一旦发现敌军就立刻通知该地区炮兵指挥官。另一个任务是封锁从克罗斯特（Traversette）到小圣伯纳德的道路。

意军第 2“特伦托天拿”阿尔卑斯山地师向塞涅山口推进，以威胁由法军第 80 阿尔卑斯要塞营下辖的第 7 阿尔卑斯轻步兵营的滑雪巡逻队守卫的阵地，该部由布勒（Bulle）中尉指挥。第 80 阿尔卑斯要塞营与法军第 199 阿尔卑斯高山轻步兵营（Bataillon de Chasseurs de Haute Montagne，BCHM）的单位保持联系并能获得后者支援。通往山道下方伊泽尔（Isère）谷地的道路被位于波弗丁次级要塞区内昂科韦尔山口（l'Enclave）山口下方的贝勒加德隔段工事封锁，该隔段工事由德·卡斯莱克斯（de Caslex）中尉指挥。而整条冰川则由塞洛盖斯前沿哨所守卫，该前沿哨所由来自第 70 阿尔卑斯要塞营要塞守军连的 40 名官兵守备，由德雷冯（Drevon）中尉指挥。法军重炮支援由驻扎在孔达米纳斯（Condamines）的法军第9师属炮兵团（Régiment d'Artillerie Divisionnaire，RAD）第3炮兵连的150毫米M1919型火炮提供。

来自意军第21摩托化炮兵团（该部配备12门M1927型75毫米炮、12门M1917型100毫米榴弹炮、8门20毫米高射炮）的炮兵在飞机支援下于8时对堡垒废墟前沿哨所进行了一轮短暂的轰击，之后意军指挥官认为堡垒废墟前沿哨所已经无法构成威胁，遂发动了一次步兵突击。然而，就在意军步兵接近阵地时，法军在炮兵支援下打出致命的火力，侥幸未在法军火力下当场阵亡的意军被赶回了他们的出发阵地。

11时，意军炮兵开始第2轮轰击，之后进攻部队试图沿RN 90公路推进，但因法军早前拆毁了小小的侯爵夫人桥（Pont de la Marquise）而受阻。意军车辆无法通过障碍物，因此他们试图转而经由另一条道路派遣一队摩托车手通过。法军的机枪和炮兵火力阻挡了意大利人的攻势，在塞涅山口意军不断遭到法军阵地炮兵和来自塞洛盖斯要塞的火炮的火力打击。

西边的波弗特谷地并没有法军设防，这给意军突破昂科韦尔山口提供了可能。法军第179阿尔卑斯要塞营〔即瓦尔瑟恩营（Bataillon de la Valserne）〕之前驻守在谷地，但已被调动用于防御德军沿罗纳河谷地而下的威胁。法军第9炮兵团也撤出阵地，无法再为圣莫里斯堡阵地提供支援。法军第80阿尔卑斯要塞营的滑雪巡逻队开拔以守卫昂科韦尔山口。

6月22日，战斗继续在由法军第215步兵团第3连〔指挥官为博伊尔（Boyer）中士〕驻守的堡垒废墟前沿哨所后方的欧彻特（Eucherts）前哨站[①]附近的小圣伯纳德展开，大约11时，意军炮弹摧毁了正开往堡垒废墟前沿哨所连通欧彻特前哨站和堡垒废墟前沿哨所的缆车，从而隔绝了小股守军。法军守卫者以轻武器和炮火支援进行了回击，但到了晚间，将守军从前沿哨所撤出的决定被下达，堡垒废墟前沿哨所此刻被孤立了。

在塞涅山口，一场对贝勒加德隔段工事的猛攻于6月22日拉开序幕。塞洛盖斯要塞已被意军炮兵摧毁，无力抵御意军夺取贝勒加德隔段工事，德·卡

① 该隔段工事配有3个自动步枪射击孔外加数道堑壕阵地。

斯莱克斯中尉在进攻中阵亡，法军炮兵成功阻止了意军占领塞洛盖斯要塞。下午，针对昂科韦尔山口又展开了一场双管齐下的猛攻，这次进攻被拜勒（Baille）中尉率领的一小股守卫者所阻，他们在通往山口的道路上设置了一个极好的机枪阵地。

6 月 23 日上午，堡垒废墟前沿哨所的守卫者等待着意军新一轮的突击，但什么都没发生，再也没有对前沿哨所的进攻。意军工程兵修复了位于小圣伯纳德山口的侯爵夫人桥。7 时，有 17 个意军摩托化单位得以开进，这些摩托化部队以步兵为主，伴随有炮兵和迫击炮组。堡垒废墟前沿哨所观察到了这一切，却再也不能与主要塞堡垒进行电话联系，指挥官放飞了一只信鸽向炮兵指挥官蒙韦尔内（Montvernay）上校发出警报。与此同时，意军先头车压上了一枚地雷，堵住了整个车队，法军炮弹如雨点般落在停滞的车队上，导致了意军大量伤亡。

这一天中，一支意军巡逻队接近了韦尔索延隔段工事①，并试图沿反坦克壕沟推进，来自韦尔索延西南的查特拉德要塞②守军用机枪向巡逻队射击。战斗同样在塞洛盖斯进入白热化，但是意军伤亡不断增加，继续战斗的热情逐渐消退。一个意军炮兵连向塞洛盖斯开火，但法军第 164 阵地炮兵团打出一道 150 毫米炮弹的弹幕进行回击，迫使其停止射击。此后所有的意军活动都偃旗息鼓了。

6 月 24 日，没有发生针对塔伦塔伊塞次级要塞区的进攻。晚间，意军退回到其出发点。6 月 25 日，停火生效后，一支巡逻队接近了韦尔索延。伯纳德军士警告意大利人离开，使得后者开火。14 时，意军又进行了接近韦尔索延的第二次尝试，不过这一次法军朝天开了火。意军接近到距离隔段工事 300 米的位置，但是他们遭到了一轮机枪扫射，有 3 名意军官兵受伤。之后他们便离开了。

此后法意两军之间未发生大规模敌对事件。7 月 2 日，堡垒废墟前沿哨所

---

① 该隔段工事为配有快速布置障碍的反坦克单隔段，从 RN 90 公路的意大利方向进行封锁。隔段配有 1 个 JM/AC47 用以射向 RN 90 公路，而双联装机枪和自动步枪则守卫未完成的韦尔索延反坦克壕沟，守军包括来自第 70 阿尔卑斯要塞营的 12 名士兵，他们受伯纳德（Bernard）军士指挥。

② 该要塞为步兵要塞，有一个配有 JM/AC47 的隔段、2 个双联装机枪隔段和 1 个 25 毫米反坦克炮隔段，守军为 1 名士官和 18 名士兵，由博查通（Bochaton）少尉指挥，其任务是配合倾泻在 RN90 公路上的火力阻滞敌军向圣莫里斯进军。

守军带着“未被突破”的荣誉撤离该地。

萨沃伊要塞区——毛里埃讷谷地（上毛里埃讷次级要塞区）

在毛里埃讷次级要塞区，由维切艾莱利将军指挥的意大利第1军从三个方向同时发起进攻：

· 右翼——“苏萨”（Susa）师负责进攻贝桑斯（Bessans）。

· 中路——由两个师组成进攻主轴：第5959“卡利亚里”师强行向埃塞隆（l'Esseillon）方向推进，而第11“布伦内罗”师则强行通过塞尼斯山口向上毛里埃讷方向推进。

· 左翼——第1“苏佩加”师向加利比耶和圣－让－德毛里埃讷（Saint-Jean-de Maurienne）推进。

次级要塞区的边界穿过了塞尼斯山口的顶峰，该地是一片在蒙塞尼西奥（Moncenisio）隆起的广阔高原。在法国一侧要想接近会困难一些，这里有几个要塞化阵地守卫。强大的图拉要塞[①]是个绝佳的观察点，并以两个分别装备了两门75毫米炮的炮台加上4门露天布置的81毫米迫击炮、2挺机枪和3挺自动步枪守卫高原。要塞守卫者是由钱德雷西（Chandresis）少尉指挥的第164阵地炮兵团第3炮兵连和蒲鲁东（Prudhon）少尉指挥的第71阿尔卑斯要塞营的一个步兵连混编而成，蒲鲁东同时也是要塞指挥官。莱维特前沿哨所配备了两挺机枪和一个观察炮台、一个配备了自动步枪的入口和一个露天布置的迫击炮连，守军计有20人，由卡尔文（Cavin）准尉指挥。守军包括23名来自第281步兵团第1营第11连的官兵。未完工的阿塞林小型隔段工事[②]在谷地另一侧守卫着通往朗勒堡蒙塞尼（Lanslebourg-Mont-Cenis）的道路。

6月21日9时，意军出现在通巴山口（Col de la Tomba），促使法军第99阿尔卑斯步兵团[③]的滑雪巡逻队进行还击，尽管有来自图拉堡垒的75毫米炮的支援，滑雪巡逻队依然被迫后撤。堡垒要塞在一整天里打出了100发炮

---

① 建于1897—1910年，并由“军事建设”在20世纪30年代进行现代化改造。

② 编号为A2，装有机枪和25毫米反坦克炮的隔段工事，由来自第281步兵团第10连的4名官兵操作。

③ RIA指代不明，存疑。

弹并取得了一定成效，击中了困在一片雷场中的一个意军雪地机车车队。直到12时左右，意军炮兵，尤其是来自意军“帕拉迪索”炮台（意大利语：Batteria della Paradiso）[①]的149毫米火炮开始射击，打破了之前的平静氛围，这是对莱维特前沿哨所的一次进攻的前奏。图拉堡垒守军躲入地下坑道，而莱维特前沿哨所并没有同等级的防护，每当有炮弹落下，整个哨所都会震颤，电话线也被切断。

6月22日3时，意军炮兵开火，轰击一直持续到黎明，此时意军步兵在轻型装甲车的掩护下向莱维特前沿哨所推进。14时，前线降下大雾，意军试图对图拉堡垒发动进攻，但法军早有防备，击退了意大利人的进攻。15时，两支突击队攻击了位于乌伊隆高地的阿塞林隔段工事，并将隔段工事连同守军一道拿下，这是在整个战事中唯一被意军占领的混凝土要塞工事。

21时，新一轮针对贝西亚大道（Pas de la Beccia）的进攻拉开序幕，但法军发现了来袭意军，后者被一门75毫米炮驱散。截止到6月22日晚间，意军占领了上毛里埃讷。尽管阿塞林隔段工事被意军占领，但法军仍然占据塞尼斯山。

6月23日5时30分，对图拉堡垒的进攻还在继续，但再次被堡垒的75毫米炮群所阻挡。莱维特前沿哨所打退了一次从阿塞林方向发起的进攻。之后意军进行了猛烈轰击，一直持续到6月24日凌晨。又一次针对图拉堡垒和莱维特前沿哨所的进攻在这天被阻挡住。16时，浓雾降下，雪花纷飞，战斗在正式停火之前暂停了6个小时。

萨沃伊要塞区——中毛里埃讷次级要塞区

这一次级要塞区是毛里埃讷地区防守最强的区域，莫达讷镇被一系列新建或旧有炮兵堡垒所包围。意军占据了地形上的优势，因为他们拥有一个巨大的、戒备森严的、沿毛里埃讷到布里昂松之间边界延伸的重点筑垒突出部，这为他们提供了一个良好的出发点。

意军经由勒普兰尼和拉特韦勒（La Thuile）俯攻德阿克山口（Vallée de l'Arc），

---

① 该炮台是修建在塞尼斯山高原用于守卫苏萨谷底仅有的两个装甲炮台之一，堡垒配备有4个149/35 A型炮塔。

并进入了萨佩要塞的毛里埃讷炮台[①]的火炮射程范围，后者配有2门M1933型75毫米榴弹炮。6月22日15时15分，火炮向布拉芒斯（Bramans）附近的一支意军骡马车队开火并阻挡住其前进。第二天，意军从奥尔蒂埃（Hortière）和艾索瓦（Aissois）地区对法军构成威胁，毛里埃讷炮台对在勒普兰尼地区推进的意军打出33发炮弹。

6月24日，意军步兵在索利特山间木屋（Chalets Soliet）附近被目击到，圣安托万要塞炮兵指挥所将坐标发往毛里埃讷炮台。6时50分至10时45分，火炮群向意军打出了143发炮弹，并于当天下午朝着一队向救赎圣母院（Notre-Damede-Déliverance）推进的意军骡马车队开火。到了晚间，随着停火的临近，炮群被命令开火直至打光弹药。

在比斯奎特谷地（Bissorte Valley），浓雾和法军火炮阻挡了一次意军推进。而在沙玛伊谷地（Vallée de Charmaix），结果却并不相同。6月20日5时，一支意军小分队越过边境并进攻了茹恩前沿哨所[②]。该前沿哨所指挥官利斯纳（Lissner）军士向德伊里斯（Deyris）上尉指挥的拉沃尔要塞[③]和萨佩要塞[④]呼叫支援，意军被法军要塞堡垒的炮火驱散。

6月21日这天，在南部发生了一次大规模炮兵对射。意军瞄准法军要塞轰击了一整天，法军则以牙还牙。由钱森（Chanson）上尉[⑤]指挥的帕斯杜罗克要塞[⑥]是意军的主要目标，通往要塞的缆车（téléferique）线缆被切断，1号隔段的自动步枪哨戒钟型塔被意军火炮倾泻的炮弹击中。到了下午，所有对窄

---

① 该炮台实为一座炮兵要塞，修建在萨佩堡垒顶部，有5个隔段：1号隔段——75/33型火炮炮台；2号隔段——75/33型火炮炮台；3号隔段——观察哨/折射观察和直接观察钟型塔；4号隔段——2个75/29型火炮炮台。根据其守卫区域，萨佩的1号和2号隔段又被称为毛里埃讷隔段，4号隔段又被称为弗雷瑞斯隔段。

② 该前沿哨所配有5个隔段，分别为入口隔段、观察哨隔段、2个配备机枪和自动步枪的炮台隔段和配备自动步枪的紧急出口隔段。

③ 该炮兵要塞有5个隔段和2个入口隔段：1号隔段——装有2门75毫米迫击炮的炮台，用于掩护南翼；2号隔段——装有2门75毫米迫击炮的炮台，用于正面开火；3号隔段——观察哨/折射观察和直接观察钟型塔；4号隔段——装有2个迫击炮钟型塔和1个榴弹发射器钟型塔的步兵炮台；5号隔段——装有2门75/31型迫击炮和4门81毫米迫击炮的炮台。

④ 该炮兵要塞指挥官为瓦拉特（Valat）上尉，有4个隔段：毛里埃讷1号隔段——75/33型榴弹炮；2号隔段——75/33型榴弹炮；3号隔段——观察哨/折射观察和直接观察钟型塔；4号隔段——装有2门75/29型炮/榴弹炮，用于掩护南翼；混合入口隔段。

⑤ 此人为工程兵军官，他也是唯一一名指挥马其诺防线要塞的工程兵军官。

⑥ 该要塞包括4个隔段，其中1号隔段装有迫击炮、自动步枪哨戒钟型塔和榴弹发射器钟型塔的步兵炮台；2号隔段为观察哨/折射观察和直接观察钟型塔；3号隔段装有2门75/31型迫击炮的炮台，用于掩护拉沃尔侧翼；4号隔段装有4门81毫米迫击炮，用于正面开火。

谷的渗透都被拉沃尔的火炮所阻挡。

从早晨开始，一个意军机枪组就一直对弗雷瑞斯前沿哨所[①]开火。14时左右，守军正准备放弃该前沿哨所时，帕斯杜罗克要塞使用81毫米迫击炮开火并驱散了意军机枪手。16时左右，弗雷瑞斯前沿哨所的观察员发现一个意军迫击炮组正在附近野地上安放迫击炮，这一威胁很快被帕斯杜罗克要塞4号隔段的迫击炮消除。意军第91步兵团（隶属于第1“苏佩加”师）第1营于17时30分发起了新一轮进攻，试图越过罗塞尔山口，进攻茹恩前沿哨所。进攻意军被前沿哨所的机枪所阻止。17时45分，又有来自拉沃尔要塞的迫击炮加入前沿哨所的机枪射击，意军败退。18时30分，萨佩要塞对位于窄谷山口的一个意军炮组进行炮击。20时，萨佩要塞开火并驱散了一支向茹恩山口进发的车队。20时20分，该要塞打出了72发炮弹，驱散了在窄谷山口集结的一个意军小股单位。

6月22日，卷土重来的敌军威胁到了弗雷瑞斯前沿哨所、茹恩前沿哨所和窄谷山口前沿哨所[②]。意军摸到了弗雷瑞斯前沿哨所跟前，却遭到了阿龙达斯要塞[③]的机枪和迫击炮的侧射火力打击。在茹恩前沿哨所和窄谷山口前沿哨所，意军尝试了进攻的新方法，他们将一个炮兵连的山炮推到了足以将前沿哨所纳入射程的距离，并直接对准前沿哨所的射击孔开炮。拉沃尔要塞进行了回击，并在射出数发炮弹后将意军山炮摧毁。之后意军对茹恩前沿哨所发起了一次突击，18时左右，一支意军大部队借助雾气掩护接近到距离前沿哨所仅有50米的距离上，之后割开铁丝网阵并攻击了前沿哨所。由于电话线被切断，无法警告拉沃尔要塞并呼叫支援，守军冒险钻出前沿哨所出击，并投掷手榴弹攻击意军，战斗持续到夜间，意军招架不住只得败退。

6月23日，浓雾笼罩着战场，意军在白天并没有试图进攻，但到了6月23—24日夜间，第91步兵团的步兵发起了进攻。天气仍然非常恶劣，给意大

① 该前沿哨所配备有2挺8毫米机枪、12挺自动步枪和2门60毫米迫击炮。

② 该前沿哨所配有4个装有自动步枪和机枪的隔段以及2个装有60毫米迫击炮的混凝土阵地的步兵前沿哨所，任务是守卫瓦莱峡谷山口，守军包括由吉拉德－马多克斯（Girard-Madoux）少尉指挥的来自第81阿尔卑斯要塞营的40名官兵。

③ 该要塞为步兵要塞，配有2个“半堡垒”——第一个“半堡垒”是入口隔段，其中的1号隔段是观察哨/折射观察和直接观察钟型塔，而2号隔段则是配有双联装机枪以压制弗雷瑞斯谷地。第二个“半堡垒”是配有自动步枪的入口隔段和紧急出口隔段。该要塞由第81阿尔卑斯要塞营第20连的54名官兵驻守，由戴斯格兰格（Desgrange）中尉指挥，而迫击炮组则由贝格（Bégué）中尉指挥。

利人带来不小的麻烦，也同样让法军难以观察到他们，他们认为意军已经推进至阿龙达斯要塞和帕斯杜罗克要塞的顶部。法军守军听见隔段传来机枪射击声。阿龙达斯、帕斯杜罗克、弗雷瑞斯前沿哨所和拉沃尔彼此间打出一道道支援弹幕以压制进攻者。帕斯杜罗克的 4 号隔段向阿龙达斯顶部开火，拉沃尔的 1 号隔段也加入射击。帕斯杜罗克的 4 号隔段的迫击炮向本要塞的 1 号隔段和观察哨开火。在法军的一次出击中，他们发现意军已经撤走，也或许从未出现在那里过。由于缺乏死伤者，因此后一种似乎是更准确的解释。守军在阴影中开火，但支援火力还在持续。4 时 20 分至 5 时 30 分，弗雷瑞斯和萨佩的隔段一直向阿龙达斯顶部开火。9 时 45 分左右，前线再次安静下来。

6 月 24 日是平静的一天，但就在停火生效前几个小时的 20 时左右，战端重启。意军在帕斯杜罗克附近遭到拉沃尔的火炮射击，帕斯杜罗克向阿龙达斯和弗雷瑞斯前沿哨所射击，并同样向边境处于其射程极限的地区射击。萨佩向弗雷瑞斯前沿哨所[①]打出了 144 发炮弹，向阿龙达斯打出了 246 发炮弹。最后出现的情况是拉沃尔的 81 毫米迫击炮发生炸膛，导致两名炮组成员受伤。

萨沃伊要塞区——下毛里埃讷次级要塞区

克莱利谷地（Vallée de la Clarée）由罗奇莱斯要塞[②]和艾吉耶 – 努伊尔（l'Aiguille–Noire）前沿哨所守卫，后者是一个配有 4 挺自动步枪的小隔段工事。守卫在罗奇莱斯要塞的来自法军第 91 阿尔卑斯要塞营的 54 名官兵能获得间隔部队和来自特莱格拉菲堡垒的 6 门 M1877 型 155 毫米炮的支援。6 月 21 日，意军接近了罗奇莱斯，罗奇莱斯要塞派出的一支巡逻队发现内拉什山口（Col de Nérache）和穆伦德斯山口（Col des Murandes）均被意军占领。意军似乎准备好发起一次进攻，但并不是朝着预料中的罗奇莱斯要塞方向。相反，他们在火炮射程范围之外穿过，并试图偷越过圣米歇尔 – 德 – 毛里埃讷（Saint–Michel–de–Maurienne）。6 月 21—22 日夜间，他们已经穿过了瓦尔梅尼耶山口和内拉什山口，占领了瓦尔梅尼耶冰斗（Cirque de Valmeinier）。这里由法军

---

① 该前沿哨所为小型前沿哨所，配有1挺机枪、12挺自动步枪和2门60毫米迫击炮。
② 由3个配备双联装机枪和自动步枪的步兵隔段组成。

第91阿尔卑斯要塞营的一个连守卫，并有来自特莱格拉菲堡垒的火炮支援。炮弹落下后，意军被迫寻找掩护。10时，对这一区域的威胁即告解除。法军从罗奇莱斯发起了一次侧翼反击，取得了完全击退敌军的胜利，意军没有再在这一区域采取其他发起进攻的尝试。

多菲内要塞区

布赖恩索奈（上克莱利次级要塞区和上杜兰斯次级要塞区）

1940年6月，布里昂松是一处实力强大的区域，具有新老要塞工事融合的防御体系。该地由法军第75阿尔卑斯要塞半旅据守，炮手则来自第154阵地炮兵团。意军在布里昂松的行动围绕火力强劲的“查伯顿”炮台，该炮台凭借8门149毫米炮足以主宰该地区。该炮台由意大利陆军工程兵在1888—1908年建造，以应对法军在蒙吉涅夫罗山丘（Colle de Monginevro）可能带来的威胁。该炮台被建于海拔3130米的位置以对法军要塞形成优势，8座在顶部装有149毫米炮的高塔作为炮台的主要远程武器。炮台由来自第515炮兵连的150名官兵操作。

6月17日17时35分，“查伯顿”炮台开火，8发炮弹同时射向常规间隔，首要目标则是奥利弗堡垒和其他几个间隔炮台。法军损失轻微。6月18日，意军活动有所增加，主要压力针对阿克勒斯（Acles）突出部。

意军摩托化部队在克莱里埃雷斯公路（Route de Clairières）被贾努斯要塞①的观察员们发现。1940年6月，为了给蒙热内夫雷山口提供防御，射击孔射角被通过切开混凝土的方式扩大。发现敌情的信息被传递给指挥官，但当时并未采取任何行动。只要意军保持防御态势，法军就不会开火，而且他们也不会向边境开火。6月18日，意军火炮向贾努斯要塞开火，切断了供电线路，要塞内部的发电机开始运作。

---

① 该要塞为“筑垒地域组织委员会”型炮兵要塞，有7个隔段和1个入口（1号隔段）：2号隔段——以2门81毫米迫击炮掩护蒙特热内夫尔通道的侧翼；3号隔段——以2门75/31型迫击炮掩护克莱利谷地；4号隔段——观察哨／折射观察和直接观察钟型塔；5号隔段——观察哨（并非折射观察和直接观察钟型塔）；6号隔段——装有双联装机枪的炮台；7号隔段——以双联装机枪掩护蒙特热内夫尔通道侧翼；8号隔段——旧贡德兰南堡垒一部分，装有4门95毫米炮。守军中步兵来自第72阿尔卑斯要塞营，炮兵来自第154阵地炮兵团第11连，由马德连上尉指挥。

6月20日，敌军渗透进了蒙热内夫雷村镇、附近的萨芬森林（Bois de Suffin）和塞斯特列雷森林（Bois de Sestrières），试图为随后的进攻占据一个出发点。意军步兵离开了塞斯特列雷森林，向法军第91阿尔卑斯轻步兵营据守的贡德兰斯（Gondrans）和十点岩石支撑点（Point d'Appui de Rocher de Dix Heures）[①]进发。他们的目标是迂回包抄蒙热内夫雷山口的要塞工事。

同一天，“查伯顿”炮台以全部8门火炮开火支援意军进攻，300发炮弹落在贾努斯要塞顶部和作为因福奈特（l'Infernet）和贡德兰斯观察哨的艾特[②]。因为其给予的杀伤，法军指挥官下令摧毁“查伯顿”炮台。一个隶属于法军第154阵地炮兵团第6连〔指挥官为米格特（Miguet）中尉〕的一个装备4门280毫米M1914型重迫击炮的炮台受命完成这一任务。两门炮被置于贡德兰西南坡的波埃特–莫纳德（Poët-Morand），而另外两门则被置于因福奈特下方的耶盖特（l'Eyette）。9时左右，更多的敌军纵队穿过吉蒙特山口（Cols de Gimont）、布森山口（Cols de Bousson）和查鲍山口（Cols de Chabaud）并向切尔韦雷特进发。11时，他们被艾特的观察员们发现，后者使用机枪向来袭方向进行了射击，这足以挡住敌军进犯。

6月21日，被浓雾笼罩的“查伯顿”炮台以全部8门火炮开火，从7时到16时向伦隆棱堡（Redoute de Lenlon）[③]、贡德兰要塞[④]和贾努斯要塞射击，总计有900发149毫米炮弹和15发210毫米炮弹落在贾努斯要塞顶部。该要塞由之前的贾努斯堡垒的新旧结构混合而成，要塞的石质隔段遭到了严重损毁，95毫米炮炮台也同样受损，一座通风机竖井被摧毁，炮弹顺着之前命中所打开的弹孔射入炮台内部。最后，连通隔段和地下坑道的穹顶破裂了，但要塞的现代化结构部分依然未受损。意军炮弹甚至未能击中4号隔段的炮兵观察员的

---

① 包括10个隔段工事外加2个阿尔卑斯掩蔽所和1个洞穴掩蔽所，其任务是掩护蒙特热内夫尔村镇、塞斯特列雷森林和艾加梅山口（Col du Clot Enjaime）。守军为贝尔图（Berthoux）中尉指挥的第91阿尔卑斯轻步兵营的一个连，防御武器包括自动步枪和机枪。

② 该观察哨实际上为要塞，由4个配备自动步枪、机枪和25毫米反坦克炮的步兵隔段组成，并配有1个小型水闸以便在丰德谷地制造一片行洪区。该要塞由来自第72阿尔卑斯要塞营第2连的92名官兵据守，由里诺克斯（Renoux）中尉指挥。

③ 该堡垒建于1940年，主体是一个小型砖石结构炮台，用于保护奥利弗堡垒，并当作一处步兵阵地。

④ 贡德兰是由5个主体部分及其他附属防御工事组成的集群，包括：贡德兰A——具有6个露天炮兵阵地的兵营；贡德兰B——与贡德兰A大致相同，只是露天炮兵阵地为3个；贡德兰C——与贡德兰B相同；贡德兰D——有3个炮兵阵地的砖石据点；贡德兰E——3个隔段（1号隔段——入口，2号隔段——机枪炮台，3号隔段——有一个钟型塔的观察哨）。由甘德莫（Gandemer）少尉指挥来自第72阿尔卑斯要塞营的42名守军。

潜望镜，在整个轰击过程中潜望镜都一直处于升起位置。

米格特中尉的火炮已经就位，区域炮兵指挥官瓦莱特（Vallet）上校准许他向“查伯顿”炮台开火。浓雾最终于10时消散，炮手们能清楚地看到堡垒。射击校正由位于贾努斯要塞的观察员们负责，炮弹开始落在“查伯顿”炮台顶端。仅仅打出3发炮弹后雾气就卷土重来，米格特不得不等到15时30分浓雾消散，之后4门280毫米炮将查伯顿堡垒炸成了碎片。法军炮弹打来时意军仍然不断开火，目标是布里昂松堡垒，他们怀疑是这里的法军在对其开火。一门接着一门的意军火炮失去了战斗力。

6月22日，浓雾蒙住了观察员们的双眼，敌军步兵在夺取要道失败的情况下冲向了要道中间的高地。在萨芬森林，意军与十点岩石前沿哨所交火，并向贾努斯堡垒进发。由于意军与十点岩石前沿哨所交火加剧，贾努斯要塞的炮手决定将75毫米迫击炮射击孔进行改动，以便按更大射程射击而不击中射击孔外围的混凝土，这包括了切除射击孔的混凝土以扩大射击角度。6月23日黎明，魏瑟（Weise）上尉在堡垒射角之外用75毫米炮进行了射击，炮弹落在了十点岩石前沿哨所前方60米。

就在12时，前沿哨所守军请求贾努斯要塞提供紧急支援，尽管雾气浓重，依然有216发炮弹落在了前沿哨所附近。借助大雾掩护，意军向勒夏文（Le Charvin）推进，从那里攻向切纳莱特前沿哨所①，后者从5时起就遭到猛烈轰击。14时，贾努斯要塞在切纳莱特以东发现了约100名士兵，但他们处于火力死角，要塞无法进行射击，而电话线已经被炮火切断，因此无法向前沿哨所发出警报。90分钟后，大雾消散，法军看见意军已经占领前沿哨所并在其顶部架起迫击炮。然而，贾努斯要塞的炮兵随即开火，让意大利人的努力最终失败。到了晚间，意军再次试图向十点岩石前沿哨所发起进攻，但被贾努斯要塞的迫击炮阻止，之后撤退。6月21日早晨，贾努斯要塞继续向几个目标——朝克拉雷雷斯（Clarières）开进的一个30辆卡车组成的车队、博埃弗堡垒山（Mont-Fort-du-Boeuf）的缆车和切尚（Césanne）公路——开火。

---

① 实际上该哨所是未完工的小型步兵防御工事，带有藏于岩石中的坑道但不具有隔段，由来自第91阿尔卑斯轻步兵营的伯劳德军士指挥。

"查伯顿"炮台仍然有3座炮塔保有一定战斗力，但在有雾的情况下法军280毫米炮炮台也对其保持了压力。280毫米炮向"查伯顿"炮台打出了24发炮弹，后者仅仅因为停战才逃脱了被完全摧毁的命运。根据战后统计，米格特的炮台总计打出了101发炮弹，摧毁了8门炮中的6门。

因为临近停火，似乎每门炮都在开火，而法军火炮的射击一直持续到午夜。最后的轰响在群山间回响，之后归于沉寂。和在毛里埃讷一样，意军未能在布里昂松到达主抵抗防线，而具有讽刺意味的是，他们最强大的堡垒被击毁了。

奎伊拉斯谷地（吉尔次级要塞区）

由于地形性质，该地并没有永备要塞工事，它是由围绕阿布列斯（Abriés）高地群和从索梅特－布彻（Sommet–Bucher）到奎伊拉斯城堡（Chateau–Queyras）的一条"停止线"（ligne d'Arrêt）的一系列步兵阵地组织起的防御。守卫者来自由博内特中校指挥的法军第75阿尔卑斯要塞半旅及第45阿尔卑斯轻步兵半旅和5支阿尔卑斯山区滑雪巡逻队。

对奎伊拉斯的进攻于6月21日开始，意军第3阿尔卑斯山地师对边境哨所发起攻击。守卫者且战且退，并在阿布列斯集结。到了午后，意军给予法军强力压制，但法军展开顽强抵抗，同时炮兵精确打击了意军，迫使其后撤。6月24日，意军在几处地域再次发起进攻，但均未取得进展，奎伊拉斯的攻势在双方都在等待即将到来的停火时结束。

乌巴耶谷地（乌巴耶次级要塞区，若谢尔次级要塞区）

6月22日5时，位于隆巴德平台小型步兵要塞[①]的观察员几乎不敢相信自己的眼睛：从斯托皮亚（Stoppia）山口（海拔2850米）一路向下的道路上黑压压一片——那是一整个营的敌军。他们立刻通知了支援炮兵，第162阵地炮兵团第3炮兵连的105毫米炮进行了射击，阻止了进攻，周围堡垒的机枪手把

① 该要塞由4个"筑垒地域组织委员会"型隔段组成——1号入口隔段；2号和3号隔段为钟型塔，经过帕马特改造可以容纳FM24/29型自动步枪和50毫米迫击炮；4号隔段是一个"工程技术部"A型观察用自动步枪哨戒钟型塔。要塞由来自第83阿尔卑斯要塞营的52名官兵操作，由德罗伊中尉指挥。

剩余包围圈里的残敌消灭干净，十字岩石要塞[①]的5号隔段的75毫米迫击炮则从侧向对斯托皮亚山口的出口进行了轰击。17时进行的第二次进攻也被阻止。6月23日，意军企图经由上富卢乌兹（Fouillouze Haut）上方的吉皮耶山口（Col de Gypiere）渗透并包抄隆巴德平台小型步兵要塞，一些被孤立的意军单位到达了乌巴耶谷地，在那里向法军投降。

6月17日，意军巡逻队渗透进邻近的法国领土，一支法军阿尔卑斯山区滑雪巡逻队发现了意军，一路追赶其到劳扎尼尔木屋（Cabane du Lauzanier）。十字岩石要塞的炮台于15时10分开火，维雷塞炮台[②]报称取得一次直接命中。20分钟后意军逃离了边境。6月20日，意军炮兵对维雷塞炮台打出一发280毫米炮弹或305毫米炮弹。在其他战事中，十字岩石要塞的6号隔段发现了意军设在帕特斯山顶（Tête-des-Partes）的观察哨，打出数发炮弹，炮弹落在了意军头上。

6月21日，一支来自意军第44步兵师的大规模部队经由索特龙山口（Col de Sautron）下行，另有一队来自意军第43步兵师的部队经莫尔各斯山口（Col des Morges）下行，目标是维雷塞炮台。意军在拉徇山口方向进行了佯动，一支由100匹骡马和300名驭手组成的骡马车队从玛德琳湖（Lac de la Madeleine）向上攀登前往帕特斯山顶，但被维雷塞炮台的观察哨发现。10时50分，驭手被来自法军第293师属重炮团（Régiment d'Artillerie Lourde Divisionnaire，RALD）第13炮兵连的155毫米CS M1917型火炮轰散，10分钟后十字岩石要塞的75毫米炮塔扫尾完成。

6月22日这天，尽管法军的反击炮火尤其是来自十字岩石要塞的75毫米炮塔的反击炮火猛烈，意军仍然在8时至11时25分对拉徇前沿哨所和维雷塞观察哨进行了炮击，后者被240毫米炮弹命中。9时，与观察哨的电话通

---

① 该要塞为大型炮兵要塞，有6个隔段：2号隔段——配备50毫米迫击炮和自动步枪，用于掩护连接道路侧翼；3号隔段同样用于掩护通往森林道路侧翼；4号隔段——观察哨/折射观察和直接观察钟型塔；5号隔段——一个火力非常强大的隔段，配有2门75/31型炮台迫击炮、2门位于下层的81毫米迫击炮和1个75/33型炮塔；6号隔段——观察哨。要塞的任务是掩护上圣乌尔要塞侧翼并掩护拉徇山口和前沿地带。指挥官为来自第162阵地炮兵团的法布雷上尉，指挥来自第162阵地炮兵团和第83阿尔卑斯要塞营的155名官兵。

② 该炮台同样是来自塞雷·德·里维埃要塞群的炮兵观察哨，具有数门150毫米迫击炮，由普洛艾尔（Proal）中尉指挥，人员来自第162阵地炮兵团。

信被切断，观察员切换到无线电台，意军几个营出现在拉彻山口和尚贝隆勒布雷克山口（Col le Brec de Chambeyron）之间的小道上。8时5分，十字岩石要塞的6号隔段以及上层（Roche-la-Croix Supérieure）对从莫尔各斯山口下行并沿鲁赫库泽·拉维恩（Rouchcouze Ravine）方向推进的意军两个营进行直射，10时30分—16时火炮持续对敌军射击，共计打出320发炮弹。十字岩石要塞的75毫米炮台炮不仅对边境要道的出口进行了射击，还支援了隆巴德平台的守军。

意军在这一天中继续试图占领维雷塞，在杜雷山顶（Tête-Dure）峰顶方向驻守的守军被迫于16时左右退守拉彻前沿哨所，使得维雷塞被孤立继而被意军包围。他们于夜间又回到了阵地，黎明时分试图与维雷塞的守卫者取得联系。6月23日这天有降雪，意军对维雷塞没有采取行动。在谷地中，梅内（Méane）要塞工事房从这天凌晨起就受到威胁，守军被迫于10时撤离。十字岩石要塞的6号隔段对位于村镇拉德（Larde）的意军开火，之后又于14时和15时20分轰散了两个从拉彻山口下行的意军骡马车队。17时，意军队伍经由莫尔各斯山口撤过边境回到意大利。

意军非常清楚维雷塞守军在观察他们的一举一动时所扮演的角色，6月23日午夜前后，他们对该地发起了新一轮进攻。获得滑雪巡逻队增援的守军在他们接近外围边界时用手榴弹将其击退。

6月24日，尽管天气恶劣，还下着雪，意军仍然发起了进攻。十字岩石要塞的炮台和炮塔进行了拦阻射击，从4时20分起打出了100发炮弹，以驱散从杜雷山顶下行的约250名意军士兵。10分钟后，100名意军在拉彻山口越过边境，要塞堡垒的第一轮齐射挡住了这一行军纵队的先头部队，纵队中绝大多数人四散奔逃。这一行动一直持续到8时，当时一支新出现的意军骡马车队在拉彻山口的山脚下被发现，随即被数发法军炮弹轰散。雾气笼罩着战场，直至13时30分才消散。雾气消散后，一幕让人印象深刻的景象出现在人们面前：大量意军在雷米山口（Col Rémi）和杜雷山顶被法军火炮和机枪倾泻的火力打死打伤，另有335人放下武器投降。

15时35分左右，一支队列较长的骡马车队出现在劳扎纳谷地（Vallon du Lauzaner），正在向前线进发，十字岩石要塞的6号隔段打出的一发炮弹造成车队陷入混乱，骡马和驭手四散奔逃。16时，一支20人的意军巡逻队在拉彻村镇附近被发现，炮塔打出30发炮弹，造成大量人员伤亡，只有一小部分意军士兵得以逃脱。6号隔段的最后射击是在20时30至40分对一个正从莫尔各斯山口向下推进的山炮连开火，打出24发炮弹后，飘来大片云团遮住了炮手们的视线。这一天中，上圣乌尔要塞[①]的2号隔段在打击敌军在西古雷特山顶（Tête-de-Siguret）斜坡的活动中首次开火，这其实最有可能是让守军有事可做并清空弹药库。这一天结束时，法军一侧的形势已经完成恢复，拉彻的阵地依然掌握在法军手中。

6月16日，意军已经推进到了边境上的杜福尔山口（Col du Fer），并将法军滑雪巡逻队打退到勒普拉前沿哨所[②]。到第二天18时，他们越过了边境线。雷斯特福德要塞的6号隔段[③]的75/32型榴弹炮向托尔蒂萨（Tortissa）和文斯湖（Lac de Vens）的林间工事房打出了20发炮弹，意军没有加紧进攻。6月21日8时45分，敌军两个连穿过了更北方的波里亚茨山口（Col du Pourriac），他们被位于福奇斯的观察哨发现，后者向雷斯特福德要塞通报了目标信息。要塞的75/32型榴弹炮和75/31型迫击炮打出180发炮弹以拦阻意军于卡瓦尔隘口（Pas de la Caval）和阿格内尔湖（Lac d'Agnel）一线。

6月23日2时45分至8时15分，福奇斯前沿哨所[④]遭到一轮猛烈炮击。4时，雷斯特福德要塞对波里亚茨地区、三主教区（Trois-Évêches）和阿格内尔湖这几个敌军经过的要地进行了封锁射击。8时，炮击的浓烟消散，福奇斯前沿哨所观察到一队意军出现在波里亚茨，而另一组意军则经由卡瓦尔隘口下行。前沿哨所的机枪开火射击，意军纷纷躲藏以寻找掩护。11时，被福奇斯前沿

---

① 该要塞是一个"筑垒地域组织委员会"型炮兵要塞，有5个隔段：1号隔段——带有近距离防御的入口隔段；2号隔段——配有75/31型迫击炮和81毫米迫击炮的炮兵炮台；3号和4号隔段——观察哨；5号隔段——配有2门81毫米迫击炮的炮台，用于掩护马累莫特（plateau of Mallemort）高原、皮内特沟壑（Ravin de Pinet）和维雷塞道路。由德·科赛尔（de Cource）上尉指挥，守军为来自第83阿尔卑斯要塞营和第162阵地炮兵团的233名士兵和11名军官。

② 该前沿哨所为小型"军事建设"型哨所，配有5个装有自动步枪和机枪的隔段，加上一门位于2号隔段顶部的迫击炮。截止到6月12日，守军为来自第299阿尔卑斯步兵团的30名士兵和2名军官，由约塞兰（Josserand）中尉指挥。

③ 整个雷斯特福德要塞计划建造8个隔段，实际仅仅建成4个：3号隔段——双联装机枪；4号隔段——双联装机枪和自动步枪/50毫米迫击炮混合钟型塔以及折射观察和直接观察钟型塔；6号隔段——2门75/32型榴弹炮和1门75/31型榴弹炮。截止到5月29日，守军为来自第73阿尔卑斯要塞营和第162阵地炮兵团的10名军官和216名士兵，指挥官为吉洛特（Gilotte）上尉。

④ 该前沿哨所由"军事建设"建造，配有5个装有自动步枪和机枪的隔段，守军为来自第73阿尔卑斯要塞营的21名官兵，指挥官为德雷克拉兹（Delécraz）中尉。

哨所的机枪和雷斯特福德要塞的火炮夹击的意军无法前进，只得在一场大雪的掩护下撤退。下午，他们借助雾气和降雪的掩护试图经由八月山口（Col des Quartiers d'Aôut）和劳扎尼尔凸地（bosse du Lauzanier）沿萨涅斯方向进攻。萨涅斯的观察员引导了雷斯特福德要塞的 75/31 型迫击炮的射击，使意军新一轮进攻陷入僵局。

法军火炮于 6 月 24 日再次对八月山口被意军占领的阵地开火，20 时 30 分至次日 0 时 35 分，这一区域和雷斯特福德要塞的所有火炮都朝边境方向开火。6 月 25 日黎明时分，所有法军堡垒要塞依然飘扬着法国国旗。6 月 17—24 日，在乌巴耶—雷斯特福德地区共有 13000 发炮弹射出，其中 30% 的炮弹是由十字岩石要塞、上圣乌尔要塞和雷斯特福德要塞射出。

阿尔卑斯 - 滨海要塞区

阿尔卑斯 - 滨海要塞区是阿尔卑斯山区马其诺防线中最强的要塞区，尤其是在海边和欧蒂永河之间，沿着这一片区域 35 千米长的正面上有一座炮兵要塞、9 座混合要塞、3 个小型要塞、2 个观察哨和 6 个前沿哨所。欧蒂永河之外要塞工事就没这么密集了——韦叙比河谷地（Vallée de la Vésubie）有一座未完工的混合堡垒和两座混合堡垒，而蒂内埃河谷地（Vallée de la Tinée）则有 4 座要塞（其中一个是混合要塞）和 4 个未完成的路障工事。

意军在这一要塞区的主要攻势——行动 R〔R 表示 Riviera（里维埃拉）〕——被定为在索斯佩尔和地中海之间。原因有二：其一，这是从边境到尼斯和马赛（Marseilles）最近的路线；其二，因为靠近海岸地区，积雪较浅。进攻由甘巴拉将军指挥的意军第 15 军执行，该军下辖 5 个师，其中两个[①]位于前沿梯队。而下辖第 3 "拉文纳" 师的阿里西奥将军的第 3 军则面对索尔格（Saorge），该部还下辖 "格西阿尔卑斯分遣队"（意大利语名称：Gessi Raggruppamento Alpini）。

---

① 直面芒通的第 5 "科塞里亚" 师和直面乌尔山（Mount-Ours）的第 37 "摩德纳" 师。

第65步兵师防区
（穆尼耶次级要塞区和蒂内－韦叙比次级要塞区）

这里没有太多行动。6月20日下午，意军从伦巴德山口进行了一次武装游行，他们下行进入了卡斯蒂荣谷地，却发现自身处于埃索拉前沿哨所[①]自动武器的火力范围。意军被封锁在距离蒂内埃河3千米的山谷中，第二天他们出现在林普拉斯以北6千米处的吉罗山附近，超出了要塞射击范围，巡逻队随即在圣马丁－韦叙比（Saint-Martin-Vésubie）以北越过边境。9时50分，林普拉斯要塞（此时要塞守军包括8名军官和334名士兵，由图森特上尉指挥）的5号隔段（即瓦尔代布洛尔隔段）向维拉尔（Villar）农场开火。

6月22日，未完工的瓦莱特山口要塞遭到炮击。虽然能见度较低，但并不能阻挡意军对伯尔盖特（Bourguet）地区（即穆尼耶次级要塞区）的蒂内埃河的进攻。下午，法军开火阻止了意军进攻。20时，林普拉斯要塞的4号隔段（又名蒂内埃隔段）加入进来。在东边，意军利用旧高山小屋谷地（Vallon de Cabane–Vieille）以接近博林（Bolline），这一行动被数个前沿哨所观察到，后者要求林普拉斯要塞火炮提供支援，炮击时间是11时33分。而在更东边，意军经由博隆谷地（Vallée du Boréon）、费内斯特尔的马德娜（Madone–de–Fenestre）和戈多拉斯克（Gordolasque）从边境向韦叙比进行渗透，这次轮到戈尔多隆要塞[②]打响第一炮了。

6月24日，意军继续经由戈多拉斯克推进，这一情况被弗劳特要塞的观察员通过潜望镜发现，要塞的4号隔段的81毫米迫击炮随即开火，之后又有戈尔多隆要塞的75/33型迫击炮加入，迫使意军撤退。

阿尔卑斯－滨海要塞区（索斯佩尔次级要塞区）

6月15日10时，意军迫击炮在阿尔佩特山口（Col de l'Arpette）附近向法军第85阿尔卑斯要塞营的滑雪巡逻队开火，后者撤回到艾纳山（Mont-Ainé）。

---

① 主体为一个配有4个装有机枪的隔段的观察哨，27名守军由乔伊斯（Joyeux）指挥。

② 该要塞为带有3个隔段的炮兵要塞：1号隔段为入口和自动步枪/机枪隔段；2号隔段——配有2门81/32型迫击炮；3号隔段——配有2门75/31型迫击炮和2门81/32型迫击炮。其任务是封锁韦叙比谷地并警戒戈多拉斯克谷地出口。守军为来自第61阿尔卑斯要塞半旅和第167阵地炮兵团第12连一部的246名士兵和5名军官，由卡尔迪（Cardi）上尉指挥。

15 分钟后蒙特格罗索要塞[①]的 75 毫米炮塔进行了回击，对意军迫击炮取得一次直接命中，直接将其炸上了天。意军迫击炮手仓皇逃窜。另有意军的 149 毫米和 210 毫米火炮向蒙特格罗索要塞顶部开火，炸伤了一名在观察钟型塔内的哨兵。蒙特格罗索要塞的火炮在第二天一直对一支在阿尔佩特山口附近穿越边境的意军分队开火，之后，6 月 17 日，又对阿贝隆（l'Abeillon）以北的一个敌军炮兵连开火，该要塞堡垒持续开火到停火协议生效。

基本平静的局势一直保持到 6 月 20 日，当天，意军借助晨雾掩护，派遣 300 名士兵翻过阿尔佩特山口，以威胁村镇布雷尔（Breil）。在观察员和步兵的引导下，蒙特格罗索要塞的 75 毫米炮塔和阿盖森要塞[②]的 75 毫米炮打出了 500 发炮弹，迫使意军撤退。到了晚间，巴博内特要塞堡垒的 155 毫米莫金式炮塔向意大利境内横跨洛雅（Roya）的利比里桥（Pont de Libri）打出了 20 发炮弹，意军增援部队正通过此桥前往布雷尔。

6 月 21 日，法军第 85 阿尔卑斯要塞营的滑雪巡逻队回到了其位于艾纳山的哨位，意军位于阿尔托山（mont-Alto）的炮台被蒙特格罗索要塞和阿盖森要塞的 75 毫米炮塔的反击炮火击中。意军被法军的反击打得狼狈不堪，借助浓雾掩护才得以撤出包围皮埃尔－图库埃前沿哨所[③]的进攻部队。

6 月 23 日，雾气消散，意军一个行军纵队向洛雅山口进发，他们很快被蒙特格罗索要塞打出的炮弹轰散。类似的行动发生在 6 月 24 日，打击的是从库雷（Cuore）向贝维拉（Bévera）进发并处于利比里地区的意军。一支向卡斯特－鲁恩斯前沿哨所[④]进犯的意军巡逻队遭到阿盖森要塞的 2 号隔段的机枪扫射。阿盖森要塞和蒙特格罗索要塞的 75 毫米炮塔打出了 3500 发炮弹，并被意

---

① 该要塞为大型炮兵要塞，也是在南部地区唯一一个具有一个 135 毫米火炮炮塔的炮兵要塞。包括 6 个隔段附加混合入口：3 号隔段——75/29 型火炮位于炮台内；4 号隔段——4 门 81/32 型迫击炮；5 号隔段——75/33 型火炮炮塔；6 号隔段——135 毫米火炮炮塔；7 号和 8 号隔段——双联装机枪和机枪以及折射观察和直接观察钟型塔；2 号隔段并未建造。守军包括来自第 85 阿尔卑斯要塞营（即第 40 阿尔卑斯要塞半旅）和第 158 阵地炮兵团的 10 名军官和 363 名士兵，由库基埃蒂中校指挥。

② 要塞武备包括：2 门 75/31 型火炮位于炮台内（2 号隔段），4 门 81 毫米迫击炮位于炮台内（2 号和 3 号隔段），1 个 75/33 型火炮炮塔（3 号隔段），总计 7 名军官和 295 名士兵，他们来自第 95 阿尔卑斯要塞营和第 158 阵地炮兵团第 11 连，由勒琼（Lejeune）上尉指挥。

③ 5 个隔段：2 个配有自动步枪的入口隔段、1 个观察哨、1 个配有机枪的步兵隔段，加上一系列小型隔段工事，由来自第 76 阿尔卑斯要塞营第 2 连的 5 名军官和 27 名士兵操作，指挥官为兰特利（Lanteri）军士长。

④ 该前沿哨所包括 6 个隔段：2 个入口（1 号和 2 号隔段），3 号和 4 号隔段配备机枪，5 号隔段为观察哨，6 号隔段为自动步枪隔段。40 名士兵和 4 名军官组成的守军由卡梅斯（Carmes）中尉指挥。

军的149毫米、210毫米以及疑似380毫米炮的反击击中，其中射向阿盖森要塞的有2000发，射向蒙特格罗索要塞的则有3000发，这是阿尔卑斯要塞中遭到炮击最严重的。一发炮弹击中了蒙特格罗索要塞的75/33炮塔顶盖并造成凹陷，但这就是炮弹造成最大的损坏。在阿盖森要塞，意大利空军轰炸机投下的一枚炸弹落在了观察哨和3号隔段之间，炸出了一个大弹坑，但对要塞堡垒未造成更多破坏。

峭壁公路次级要塞区

意军的第一轮行动以对卡斯特利亚方向发起突袭的方式于6月14日展开，3时20分至6时，阿尔卑斯山区法军滑雪巡逻队在意军挤压下后撤。在狮子平地（Plan-du-Lion），来自法军第25阿尔卑斯轻步兵营的25名官兵被意军淹没，后者似乎在从每个方向涌来。法军后撤并打出绿色信号弹，发出了呼叫支援的信号。圣艾格尼斯要塞[①]的观察哨发现了信号弹，但因为圣艾格尼斯要塞的火炮并没有朝向边境，他们又向巴博内特要塞的炮台炮兵发出警报，后者正面对峭壁公路次级要塞区的前沿哨所。

5时07分，马丁角要塞[②]的路障隔段（Bloc du Barrage）向圣路易斯桥前沿哨所打出8发炮弹，之后位于圣艾格尼斯的155毫米炮兵连（第2连）和阿格尔山要塞[③]的两个75/33炮塔分别于5时17分和5时30分开火。所有穿过边境线的道路都遭到了猛烈的袭扰炮火，意军被迫后退。19时，法军阿尔卑斯滑行巡逻队回到其原阵地位置。意军明白接下来的任何进攻都会被发现，进攻部队将被要塞火炮击中。

6月17日2时17分，从意大利空军轰炸机上投下的两枚炸弹落在了班

---

① 该要塞为阿尔卑斯山区最强大的要塞，具有4个隔段：1号隔段——入口；2号隔段（南炮兵炮台）——2门75/31型迫击炮、2门81毫米迫击炮、2门135毫米“炸弹投掷器”；3号隔段（北炮兵炮台）——2门75/31型迫击炮，2门81毫米迫击炮；4号隔段——观察哨；5号和6号隔段——配有分别用于掩护北翼和南翼的自动步枪。守军包括来自第86阿尔卑斯要塞营和第157阵地炮兵团第8连的310名士兵和8名军官，由潘扎尼（Panzani）上尉指挥。

② 该要塞由3个隔段组成：1号隔段——配有榴弹发射器钟型塔和2门81毫米迫击炮的入口；2号隔段（兵营隔段）——75/29型火炮炮台外加数挺机枪；3号隔段——2门81毫米迫击炮和2门75/29型火炮位于炮台内。354名士兵和11名军官组成的守军由乌加德（Hugard）上尉指挥。

③ 该要塞由3个入口隔段和4个战斗隔段组成：1号隔段——人员入口；2号隔段——车辆入口；3号隔段——缆车；4号隔段——自动步枪；5号和6号隔段——75/33型火炮炮塔；独立的阿格尔山以东“筑垒地域组织委员会”型观察哨。7名军官和194名士兵组成的守军来自第58阿尔卑斯要塞半旅和第157阵地炮兵团第10连，由戴维（David）上尉指挥。

卡特山口，作为回应，阿格尔山要塞的两个炮塔对边境上的布里科特雷托雷（Bricco Treitore）进行了轰击。17时15分，法军在从拉莫尔托拉（La Mortola）延伸而来的公路上发现一大批意军步兵，炮手需要获得炮兵指挥官查曼森（Charmasson）中校的越境开火许可，而这一许可在17时36分被下达。阿格尔山要塞再次以其炮塔火炮开火，一整天消耗了大约3000发炮弹。

对芒通镇的进攻和对布雷尔的进攻同时于6月20日开始，意军试图通过一次正面攻击并从芒通上方的山上进行侧翼攻击来从圣路易斯桥取得突破，唯一能供坦克通行的道路就是沿海岸线的公路。为了能够推进，他们需要消灭圣路易斯桥前沿哨所[①]并移除封锁道路的路障（barrière rapide）。8时15分，一个连试图进攻并消灭前沿哨所守军，后者向马丁角要塞发出警报。意军将手榴弹扔进前沿哨所入口门的气孔内，而前沿哨所守军则用掉了15个机枪弹夹向他们射击。1分钟后，从马丁角要塞射来的炮弹如雨点般落下，许多意军被炸伤。10时，索斯佩尔次级要塞区中所有能打到芒通的要塞都向海岸公路开火，包括了位于丰邦（Fontbonne）的两个155毫米炮连、位于圣艾格尼斯的155毫米炮兵连和阿格尔山要塞的6号隔段。

意军从芒通上方的山峦进行侧翼进攻被付诸实施，圣保罗谷仓（Granges Saint-Paul，位于芒通以北1.5千米）被包围。意军沿芒通以东的加拉万大道（Boulevard de Garavan）方向前进，但由法军第96阿尔卑斯要塞营守备的科莱（Colle）前哨站进行了顽强抵抗。马丁角要塞和巴博内特要塞为其提供了支援。11时，进攻被遏止。与此同时，在15时左右意军又对圣路易斯桥前沿哨所的路障进行了一次混乱的进攻，被前沿哨所打出的3发37毫米炮弹驱散。

同一时间（9时30分左右），马丁角被大约100发75毫米和149毫米炮弹击中，观察员无法定位射击火炮的位置。下午，山上的乌云升腾而去，罗克布鲁内观察哨发现了一个他们怀疑是列车炮连的地方，其他观察员此时将目光对准了芒通以东的轨道和隧道。意军列车炮连于20时30分再次开火，从炮管

① 该前沿哨所配有可更换为37毫米反坦克炮和自动步枪的双联装机枪的小型哨所，该哨所控制了加拉万（Garavan）道路的交汇点，由来自第95阿尔卑斯要塞营的8名士兵和1名军官操作，指挥官为查尔斯·格罗斯（Charles Gros）少尉。

中迸发出的烟团被阿格尔山要塞的观察员发现，后者确认这是一个沿海岸线机动的架设在轨道平台上的炮兵连。

6 月 21 日，意军进攻仅限于对卡斯特利亚地区的前沿哨所、柯莱杜皮隆前哨站和马丁角要塞的轰击，在博尔迪盖拉 – 文蒂米耶（Bordighéra-Vintimille）公路上的意军车辆无疑是发出了意军又一次进攻的警告。接近圣路易斯桥的意军被马丁角要塞轻而易举地驱走了，而关于列车炮连的消息传到了峭壁公路次级要塞区指挥官默西尔 · 圣克罗伊中校（来自第 58 阿尔卑斯要塞半旅）位于拉图贝（La Turbie）的次级要塞区指挥所里。

6 月 22 日 7 时，意军在整条战线上发起了一次大规模进攻。“科塞里亚”师以两路纵队从狮子平地向芒通进攻,迫使法军阿尔卑斯山区滑雪巡逻队撤退。在雾气掩护下，意军两个团夺取了芒通上方的圣保罗谷仓公路，他们先向巴里泉医院（l'Hôpital Barriquan）前进，之后又冲向通往芒通的加拉万大道。从马丁角到巴博内特，这一区域的要塞堡垒都遭到了空袭和炮击。所有的法军火炮都打出了阻挡和袭扰火力，但意军依然成功抵达了芒通正面的圣文森特区域（Quartier Saint–Vincent）。

而在更北方，“摩德纳”师在卡斯蒂荣方向上沿着通往边境关隘〔库雷山口、特雷托雷山口（Col de Treitore）和卢波城堡（意大利语名称：Castel del Lupo）〕的道路发起进攻。8 时，在一轮短暂的炮火准备后，敌军纵队发起集群进攻，借助雾气掩护，他们得以轻松地向前推进。他们试图击退法军阿尔卑斯山区滑雪巡逻队，但遭遇到下斯库维翁前沿哨所和皮埃尔 – 图库埃前沿哨所，次级要塞区指挥所接到支援请求。法西亚丰达前哨站——965 高地（东边的步兵隔段工事由第 76 阿尔卑斯要塞营第 2 连守卫）被攻下，但进攻者遭到佩纳前沿哨所的火炮打击。10 时，进攻被挡在了距离柯莱杜皮隆前沿哨所 400 米处，此时阿格尔山要塞的炮塔开火了。[①]

---

① 柯莱杜皮隆前沿哨所——5 个“军事建设”型隔段，作为观察哨，配有轻武器，由莫林（Maurin）军士指挥。下斯库维翁前沿哨所——配有 2 挺机枪、5 支步枪和 1 门迫击炮的观察哨，守军为来自第 76 阿尔卑斯要塞营的 4 名士官和 27 名士兵，由维格诺（Vignau）军士长指挥。皮埃尔 – 图库埃前沿哨所——具有 5 个隔段的步兵哨所：2 个入口、观察哨、2 个机枪炮台加上几个隔段工事，守卫拉泽特山（Mont Razet）区域，守军包括来自第 76 阿尔卑斯要塞营第 2 连的 5 名军士和 27 名士兵，由兰特利指挥。佩纳前沿哨所——3 个配有轻武器的隔段和一些掩蔽所，由来自第 76 阿尔卑斯要塞营第 2 连的 27 人操作，由奥利弗（Olivier）军士长指挥。

巴博内特要塞对克雷塞顶峰（Cima de Crese）和大海之间打出数发75毫米炮弹，然而，到了10时35分，2号隔段的2号75毫米炮发生炸膛，之后灯光熄灭，通风机停止运作，变得难以呼吸。两名守军丧生，6名守军受伤，包括炮兵中士和炮班班长（Chef de Pièce）。这一事故是炮弹在炮管内爆炸的结果。炮台内的所有运作都结束了，即使其他两门炮还能操作，之后155毫米莫金式炮塔接替其作战。到目前为止，炮塔仅仅打出一发炮弹。炮手们打出数发试射弹，之后，14时，向圣保罗谷仓、格拉蒙多山（Mont Gramondo）和拉泽特山打出另外7发炮弹。

到上午结束时，意军正在经库雷山口推进，对拉泽特山的进攻箭在弦上，但由于雾气原因圣艾格尼斯要塞的013号观察哨无法看见意军。卡斯蒂荣要塞的自动步枪哨戒钟型塔不停地向皮埃尔－图库埃前沿哨所的表面射击，以阻止进攻者攻到入口门处。13时29分，圣艾格尼斯要塞的3号隔段对拉泽特山口开火，75/31型迫击炮打出40发炮弹，大多数命中了目标。皮埃尔－图库埃前沿哨所得以解围，但只是暂时。卡斯蒂荣要塞的81毫米迫击炮转而轰击圣伯纳德教堂和佩纳前沿哨所。

下午结束时，法军阿尔卑斯山区滑雪巡逻队和一些野战哨所的守军后撤，因此将前沿哨所置于意军攻击主线上。整个晚上，圣艾格尼斯要塞以每小时10发的射速对拉泽特进行轰击，而意军则继续威胁皮埃尔－图库埃前沿哨所和下斯库维翁前沿哨所。21时左右，意军尝试对皮埃尔－图库埃前沿哨所发起新一轮进攻，进攻者朝炮台射击孔内投掷手榴弹，守军从射击孔撤出，并转而将防御点放在门和走廊上。午夜前后，兰特利军士长通过无线电向卡斯蒂荣要塞[①]发出攻击即将到来的警报，而阿格尔山要塞的炮塔打出的炮弹开始落在前沿哨所顶部。整夜时间前沿哨所群都保持停火，但到早晨形势已不明朗。下斯库维翁前沿哨所试图阻止一次对拉泽特的进攻，而皮埃尔－图库埃前沿哨所仍然在后方与敌军交战。佩纳前沿哨所使用其迫击炮对渗透

---

① 该要塞为带有6个隔段的“筑垒地域组织委员会”型要塞，由菲尼多里（Finidori）上尉率部防御。1号隔段——入口；2号隔段——2门75/31型迫击炮；3号隔段——配有2门75/29型榴弹炮和2门81毫米迫击炮用于掩护北翼的炮台；4号隔段——双联装机枪、迫击炮和观察哨/折射观察和直接观察钟型塔；5号隔段——双联装机枪和迫击炮；6号隔段——2门81毫米迫击炮位于炮台内。

至前沿哨所间的意军开火，科莱塔前沿哨所和柯莱杜皮隆前沿哨所也发现自己被团团包围。

观察员们仍然在寻找列车炮连的位置，但受到雾气的阻碍。马丁角要塞于8时30分遭到炮击，20分钟后两节机车被发现，而列车上的火炮在拉莫尔托拉隧道前的炮台被发现。由于角度原因，马丁角炮台的路障隔段无法打中。9时30分，一个155毫米阵地炮兵连发现了目标。他们打出的炮弹落点太近，给列车留下了撤回掩蔽所或隧道的时间。大多数阿格尔山要塞的火炮此时对隧道开火，对列车造成严重损伤。炮弹最终瘫痪了机车，之后圣艾格尼斯和丰邦的155毫米炮兵连完成了任务。圣路易斯桥前沿哨所此时已经沉寂了24个小时——电话线被切断，短波无线电台无法正常工作。在这一点上，该前沿哨所被定义为已经丢失。

6月23日4时25分，意军在拉泽特高地（Massif du Razet）的活动被观察到，前者被下斯库维翁前沿哨所和皮埃尔－图库埃前沿哨所牢牢挡住。圣艾格尼斯要塞的2号隔段以及巴博内特要塞的炮塔抵挡住了所有敌军渗透，蒙特格罗索要塞和阿盖森要塞的75毫米炮塔同样提供了支援。7时30分，来自皮埃尔－图库埃的部队发起一轮突击，突击中战果颇丰，并抓获多名意军俘虏。8时25分，巴博内特要塞出现75毫米炮损毁的炮台的其他火炮恢复运作。15时35分，巴博内特的炮塔横扫了拉泽特高地和下斯库维翁附近地区。在打出12发炮弹后卡斯蒂荣要塞指挥官菲尼多里上尉下令停火，因为前沿哨所已经肃清敌军。而在更南方，皮隆前沿哨所被一门65毫米意大利炮击中。22时50分，阿格尔山要塞的炮塔围绕前沿哨所开火，之后将目标区范围扩大到边境。

10时30分，仍然幸存的圣路易斯桥前沿哨所守军听到从芒通方向传来的嘈杂声响，意军借助薄雾掩护架着一部梯子摸到前沿哨所后方，接近到距离前沿哨所3米的位置。自动步枪不停开火，守军向进攻者投掷手榴弹，20分钟内意军这次突击就被打退，一切都得到控制，意军之后再没有尝试发起一次突击。

意大利空军掌握了制空权，整个上午有25架轰炸机空袭了罗克布鲁内和马丁角之间以及狗头山堡垒（Fort de Tête de Chien）和莱塞沃尔圆丘小型步兵要塞

（PO Croupe du Reservoir）[1]之间的主防御线，试图为再一次进攻打开通道。整个区域被浓烟笼罩，观察员的视线被遮住。15时40分，浓烟散去，观察员发现意军开入芒通镇，一场总攻正在向RN7公路上的维斯基高原展开。马丁角要塞的81毫米迫击炮和圣艾格尼斯要塞的135毫米榴弹炮于15时42分对一支大规模意军车队开火，尽管列车炮连被摧毁，马丁角要塞还是挨了一发305毫米炮弹。16时，一发炮弹落在马丁角要塞的2号隔段的75毫米炮射击孔前，炮室内充满浓烟，但未造成损坏，火炮继续向沿海平原开火。

17时50分，马丁角、罗克布鲁内和圣艾格尼斯的炮台炮（不包括圣艾格尼斯的81毫米迫击炮）以及阿格尔山的6号隔段对芒通进行了遮断射击，观察员于18时发出信号称意军已经从马丁角下方〔煤气工厂（Usine à Gaz）〕渗透，并经由瓦隆内特（Vallonet）向罗克布鲁内要塞突进，马丁角和罗克布鲁内的机枪纷纷开火，这一联合行动加上阵地炮兵的参与粉碎了意军进攻。然而，进攻似乎并不像一开始意识到的那么严重，也许是因为雾气，也可能是他们观察有误。由于早前的弹幕射击，意军并没有接近要塞的意图。

6月24日早晨，天气恶劣，沿海地区普降大雨。马丁角要塞继续以其75毫米炮向芒通港口开火，包围马丁角的煤气厂的意军被一发81毫米迫击炮弹击中，这发炮弹同时还摧毁了数间房屋，意军中止了进一步行动。9时10分，马丁角要塞报称，在芒通的武器广场（Place d'Armes）有坦克出现并准备开火，因为圣路易斯桥前沿哨所没有回应，这似乎是合理的。实际上圣路易斯桥前沿哨所仍然在坚守，挡住道路的路障依旧处于原位，阻挡了所有在海岸公路上的通行。马丁角要塞的哨兵从6月20日起就在经受猛烈轰击，也出现了幻觉，因为实际上并没有坦克出现。意军唯一真正采取的行动是下午在罗克布鲁内要塞和加尔德山口之间展开的，意军第90步兵师一个连借助烟雾试图穿过戈尔比奥，向主防御阵地进军。途中他们与法军第4塞内加尔神枪手团（regiment de tirailleurs sénégalais，RTS）的一支巡逻队发生遭遇战，无法再向前一步。

5个被包围的前沿哨所的正面局势还算平静。17时，一支车队被发现位于

[1] 实际上是配有自动步枪的“筑垒地域组织委员会”型掩蔽所，由59名官兵守卫，指挥官为罗曼少尉。

文蒂米利亚（Ventimiglia）火车站，位于阿格尔山的法军第157阵地炮兵团第1炮兵连打出11发炮弹，车队中的几辆车发生爆炸，表明可能搭载有弹药补给。大火燃烧了整夜，一直持续到第二天早晨。18时，圣路易斯桥前沿哨所被210毫米榴弹炮击中，这是一次从未付诸实施的进攻的前奏。23时，炮击停止。

意军最后一次对占领皮隆前沿哨所的尝试发生在21时15分，意军包围了前沿哨所，但被科莱塔前沿哨所和阿格尔山要塞发现，在数发炮弹落地后，意军选择了撤退。21时43分，阿格尔山要塞的5号隔段对狮子平地（位于科莱塔和皮隆之间）开火，在那里有一发红色信号弹被发现。这也是阿尔卑斯-滨海要塞区各要塞最后一次开火。21时46分，要塞守军接到停火命令，除非遭到步兵进攻否则不得开火。

一夜之间法军巡逻队重新占领了维斯基，推进到瓦隆内特东的斜坡。到6月25日，意军仅仅到达了距离马丁角1300米的伊丽莎白桥。所有的前沿哨所都保住了，圣路易斯桥前沿哨所的守军于夜间解围，没有一座要塞陷落。

停火和停战——6月25日

在法国同意大利签署的停战协定中，关于马其诺防线要塞的条款如下：

第一条——略。

第二条——意军停留在原地。

第三条——从此线往外直线距离50千米的区域将被非军事化（非军事区——第一道线从意大利占领区边缘算起，第一道线往外50千米为第二道线）。

第四条——在敌对行动结束后，非军事区内法军将在10天内撤离，护卫和维护要塞、兵营、弹药和军事建筑所必需的人员除外。

第五条——要塞的混合武备和弹药必须给予无用化处理。

堡垒要塞无须解除武装，但必须使其无法使用。法国人有10天时间撤出武备（截止日期为7月5日），此后所有仍在原地的物品将归意大利人所有。

根据停战协定要求，6月27日当天，法军前沿哨所守军撤离，入口门被锁上。几天后，法军要塞守军撤离，除了重物和某些火炮之外的所有东西都被带走。

德军对法国刚刚发起进攻时，墨索里尼并没有立刻选择向法国宣战，而是在德军席卷大半个法国后才向阿尔卑斯山区发起进攻，因为他相信，既然德军已经攻入法军后方，他所要做的就是扫荡残余法军，并将尼斯和萨沃伊收入囊中。为实现这一目标，他需要尽快加入战事。纳粹德国当局要求他在6月10日宣战后推迟进攻，而此时的他更加确定，法军已经因为士气低落而被击败，再加上原先驻守在阿尔卑斯山区的大量法军部队已经被调往东北部，剩余的马其诺防线守军将无法并不愿抵抗进攻。然而恰恰相反，法军防线依然固若金汤，天气条件明显有利于法国人，一场迟来的降雪封住了多条道路。进攻必须迅猛，以便在尽可能短的时间内占领尽可能多的土地。最初的进攻尝试就遭遇了愤怒的抵抗，每次进攻都被击退。

停战协定签署之后，墨索里尼以“胜利者”的身份于6月29日视察了塞尼斯山口，却发现在图拉前沿哨所上依然有法国国旗升起，飘扬的三色旗让这位爱慕虚荣的“领袖”颇为扫兴。事实上，图拉前沿哨所和莱维特前沿哨所的守军炸毁了其装备的75毫米炮，之后直到7月1日才撤离。堡垒废墟前沿哨所的守军于第二天撤离。纵观意军的整个攻势，自始至终他们都没有占领法军阵地的能力，马其诺防线的要塞部队以及友邻步兵部队忠诚地履行了他们的职责，守住了法国领土，以下的这道命令算得上是对他们恪尽职守的一个注解：

第31号令

军官、士官、班长和炮手：

在浴血奋战后，停战时刻来临，我们已完成我们对祖国的至高使命。

我非常了解你们，我知道在战斗的每时每刻我都能寄希望于你们，我从你们的眼睛里读到你们迫不及待要投入祖国被卷入的殊死战斗。

你们已经拿出了奉献精神和惊人勇气，你们已经证明你们是法兰西最优秀的儿子，并且为你们的团旗增添了荣光。

我非常荣幸能在战事过程中成为你们的指挥官，而且我衷心感谢你们所做出的一切。

接下来的任务并不那么光荣，但我肯定你们将以同样的纪律和同样的军人精神来完成它们。

无论和平将你们带往何处，请昂首挺胸，通过你们的工作，与整个法国步调一致，就能成为一种牢不可破的道德力量。

忠诚地记住这个军团，并且从心底里保有一个念头，为那些你们给予了极大满足的团长，让他们满意地、毫无保留地被倾听、理解和服从。

第157阵地炮兵团万岁！

法兰西万岁！

指挥所——1940年6月25日

查曼森中校

第157阵地炮兵团指挥官

第十四章 崩溃中的马其诺防线，6月17—18日

6月16日下午，科钦纳德与奥苏利文中校进行了电话交谈，后者告诉他德军正迅速穿过隆吉永并进入马其诺防线后方。奥苏利文指出蒂永维尔要塞区将在6月16日或17日遭到直接威胁。他询问科钦纳德他是否仍然打算执行措施C，科钦纳德回答道他当晚打算暂停执行。科钦纳德相信他在海耶斯的指挥所受到了迫在眉睫的威胁，因此将其转移到了昂泽兰要塞。19时30分左右，他对各个次级要塞区发出命令，将原定22时执行的措施B前移到20时执行，并暂停执行措施C以等待下一步的命令。奥苏利文将他的指挥所从伊朗格要塞迁到了梅特里希要塞。

6月17日，奥苏利文正式宣布科钦纳德的命令，向其指挥的所有要塞发去信息："措施C已被取消，就地抵抗直到所有弹药补给告罄。"孔代将军同样从他位于杰拉德默（Gerardmer）的指挥所向若利韦、德努瓦、科钦纳德和奥苏利文发出信息：要塞守军不得于6月17日撤退，而要坚守阵位直至收到新命令。孔代明白，守军几乎没有机会逃到南方，而且通过在马其诺防线上尽可能多地拖住德军能更好地为法军做贡献。

布雷海因要塞在围困中坚守。由于德军可能发起进攻，要塞处于戒备状态。黑暗的时刻尤为不祥。观察员们在阴影中跳跃，观察着接近要塞的德军的黑影。6月14—15日夜间，1号隔段和2号隔段的机枪打出了上千发子弹，而75毫米炮塔对要塞顶部打出了榴霰弹。6月16日夜间尤为令人不安，守军发现德军出现在莱西炮台顶部，还有报称德军坦克正向布雷海因入口开来，

然而之后查明在附近并没有所谓“德军坦克”，这只是法军又一次在草木皆兵中出现的误判。

6月17日，贝当在宣布放弃防线仅仅5天后传播了可能对马其诺防线守军士气构成致命打击的消息。在福尔－肖要塞，指挥官埃斯布雷亚特少校没收了所有“无线传输”发报机，以免守军听到假消息和谣言，而罗尔巴赫小型步兵要塞指挥官圣－费尔热上尉则向其部下隐瞒了消息，并竭力宣传要塞将战斗到底。其他要塞指挥官的反应各异，维尔朔夫要塞指挥官吕瑟塞特上尉想下令停火，但被劝说暂时将其推迟。而西姆塞霍夫要塞指挥官邦拉龙中校则谨慎地下令火炮只对直接敌对行为开火。科钦纳德命令手下指挥官不要与敌方信使接触。

在大霍赫基尔要塞，指挥官法布雷少校在听到贝当那可怕的声明后失声痛哭，恢复镇定后，他召集他手下的军官，宣布声明中提到的停战对他的就地抵抗到底的命令没有影响。他绝不接受投降的要求。他转告了各炮台指挥官，任何放弃阵位者都将被以叛徒论，并将被大霍赫基尔要塞的枪炮射杀。

德军抓住贝当声明这一机会威逼各要塞投降，来自德军第183步兵师的一名信使向罗雄维勒尔要塞的守军递交了一份最后通牒，要求其放下武器投降，吉列曼没有选择回应，之后德军接近要塞的企图遭到法军威胁，德军被迫撤离。

在福尔屈埃蒙要塞区，6月18日，来自德军第95步兵师第278步兵团的3名信使被派往洛德雷方要塞。他们被蒙住眼睛带往4号隔段。他们威胁说如果守军不投降德军重炮和飞机将轰炸要塞。在拒绝了最后通牒并释放了他们后，卡蒂奥（Cattiaux）上尉命令3号隔段守军向任何出现在通往布兰斯图登（Brantstuden）的公路上的德军开火，而德军信使正是从这条路来的。然而3号隔段指挥官克罗内（Choné）中尉告知卡蒂奥，他将不会服从这一命令，因为这样做是对他的荣誉的侵犯。第二天又有一组人打着一面白旗接近要塞，这次的信使来自德军第167步兵师。他们被瞄准他们两侧的机枪火力打退，就在这时德国人得到了法国人传递出的信息。在其他地区德军也做了另外的尝试以逼迫要塞指挥官投降。科尔芬特要塞、艾因塞灵要塞、库姆镇要塞、罗尔巴赫要塞、哈肯伯格要塞、森奇兹要塞和加尔根贝格要塞都接待了德军信使，但无一投降。

6月16日战事降临到阿格诺要塞区，夜里风平浪静，但并没有持续太久，当天的主要战事都集中在了前沿哨所防线，而要塞炮兵部队给予了前沿哨所守军支援。到了夜间，几支德军巡逻队接近了7号前哨站，但被朔恩伯格要塞和霍赫瓦尔德要塞的炮火打退。5时，奥伯塞巴赫隔段工事群遭到攻击，尤其是在北隔段，但法军炮火支援非常猛烈，德军被迫撤退。6时，S1炮兵连对奥伯塞巴赫以北开火，那里的德军正试图包抄法军侧翼，德军进攻很快就筋疲力尽。9时30分，德军从阿施巴赫以北对7号前哨站发起了一次进攻。03号观察哨发现了这次进攻，朔恩伯格要塞对进攻者打出80发炮弹，后者很快就被驱散。从阿施巴赫到奥伯塞巴赫轰击渗透进两个村镇的德军的炮击持续了整个上午。

10时15分，新一轮对阿施巴赫要塞的进攻被来自朔恩伯格要塞和霍赫瓦尔德要塞的6号隔段的炮火阻挡，数小时后德军采取了一次强有力的行动以攻下7号前哨站，在打出200发77毫米炮弹后进行了一次步兵进攻。朔恩伯格要塞对8号和9号前哨站开火，这两处前哨站被德军用作进攻跳板。几个单位被阻挡住，但仍有一个从东北方向渗透到了投掷手榴弹的距离，他们被7号前哨站和霍赫瓦尔德要塞的6号隔段的火炮击退。在这一天中德军还有其他几次拿下7号前哨站的尝试，但到夜幕降临时还是没能取得进展，只能在已占领区域进行休整。

当天深夜，鲁道夫下令轰击德军阵地，3小时内，涅代尔塞埃巴克（Niederseebach）、奥伯塞巴赫、阿施巴赫、特里姆巴赫和齐根成为攻击目标。每个目标每小时打出20发炮弹，以节省即将告罄的M17型炮弹，尤其是在朔恩伯格要塞。当天总计打出1712发炮弹。

克吕斯内斯要塞区的弹药供应也越来越吃紧。50毫米迫击炮和47毫米炮的弹药存量仍然为数不少，但机枪弹只剩下10万发，只够进行一小时的激烈战斗。幸运的是，炮台群中的各炮台可以互相提供交叉火力掩护，这样各炮台即可有节制地保存弹药。

上普里耶尔要塞——6月17日

6月17日7时15分，等待法军第58军下一步行动的命令的若利韦被邦拉龙中校告知，根据他的观点，若利韦的部下应当留在原地，但命令并不确切。若利韦同样担心被邦拉龙甩在后面，因此他下令准备根据原有命令于22时撤退。上普里耶尔要塞的守军非常遗憾地接受了他们的命运。德军知道要塞即将进行疏散，对要塞进行了一轮轰击。军官们正在收听广播，听到了贝当的停战声明以及德军坦克正在接近法瑞边境。甘博迪和军官们此时相信撤退太过危险，只能是无谓牺牲。13 时左右，若利韦决定取消撤退命令。

费尔蒙特要塞——6月17日

4 时 30 分左右，来自西方的机枪弹突然打穿了 1 号隔段和 2 号隔段的钟型塔，观察员发现射来的子弹来自一个被放弃的小型隔段工事，该隔段工事位于反坦克轨条阵内，这些轨条正好遮住了隔段工事的射击孔，使得 1 号隔段的 75 毫米炮弹无法击中。1 号隔段指挥官布里（Boury）中尉下令打掉隔段工事，他指示炮手使用穿甲高爆弹（obus de rupture）[①] 以便切断轨条并露出射击孔。6 发炮弹射出后射击孔就尽收眼底了，炮手之后换用高爆弹，在这短暂的间隔中占据隔段工事的德军逃跑了，并且再也没有回来。

费尔蒙特要塞的 4 号隔段是个配备 3 门呈梯次排列（法语原文：arranged en echelon）的 75 毫米炮的侧翼炮台。5 时，由博雷 – 埃米（Bouley–Emy）少尉指挥的这一隔段遭到一门德军 88 毫米高射炮轰击，每 3 分钟就有一发炮弹击中立面。装甲射击孔的百叶窗被关闭，炮手坐下等待着，相信 1.5 米厚的混凝土能保护他们。

7 时左右，两名工作在费尔蒙特要塞发电站的工程师被派去处理由于结构改装而引发的膨胀室温度提高的问题，他们决定在通风井上切出一个开口。在使用焊炬时，一片熔融金属掉入装有少量柴油的排水沟中，从而引发火灾。附近存储有 193000 升柴油，一旦这些柴油被引爆，整个要塞将毁于一旦。火警响起，消防员们使用沙子包围火焰。机舱内有灭火器，但舱内温度过高无法进入。消防员们最终控制住了火情，但当时形势已是千钧一发。几名消防员被烟雾熏伤需要氧气。

下午奥贝特上尉接到来自 4 号隔段的电话，电话那头通知他说该隔段的墙体正处在被持续开火的 88 毫米高射炮击穿的边缘，整个早晨高初速炮都在混凝

① 又名反装甲炮弹（obus perforants），主要用于海军舰艇对抗海岸炮台或者其他具有坚固装甲的舰艇的反装甲用炮弹，这种称谓也被用于马其诺防线使用的穿甲弹。

土和钢筋上凿击，不断扩大墙上的弹坑。88 毫米高射炮是在附近的克吕斯内斯河畔阿兰西（Arrancy-sur-Crusnes）开火的，但观察员无法查明火炮位置。就在炮弹即将打穿墙体时，德军炮手停止了开火，原因不得而知。最后一发炮弹剥落了一块混凝土，这块混凝土块落入炮台，造成了一些轻微损失。加上之前成功扑灭机舱内的大火,这对要塞而言真是难以置信的运气。此时为16时15分。工程师们来到室外使用一块装甲板修补上破损，内部则用混凝土填补漏洞。

阿格诺要塞区——6月17日

对阿格诺要塞区而言，6 月 17 日是非常平静的一天，尤其是没有什么针对霍芬次级要塞区和 7 号前哨站的进攻。然而，12 时 10 分，第 79 要塞步兵团的野战指挥所报告了一次对奥伯塞巴赫要塞的进攻。朔恩伯格和霍赫瓦尔德东打出了 200 发炮弹，7 比斯隔段在村镇中心打出一道弹幕。20 分钟后，03 号观察哨发现德军正在准备对 3 号前哨站方向进行一轮进攻。朔恩伯格要塞打出 80 发炮弹，驱散了进攻者。

奥博洛德恩南炮台和塞尔茨炮台打来电话称斯坦威勒和布尔此时已被德军占领，他们在教堂钟楼上设置了观察哨和轻机枪火力点。贝尔维尤农场也被德军占领，但德军被塞尔茨炮台的 37 毫米炮击退。

德军炮兵对霍芬次级要塞区的轰击开始变得猛烈，150 毫米炮兵连推进上来，在安斯帕克附近对炮台群开火。16 时 30 分，盖斯贝格前沿哨所报称从维森伯格和阿尔滕施塔特方向听到疑似装甲车辆引擎声，佩切尔布隆次级要塞区指挥官法布雷少校要求对维森伯格和阿尔滕施塔特以南的出口处实施炮火支援，之后朝着每个目标都打出了 240 发炮弹，另有 370 发炮弹由 3 个 75 毫米炮塔向预定目标打出。18 时 15 分，霍赫瓦尔德西的 13 号隔段（135 毫米炮台）对莱姆巴赫以北打出 9 发炮弹,在那里发现了孤立的德军单位。30 分钟后，霍赫瓦尔德东向维森伯格以东的铁路线打出了 52 发炮弹。S5 炮兵连向 194 高地打出 30 发炮弹。总之，6 月 17 日有 1820 发炮弹被打出。

西南部的形势尤为危急，在这天结束时，德军正向沃斯（Woerth）以南的埃施巴赫（Eschbach）推进，莱茵河和阿格诺森林一带没有上报任何重要情况。贝当正在要求停战的新闻引发了部队间的极大关注，他们意识到自己的处境岌岌可危，但他们仍然盼望法军能够重整旗鼓。要塞部队此刻落了单，也没有命令传来。即便如此，马其诺防线守军并没有失去勇气。他们有满足两个月需求的充足粮食供应，而弹药足够使用 3 个月，他们将坚守到底。守军们保持镇定，火炮则继续发挥出色的作用。

克吕斯内斯要塞区

每天晚上德军都试图在克吕斯内斯要塞区发动一次奇袭以夺取一座炮台，其中一天晚上是 C29 号炮台，第二天晚上就是欧梅斯小型步兵要塞。他们总是被击退，但由于守军越来越疲劳，他们的警惕性下降只是时间问题。

阿格诺要塞区——6月18日

6 月 18 日，德军步兵继续进攻阿格诺要塞区的前沿哨所。第一轮进攻在炮火准备后于 3 时 50 分对法军第 79 要塞步兵团据守的要塞工事展开，位于布赫霍尔泽贝格（Buchholzerberg）掩蔽所（又称第 845 号指挥所）的霍芬次级要塞区指挥所报称，位于奥伯塞巴赫以西的 3 比斯前沿哨所遭到进攻。霍赫瓦尔德要塞的 7 比斯隔段打出了 40 发直射炮弹（tirs direct）和 40 发遮断射击（en harcelement）作为支援，但德军第 246 步兵师[①] 进攻 4 号前哨站，后者尽管遭到猛烈进攻，但依然坚守不退。6 号隔段同样打出 40 发炮弹作为支援。4 号前哨站的守军要求将目标向右移动 200 米，进攻者被驱散。然而，到了 6 时 4 分，4 号前哨站打出一发信号弹要求提供额外支援，之后撤离阵位，留下的数人成为俘虏。从 6 号隔段和 4 号隔段打出的 150 发炮弹迫使德军躲进了此时空无一人的前哨站内。5 号前哨站的守军缺乏侧射火力，同样被迫撤退，放弃了前哨站。7 时，指挥霍芬次级要塞区内这一区域的波泰文（Potevin）上尉下令发起一次反击以夺回 5 号前哨站。进攻由 30 人在 6 号隔段的支援下发动，前哨站被夺回，但由于德军炮火又不得不撤退。

德军对前哨站防线的进攻停止了，但德军重炮火力继续对准向西延伸的

---

① 该师隶属于第 37 军，下辖第 352、第 404 和第 689 步兵团及第 246 炮兵团。

山脊线和附近森林开火。德军炮兵位于特里姆巴赫东北部，02 号和 03 号观察哨标定了其位置，之后法军打出 200 发炮弹，迫使德军火炮后撤。10 时和 11 时 15 分，7 比斯隔段对位于特里姆巴赫的炮兵连进行了轰击。

午后，德军的主要进攻转移到了西部，在那里他们开始向莱姆巴赫渗透。霍赫瓦尔德西要塞的 12 和 13 号隔段工事对莱姆巴赫的宪兵部队打出了榴霰弹。16 时，14 号隔段（135 毫米炮）对林间工事房进行了轰击，后者随即起火，德军部队四散逃离。

德军炮兵于 17 时再次对 4 号前哨站开火。17 时 07 分，德军步兵准备重夺 5 号前哨站，他们于第二天早晨早些时候得手，但之后撤离。朔恩伯格和霍赫瓦尔德东的火炮粉碎了进攻。18 日 23 时—19 日 1 时 30 分，它们对奥伯塞巴赫、涅代尔塞埃巴克、特里姆巴赫、布尔和斯坦威勒附近的德军部队进行了袭扰射击。16 时，库赫嫩穆尔（Kuhnenmuhl）隔段工事在遭到德军火炮（可能是 88 毫米高射炮）的数次直射后被拿下。6 月 18—19 日夜间，霍芬次级要塞区的前沿哨所被放弃，其防御太过薄弱（每千米正面仅有 100 人），无法维持，此时受到从南方来的进攻的主防御带正需要部队。

施瓦茨中校被告知巴斯－莱茵次级要塞区的部队已于夜间开始撤离，第 70 要塞步兵团的一个营和第 2 炮台守军连仍然处在斯特拉斯堡以南，面临着被包抄的威胁，斯特拉斯堡的陷落已经板上钉钉——该城将被疏散并宣布为不设防城市。

6月末蒂永维尔要塞区的战事

该要塞区在战争中所受波及相对较小，只发生了小规模战事，也许是因为该地是马其诺防线上最强大要塞区这一事实。要塞和炮台遭到了 105 毫米和 150 毫米炮的零星炮击，科本布什要塞被数发 280 毫米炮弹击中，但其造成的损失轻微。罗雄维勒尔要塞[①] 的 5 号隔段是个 75 毫米侧射炮兵炮台，在周围景

① 该要塞为配有9个隔段附加2个入口的大型炮兵要塞：1号隔段——机枪炮塔；2号隔段——75/33型火炮炮塔；3号隔段——75/32型火炮炮塔；4号隔段——观察哨、折射观察和直接观察钟型塔；5号隔段——配有75/29和135毫米炮的炮台；6号和7号隔段——135毫米火炮炮塔；8号隔段——配有JM/37和双联装机枪的用于掩护东翼的炮台；9号隔段——机枪炮塔。守军包括来自第169要塞步兵团和第151阵地炮兵团的782名士兵和26名军官，由吉列曼上尉指挥。

观中显得十分突出，从而被从后方击中。隔段的里面被一发接着一发的炮弹击中，损失相当严重。通常情况下，火炮射击孔会用钢制百叶窗关闭，但其中一个未正确闭合，6 月 22 日 21 时，一发准头极佳的炮弹从射击孔的开口射入并在炮室内爆炸。一名守军受伤，135 毫米榴弹炮受损。罗雄维勒尔要塞的观察员搜寻了德军炮兵连，但并没有找到位置。

其他地方爆发了小规模冲突。6 月 18 日，在罗雄维勒尔和莫尔万格之间的一个地区，一支德军特遣队从森林中冒出来并向昂热维尔附近的 Cb14 比斯隔段工事（梅斯筑垒地域 35Mi 型，配有 2 挺机枪）接近。大罗特炮台[①]的多挺机枪和罗雄维勒尔要塞的 6 号和 7 号隔段的 135 毫米炮塔轻而易举地定位了德军并将其打回了森林中。6 月 21 日 4 时 30 分，一门德军反坦克炮，可能是 Pak 37 型，朝罗雄维勒尔要塞 9 号隔段开火。隔段的机枪炮塔进行了回击，之后德军反坦克炮就哑了火。通常情况下，炮塔在遭到射击时会缩回以保护自身，但在这种情况下，机枪炮塔被留在炮台上，被数发德军反坦克炮弹击中，虽然最终幸免于难。5 号隔段中一门 75 毫米炮正在使用高爆弹，结果发生爆炸，一名炮手阵亡，其余炮组成员受伤。

位于卡唐翁突出部的最边缘的奥伯海德小型步兵要塞[②]遭到了德军重炮的轰击，德军巡逻队还试图进行渗透。在这样的情况下，科本布什要塞[③]和加尔根贝格要塞[④]提供了护卫火力，但科本布什要塞的 75 毫米炮塔一直在德军监视下，每次升起都会遭到打击。

---

① 编号为 C36，为“筑垒地域组织委员会”型步兵炮台，配有 JM/AC47、双联装机枪、自动步枪、A 型自动步枪哨戒钟型塔，由克莱因中尉指挥29名守军。

② 编号为 A14，为配有2个 JM/AC37，2挺双联装机枪，机枪炮塔的单隔段要塞，由波博中尉指挥2名军官和77名士兵组成的守军。

③ 编号为 A13，包括7个隔段附加2个入口：1号隔段——机枪炮塔；2号隔段——配有双联装机枪和 JM/AC47 的炮台；3号隔段——观察哨、折射观察和直接观察钟型塔；4号隔段——机枪炮塔；5号隔段——75R32 型火炮炮塔；6号隔段——81毫米迫击炮炮塔；7号隔段——配有3门75/32型火炮的炮台。由查纳尔中校指挥，守军为来自第163要塞步兵团和第151阵地炮兵团的14名军官和513名士兵。

④ 编号为 A15，包括6个隔段附加2个入口：1号隔段（西北炮台）——配有 JM/AC47 和双联装机枪的炮台；2号隔段（东北炮台）——同上；3号隔段——机枪炮塔；4号隔段——81毫米迫击炮炮塔；5号隔段——观察哨、折射观察和直接观察钟型塔；6号隔段——135毫米炮塔。守军为来自第167要塞步兵团和第151阵地炮兵团的15名军官和430名士兵，由泰斯农尼埃上尉指挥。

在比利格要塞[①]和胡默斯贝格炮台群[②]之间的林区是另一处危险区域。德军几次试图渗透进森林，对法军防御工事倾泻了数吨弹药。6月15日，一次接近胡默斯贝格炮台的尝试被比利格要塞和哈肯伯格要塞击退。在这次考验中，81毫米炮塔暴露出其软肋。6月14日，易默尔霍夫的81毫米炮塔内发生火灾。加尔根贝格要塞的其中一门炮炮管发生炸膛，之后耗费3天时间才将其修复。6月15日，一发炮弹在比利格要塞的炮塔内爆炸。

对仍在坚守要塞的马其诺防线守军而言，夜间显然比白天要险恶得多，因为处在孤立无援状态下的炮台观察员们会为他们听见的任何风吹草动拉响警报。阴影和风吹草动经常被误认为是德军工兵，但就蒂永维尔要塞区的情况而言，德军工兵确实无处不在。

---

① 编号为A18，包括7个隔段和1个混合入口：1号隔段——JM/AC47和双联装机枪；2号隔段——机枪炮塔；3号隔段——配有JM/AC47和双联装机枪的炮台；4号隔段——75R32型火炮炮塔附加配有2门75/32型火炮炮台；5号隔段——配有2门75/32型火炮炮台；6号隔段——81毫米迫击炮炮塔；7号隔段——观察哨和折射观察和直接观察钟型塔。守军是来自第167要塞步兵团和第151阵地炮兵团的16名军官和521名士兵，由罗伊中校指挥。

② 胡默斯贝格北炮台编号为C53，胡默斯贝格南炮台编号为C54。

第十五章
德军在孚日山区的突破

对孚日要塞区的进攻——6月19日

“筑垒地域组织委员会”理所当然地认为，孚日要塞区的地理位置——植被茂密，还有沿边境线走向的山峦——本身将构成令人望而生畏的天堑。每座山的斜坡上都建造了一些炮台和隔段工事，并且清理了大片森林。该要塞区最需要的是人力，在6月13日间隔部队撤出后，要塞区人员数量非常不足，有约2000人与20个炮台和隔段工事一道被留下。第6炮台守军连在每千米防线上有71名官兵负责守备6个隔段工事，他们收到的命令是坚守尽可能长的时间。

要塞区组织情况如下：

菲利普斯伯格（Philippsbourg）次级要塞区：第154要塞步兵团〔指挥官为兰伯特（Lambert）中校〕，含第2、第3和第4炮台分队（Unités d’Équipages de Casemate，UEC），其中包括：

· 大霍赫基尔要塞（指挥官为法布雷少校），含德波特（Dépôt）掩蔽所和沃尔夫沙亨（Wolfschachen）要塞（“筑垒地域组织委员会”型）。

· 第2炮台分队：马恩－杜－普林斯西炮台，马恩－杜－普林斯东炮台，比森伯格“军事建设”型炮台，比森伯格I、II、III和IV号炮台，比森伯格炮台，比森伯格V、VI、VII号炮台（这些炮台组成了所谓的“比森博格集群”）和格拉斯博恩（Glasbronn）炮台。

·第3炮台分队：阿尔金塞尔（Altzinsel）炮台、罗滕贝格（Rothenburg）炮台、诺嫩科夫（Nonnenkopf）炮台、格拉芬魏尔（Grafenweiher）东北炮台和格拉芬魏尔中炮台。

· 第 4 炮台分队：格拉芬魏尔东炮台、丹巴赫（Dambach）北〔亦作讷恩霍芬（Neunhoffen）〕炮台、丹巴赫南炮台、温内克塔尔（Wineckerthal）西炮台以及埃伦米斯（Erlenmüss）和诺韦埃（Neuweiher）前沿哨所。

朗让苏尔特兹巴克（Langensoultzbach）次级要塞区：第 165 要塞步兵团（指挥官为雷纳德少校），含第 5 和第 6 炮台分队：

· 第 5 炮台分队：温内克塔尔东、格兰泰（Grünenthal）、温德斯坦炮台，温德斯坦 RFL 型炮台，纳盖尔斯塔尔（Nagelsthal）、冈斯塔尔山口（Col-du-Gunsthal）西和冈斯塔尔山口东“筑垒地域组织委员会”型隔段工事。

· 第 6 炮台分队：冈斯塔尔农场西、冈斯塔尔农场东、赛格迈尔（Saegemühle）、诺恩哈特（Nonnenhardt）（1、2、3、4、5 号）、特劳巴赫（Trautbach）西、特劳巴赫中和特劳巴赫东“筑垒地域组织委员会”型隔段工事，维莱利“筑垒地域组织委员会”型炮台，克莱里埃雷斯、维莱利、马尔巴赫（Marbach）和莱姆巴赫“筑垒地域组织委员会”型隔段工事。

· 莱姆巴赫要塞〔指挥官为德罗因（Drouin）上尉〕。

· 福尔－肖要塞（指挥官为埃斯布雷亚特少校）和东施梅尔茨巴赫炮台。

6 月 18 日后，将支援请求传送到距离朗让苏尔特兹巴克次级要塞区最近的福尔－肖要塞的方式被更改，以便炮台守军直接与炮兵指挥所进行联系。然而，这一系统取决于电话连接的维持，如果电话线被切断，则炮台守军只能打出信号弹——绿色信号弹——以向福尔－肖要塞发出信号使其向炮台开火——但观察员最多只能看到 1000 米以内，因此无法准确分辨出该信号最早是由哪个炮台发出。福尔－肖要塞的 75 毫米炮塔只能打到温德斯坦，使得格兰泰以及温内克塔尔东和西要塞无遮无拦。霍赫瓦尔德西要塞位于 14 号隔段的 135 毫米火炮炮塔只能最远打到莱姆巴赫小型步兵要塞。

6 月 11 日，德军第 215 步兵师[①] 指挥官巴蒂斯特·柯尼斯奉命进攻孚日要

① 第 215 步兵师隶属于第 37 军，下辖第 380、第 390 和第 435 步兵团以及第 268 炮兵团。

塞区。6 月 15 日，命令被简化为集中兵力进攻从比特克到莱姆巴赫的防御薄弱的森林地带。柯尼斯派出了巡逻队以找出被进攻时最薄弱的点。6 月 16 日，前沿哨所防线被撤退（the line of advance posts was evacuated），眼下正在被德军探查的就是炮台防线——温内克塔尔东、温内克塔尔和冈斯塔尔山口。

德军计划投入第 215 步兵师的 2 个团进行一次钳形攻势，由提奥多尔・塔菲尔（Theodore Tafel）中校指挥的第 435 步兵团进攻维莱利炮台，而由男爵冯・奥夫・瓦亨多夫（Freiherr von Ow-Wachendorf）中校指挥的第 380 步兵团则出动 3 个营的兵力投入进攻，目标为弗罗什威勒（Froeschwiller），另有配属给瓦亨多夫所部的第435步兵团的1个营进攻沃斯以西的内威勒（Nehwiller）。第 215 步兵师被配属了一支重炮兵单位，包括来自第 246[①] 和第 262[②] 步兵师师属炮兵团的一部分单位、4 门伴随部队的 88 毫米高射炮，以及来自第 800 炮兵营（德语名称：Artillerie Abteilung）[③] 的 355 毫米炮和 2 门 420 毫米炮等重炮。柯尼斯同样获得了一个中队的"斯图卡"的支援。进攻定于 6 月 19 日 6 时展开，但大部分重炮仍受制于泥泞道路而在前往前线的路上蹒跚而行。尽管如此，柯尼斯在 6 月 18 日下令于次日发起进攻。

6 月 19 日的炮火轰击集中在了维莱利炮台，投入了包括 100 毫米和 150 毫米火炮。烟雾很快笼罩了山丘和沟壑，遮住了观察员们的视野。法军相信这是德军的炮火准备，一场进攻已是箭在弦上，纳盖尔斯塔尔、冈斯塔尔农场、温德斯坦和位于冈斯塔尔山口的 2 个隔段工事同样遭到了炮击。福尔－肖和霍赫瓦尔德要塞的炮手们收到了警报，等待着目标出现，这当中包括了福尔－肖 1 号隔段的 135 毫米炮塔、2 号隔段的 75/32 炮塔，以及霍赫瓦尔德西的 12 号隔段（配有 2 门 75/29 型火炮的侧翼炮兵炮台）、13 号隔段（配有 135 毫米火炮的混合侧翼炮台）和 14 号隔段（配有 135 毫米火炮炮塔）。

瓦亨多夫麾下的炮兵命中了纳盖尔斯塔尔炮台和冈斯塔尔山口的 2 个隔段工事（西和东），轰击的首要目的是打开一条穿过铁丝网阵的通道并迫使守

---

① 隶属于第37军，指挥官为埃里希・德内克（Erich Denecke）将军，下辖第313、第352、第404步兵团以及第246炮兵团。

② 隶属于第24军，下辖第462、第482、第486步兵团以及第262炮兵团。

③ 下辖：第810炮兵连——355毫米"莱茵金属"（Rheinmetal）重炮；第820炮兵连——第一次世界大战时期的旧式克虏伯（Krupp）420毫米"伽马"（Gamma）重炮；第830炮兵连——第一次世界大战时期的旧式斯柯达420毫米重炮。

军离开射击孔。塔菲尔的进攻将从特劳巴赫隔段工事和马尔巴赫隔段工事之间穿过。轰击持续了2个小时。9时，轰击停止，而炮台守军则将他们的火炮准备就绪以迎接一次突击。然而，到来的并非一次步兵进攻，守军们受到了“斯图卡”的尖啸的招呼。空袭持续了30分钟，之后德军工兵带着Pak 37和炸药包从森林中涌出。第380步兵团第3营的一个连被派往冈斯塔尔农场隔段工事，进攻者们很快发现炮火并没有在铁丝网阵中打开一条通道，而守军尽管遭到轰击，仍不断用机枪向他们射击。福尔－肖要塞的75毫米炮塔开始“发言”，增加了德军的伤亡。由施魏格尔（Schweiger）少尉指挥的其中一个连穿过了铁丝网，将一门Pak 37架在了靠近冈斯塔尔东的位置上。37毫米炮弹集中打击了隔段工事的射击孔。就在法军炮手躲避寻找掩护时，德军趁机向前推进，那里的战斗很快就结束了。冈斯塔尔西和纳盖尔斯塔尔也遭遇了同样的命运。在纳盖尔斯塔尔，一个德军炸药包在射击孔下炸开，使得隔段内充满烟雾。冈斯塔尔西的守军同样放弃了抵抗，冈斯塔尔山口落入德军之手。

塔菲尔和第215步兵师都惊讶于炮台群的坚决抵抗，几个炮台在工兵抵近并将炸药包或者发烟手榴弹扔进射击孔才最终被迫投降。虽然似乎并没有来自霍赫瓦尔德要塞或者福尔－肖要塞的任何支援，要塞群还是在尽最大可能向炮台区域的德军目标进行炮击。夏顿内中尉指挥的75毫米火炮炮塔和霍赫瓦尔德要塞的12号隔段的2门绰号为“莉莉安”（Liliane）和“克里斯汀”（Christine）的75毫米炮台炮对每个支援请求都给予了尽可能快的响应。10时左右，一个德军75毫米炮连在莱姆巴赫以北展开，并在福尔－肖要塞5号隔段的机枪炮塔升起时向该隔段开火。该炮兵连旋即被发现，炮手被法军驱散。11时30分，德军卷土重来，但法军的135毫米火炮炮塔再次将其打跑。

到上午结束时，塔菲尔麾下的巡逻队穿过了炮台防线，而那里的扫荡行动仍在继续。10时30分左右，一支巡逻队接近了1360号指挥所，这是朗让苏尔特兹巴克次级要塞区和第6炮台分队指挥所。第6炮台分队指挥官格宁（Genin）上尉被迫摧毁电话设备并放弃了这一位置，剩余的炮台此刻被切断了联系。莫罗索里中尉指挥的维莱利炮台仍然通过无线电台进行通信，但塔菲尔的部队正在快速接近。德军用一门Pak 37向钟型塔开火，摧毁了瞄准镜和自动步枪。德军此刻占领了炮台的周围和顶部，并从钟型塔的开口往里投掷发烟弹和手榴弹，一箱 50 毫米炮弹发生了殉爆。莫罗索里使用无线电台呼叫福尔－肖要塞炮兵指挥所，要求其轰击炮台顶部。片刻过后，要塞打出的 75 毫米炮弹落到了炮台顶部。射击停止了，但德军加紧了进攻。他们将燃烧束棍扔进仅有的还在射击的自动步枪的射击孔，之后从上方扔下一个系着绳索的炸药包，将其悬挂在开口前引爆，摧毁了最后一门火炮。守军在最后一刻破坏了发电机，之后举起双手走出了炮台门。

瓦亨多夫的部队继续打开在冈斯塔尔山口的突破口，但法军残余的炮台和隔段工事继续杀伤德军。在东翼，德军炮兵向冈斯塔尔农场和塞格穆勒（Saegemuhle）隔段工事倾泻火力，德军工兵则带着 Pak 37 向前推进。冈斯塔尔农场隔段工事被打哑，但守军还在坚守。德军的 37 毫米炮弹在射击孔上打开一个大洞，机枪平台被打坏，所有守军都不同程度受伤。16 时 30 分左右，冈斯塔尔农场隔段工事投降。而塞格穆勒的守军则在 20 时左右突围。

在西翼，温德斯坦和温内克塔尔遭到了德国空军的狂轰滥炸，一枚 500 千克的炸弹迫使温德斯坦西的守军撤离了隔段。温内克塔尔东和格兰泰被一队“斯图卡”炸中，所有的武器和设备都被炸毁，两组守军都试图撤回己方战线，但他们都被俘虏。而在 6 月 20 日上午早些时候，残余的炮台和隔段工事——诺恩哈特 III 号、温内克塔尔西、丹巴赫、讷恩霍芬和格拉芬威赫尔（Graffenweiher）东——都投降了。

此刻孚日要塞区的炮台防线已经崩溃，德军第 215 步兵师挥师南进。16 时，第 380 步兵团到达弗罗什威勒并向沃斯进发以与塔菲尔的部队会师。到了晚间，第 380 步兵团进入阿格诺，该团与马克思·冯·韦伯恩（Max von Viebahn）将军的第 257 步兵师[①]先头部队会师。第 215 步兵师继续向穆齐格（Mutzig）前进。

6 月 19 日，孚日要塞区遭到进攻的同时，德军对阿格诺要塞区也发起了规模可观的进攻行动。德军以进攻 2、3、4 号前哨站拉开了当日序幕，这些前哨站被法军放弃。德军还对中瓦尔德（Mittelwald）和下瓦尔德（Unterwald）

① 隶属于第 24 军，下辖第 457、第 466、第 477 步兵团和第 257 炮兵团。

的山顶倾泻了弹药，他们怀疑那里有法军驻守。6 时 30 分，安斯帕克站的铁路上的桥梁被炸毁，所有法军部队撤退到了铁路以西。

9 时 10 分，与进攻孚日要塞区的行动同一时间，德军轰炸机空袭了福尔－肖要塞以西的法军阵地，27 架轰炸机空袭了莱姆巴赫要塞。轰炸炸断了连接孚日要塞区的电话线，观察员们转用无线电通信，但信号非常微弱。霍赫瓦尔德西被 105 毫米火炮炮击，几发炮弹落在了 4 号和 5 号炮台的壕沟里以及堡垒上。

阿格诺要塞指挥所相信对孚日要塞区的进攻只是牵制性的，德军正准备对阿格诺要塞区发起进攻。在霍赫瓦尔德要塞内部，指挥非常困难，他们对外面正在发生的事完全无从知晓。唯一关于战斗的信息通过电话线从观察员那儿传来，而这一途径此刻被切断了。他们听不到来自战斗的动静，所有的观察哨都茫然未觉，除了来自要塞炮兵和步兵指挥官们的只言片语，他们对形势走向一无所知。

下午，德军从空中发动了开战以来对要塞区最猛烈的攻击，12 时 15 至 35 分，福尔－肖要塞遭到 18 架轰炸机的袭击，霍赫瓦尔德要塞使用其 75 毫米炮以“对空防御”模式[①] 开火，但只能打到 1500~1800 米高度，德军飞机在高于这一高度的空域安全飞行并从容命中目标。15 时 10 分和 17 时，霍赫瓦尔德西被大约 40 枚德军炸弹击中，这些炸弹落在了 12 号和 13 号隔段以及 1 号炮台。16 时 30 分，德军飞机轰炸了朔恩伯格要塞的入口，“斯图卡”对霍赫瓦尔德要塞的空袭一直持续到晚间。

日落时分，几个工程兵团队前往外部检查“斯图卡”造成的损害，他们还清除了堆积在炮塔附近的碎块和砖石。炸弹掀起了成吨的土石，但工程师们高兴地报告称，对混凝土的破坏微不足道，仅有 6 号、12 号和 13 号隔段的通风口被炸毁。在霍赫瓦尔德东，2 枚炸弹摧毁了外护墙，并炸出了一个可以进入壕沟的缺口。

施瓦茨中校回顾了当天的战事，在晚间，德军已经在拿下防御通行道

---

① 在这一模式下，炮塔火炮被调整到大仰角进行射击，而炮弹则根据装定的时间引信在一定高度爆炸，除此之外马其诺防线并没有一种强有力的防空手段。

路的炮台群后突破了孚日要塞区防线。维莱利炮台陷落后，他们向马特斯托（Mattstall）推进，并冲向朗让苏尔特兹巴克和沃斯。第 215 步兵师以 20:1 的优势发起进攻，之后跟随的是第 246 步兵师的部队，其任务是经由苏尔茨（Soultz）和里特斯霍芬穿插到法军后方并包围马其诺防线。来自第 246 步兵师的部队在早些时候穿越孟达特森林时被发现。晚间，有报道称德军一个营此刻占领了莫斯伯恩（Morsbronn）和甘斯泰（Gunstett），沃斯也被拿下。德军于 20 时占据了阿格诺森林并占领了阿格诺镇，作为应对，施瓦茨将所有残余部队撤出了佩切尔布隆次级要塞区的前沿哨所以防御南部前线。

另一个重要事件发生在晚间。第 70 要塞步兵团报称巴斯 – 莱茵次级要塞区已经在当天白天撤退，该团此刻处于被从南方包抄的危险中，其接到命令撤退并销毁所有德军可利用的物品。第 70 要塞步兵团执行了疏散命令，并于晚间在希尔海姆（Schirrheim）—希尔霍夫海姆（Schirrhoffheim）附近朝向西南方向撤退。第 81 轻步兵营第 1 连被命令沿埃尔梅尔斯维莱尔（Hermerswiller）到库伦多夫（Kuhlendorf）之间 6 千米宽度正面的反坦克壕沟朝向东南部署。这一带地形破碎，各单位间联络非常困难。

要塞内，守军夜以继日地运作以恢复秩序。轰击带来了麻烦，但守军看见混凝土完好顶住了轰击时又恢复了信心。施瓦茨明白，一场大规模进攻即将到来。伤员在霍赫瓦尔德要塞的医务室接受治疗，此刻这是在阿格诺要塞区陷落后唯一可用的医疗设施。

阿施巴赫和奥博洛德恩——6月20日

此刻德军已经突破了前沿哨所防线，他们的下一个目标就是楔入阿格诺要塞区中心。这一行动由埃里希 · 德内克将军指挥的第 246 步兵师执行，并直接进攻阿施巴赫附近的炮台群。德内克被其上级施压要求尽快行动，这次进攻定于 6 月 20 日进行。这将是一次谨慎的推进。德内克首先奉命向炮台群派出小规模巡逻队，并希望劝降守军。这是一个易守难攻的区域，被霍芬、阿施巴赫和奥博洛德恩（被定为要塞）的强大炮台群所封锁，并有霍赫瓦尔德要塞和朔恩伯格要塞的火炮支援。这一带地形崎岖，不利于 88 毫米高射炮的部署，于是 88 毫米自行火炮被调往前线。

6月20日上午，包括第800炮兵营的355毫米重炮在内的德军重炮对射程内的霍芬、阿施巴赫和奥博洛德恩的炮台群开火，第313和第352步兵团接到在防线上打开一个缺口的任务。德军计划如下：15时30分，德军炮兵将打出烟幕弹以掩护步兵到来，同时88毫米高射炮和Pak 37则在零距离对炮台射击孔和观察孔射击。与此同时，16至17时，来自第28轰炸机联队（德语名称：Kampfgruppe 28）的轰炸机将对炮台群发起空袭。①

德军对由马塞尔·莱菲尔（Marcel Reiffel）中尉指挥的奥博洛德恩南炮台的炮轰在下午拉开序幕，整个晚上守军都听见德军卡车在斯图德维尔（Stundviller）向东开进的声音。莱菲尔的部下向村镇打出了数发50毫米迫击炮弹，而朔恩伯格要塞和霍赫瓦尔德要塞的炮塔则打击了被炮台观察员发现的德军炮兵连。最后，88毫米高射炮对钟型塔开火，标志着进攻者的到来。

阿施巴赫东遭到了88毫米高射炮和Pak 37的精准射击，一发炮弹打掉了观察哨的潜望镜，几分钟后又摧毁了另一个。此后，射击孔上加装了装甲护板，钟型塔守军也被撤离。炮击还在继续，当对准钟型塔射击时，声响对于守军而言宛如敲锣。每发Pak 37的炮弹都能在钢壳上打出一个3~5厘米深的孔洞。而88毫米高射炮甚至在1500米射程上也能在铸造钢板上打出一个15~18厘米深的孔洞。德军一个连接近了阿施巴赫西，而炮台机枪手则用双联装机枪开火射击。

16时左右，仍在观察哨内的莱菲尔在斯图德维尔的一家咖啡馆屋顶发现一个洞口，他怀疑德军正利用这一建筑物作为一处观察哨。他离开钟型塔去联系朔恩伯格要塞时，他在钟型塔内的位置被德尔萨特（Delsart）中士替代。突然一发88毫米高射炮弹直接击中了钟型塔，莱菲尔对着德尔萨特大喊，让他趴下，但一发炮弹在钟型塔内爆炸，不到一分钟德尔萨特就阵亡了。片刻过后一个中队的“斯图卡”飞临战场，炸弹开始从空中落下。对于炮台守军而言，结果非常糟糕。霍芬东的迪德尔（Didier）中尉提及此事，说（当时的）摇晃是如此猛烈，以至于他觉得自己是在海上的一叶舟楫上。几枚500千克炸弹炸

---

① 需要指出的是，如果德军指挥官认为应当进行第二次空袭，轰炸机群将飞回曼海姆（Mannheim）重新加油装弹，这将导致2个小时的延迟。

出了 8~10 米深的弹坑。泥土被炸上了天，掩埋了阿施巴赫西的机枪钟型塔。炸弹在各处爆炸，震撼着钢筋混凝土，电话线被切断，炮台群与当时正在经历空袭的炮兵指挥所被切断了联系。一枚炮弹落在了霍芬掩蔽所的壕沟内，炸得隔段发生了移位并且切断了电力，守军被迫撤离。

一架“斯图卡”投下的炸弹[①]落在了奥博洛德恩北炮台的壕沟内，震得炮台的地基也摇晃起来。就在投弹之后，“斯图卡”飞离并拉起，绕了个圈然后直奔炮台的北射击室。几枚炸弹命中，将守军炸倒在地，并破坏了发电机。钢制百叶窗被降下，炮台内浓烟滚滚。工程师维亚勒（Vialle）中尉修复了发电机，空气变得清新，之后他集结了他还在发愣的部下，并为即将到来的步兵进攻做准备。此时电话通信已被切断，维亚勒打出一发绿色信号弹以请求要塞群向炮台顶部开火。德军在铁丝网阵前集结,而“突击队”则接近了炮台，他们的目标是在入口门上安放炸药。雷贝尔机枪开火了，47 毫米反坦克炮组观察到了射击孔外的德军，他们随即操炮开火，将每个挨上炮弹的德军都撕成了碎片。在高处观察的维亚勒发现了架在 300 米外的一门 Pak 37，他操作一门炮台内的 50 毫米迫击炮开火，但他此时成了德军的主要目标。德军的子弹射进钟型塔，将 50 毫米迫击炮打成两半。维亚勒下撤到了主体层。一名守军用自动步枪从入口门上的舷窗口向一名接近的德军开火，其他德军则被炮台机枪击中。就这样，德军被打倒，而突击也宣告完结。

在阿施巴赫东也发生了一次类似的进攻，但被机枪和迫击炮击退。炮台和炮兵指挥所没有通信联系，但最终与朔恩伯格要塞的 4 号隔段建立了联系。炮台形势被传递给了位于炮兵指挥所的科尔塔斯上尉。几分钟后，从朔恩伯格要塞和霍赫瓦尔德要塞的 135 毫米火炮炮塔射出的炮弹开始落下，终结了德军第 246 步兵师的进攻。

对阿格诺要塞区而言，6 月 20 日是开战以来最糟糕的一天。在佩切尔布隆次级要塞区，法军试图阻滞德军进攻，道路被大坑切断并堵塞，罗特和里德塞尔茨的桥梁被炸毁。在霍芬次级要塞区，德军在黎明时分对霍芬森林和

① “斯图卡”的通常挂载模式为在机腹下方挂载1枚250千克炸弹并在每侧翼下各挂载2枚50千克炸弹。

塞尔茨之间的炮台和隔段工事进行了炮火准备。德军的 Pak 37 和 88 毫米高射炮集中打击了射击孔和装甲钟型塔。尽管有法军的反击炮火，但德军的炮击持续了一整天，德军炮手在他们即将被消灭时及时撤出。德军火炮给潜望镜和射击孔带来了严重损害，迫使其中的守军放弃他们的哨位，加上雾气，观察变得十分困难。

16 时，“斯图卡”飞返战场，并轰炸了朔恩伯格要塞和霍赫瓦尔德要塞（6 号隔段和炮台群），而另一队飞机则轰炸了霍芬掩蔽所。霍赫瓦尔德东的 135 毫米炮塔打出了防空炮弹，朔恩伯格要塞的 4 号隔段成功将“斯图卡”机群驱赶到了高空。15 时 15 分，“斯图卡”空袭了霍赫瓦尔德东，朔恩伯格要塞对 200 米高度打出防空炮弹，“斯图卡”对 1 号隔段和 7 比斯隔段投下了炸弹，但由于“对空防御”火力而准头欠佳。20 时，27 架飞机空袭了朔恩伯格要塞、霍赫瓦尔德东和霍芬炮台，其中 18 架集中打击了朔恩伯格要塞，而要塞则隐入了大片烟尘中。

德军希望能像前日在孚日要塞区那样快速推进，但来自要塞群的法军抵抗异常猛烈，向苏尔茨的推进被遏止。霍赫瓦尔德要塞外护墙炮台的 75 毫米火炮首次开火，这些火炮射程为 9500 米，负责保卫约 300 米宽度的壕沟以抵御坦克或者步兵的进攻。从 1939 年 12 月起，该集团的指挥官就制定了备份射击计划，因此这些火炮可用于对付从南方发起进攻的远距离目标。

一整天，德军对库岑豪森（Kutzenhausen）、许尔伯格（Surbourg）、苏尔茨和哈腾之间、苏尔茨以西公路和库岑豪森与佩切尔布隆之间的攻势不断加强，霍赫瓦尔德东和朔恩伯格要塞对所有这些地点都进行了射击。在斯坦威勒东北和距离布尔东北约 1 千米处都发现了大量德军部队，同时德军还在向苏尔茨西北方向移动，城镇受到来自多个方向的威胁。德军的进攻被朔恩伯格要塞的炮火阻遏，而他们也在向南部前进。法军第 22 要塞步兵团指挥所报告称德军部队在位于罗伯斯巴恩（Lobsbann）东南约 800 米位置的工程兵仓库，16 号隔段的 75 毫米火炮以及 14 号隔段的 135 毫米火炮各自打出了 20 发炮弹，最终将德军驱散。

此刻德军对阿格诺要塞区的进攻从南北方向同时展开，德军已经架起相当数量的火炮对要塞和炮台进行直射，尤其是针对射击孔和钟型塔。10 时 30 分，德军在南部的协同进攻被法军步兵和炮兵击退，但 13 时 30 分又在以 77 毫米火炮和 Pak 37 型火炮进行第一轮炮击后卷土重来，19 时再次发起进攻。德军单位渗入了苏尔茨镇区西部，从 20 时开始威胁到北部镇口，那里的法军正撤往朔恩伯格要塞。德军从佩切尔布隆和兰伯特洛赫（Lampertsloch）向罗伯斯巴恩接近，但被迫击炮和炮兵火力击退。135 毫米火炮炮塔以精准而强有力的火力遏止了所有德军行动。“斯图卡”在晚间持续空袭了这一区域内的要塞和炮台，为步兵扫清道路，损失较小，但守军意志受到了极大考验。

第十六章
投降的与坚持的

广播电台将贝当元帅的呼吁传送给了法国人，并确认了停战谈判正初步成形，但对马其诺防线守军而言，战斗还在继续，很快福尔屈埃蒙要塞区也在德军的进攻中危如累卵。福尔屈埃蒙要塞区主要由 2 个次级要塞区组成：

斯坦贝克（Steinbesch）次级要塞区〔也被称为兹明（Zimming）次级要塞区〕，第 156 要塞步兵团〔指挥官为米隆（Milon）中校〕，包括：

· A34——科尔芬特要塞（指挥官为布罗奇上尉）。

· A35——巴姆贝斯赫要塞〔指挥官为安德烈·帕斯特（André Pastre）上尉〕，Aca3——巴姆贝斯赫梅斯筑垒地域型炮台（配备 M1897 型 75 毫米野战炮），C70——邦比代尔斯特罗北，C71——邦比代尔斯特罗南。

· C72——艾因塞灵北，A36——艾因塞灵要塞（指挥官为维兰特中尉），C73——艾因塞灵南。

· C74——夸特文茨北，C75——夸特文茨南，Aca2——斯托肯（Stocken）筑垒地域型炮台（配备 M1897 型 75 毫米野战炮）。

· A37——洛德雷方要塞（指挥官为卡蒂奥上尉）。

橡树森林次级要塞区，第 146 要塞步兵团〔指挥官为普拉特（Prat）中校〕，包括：

· C76——洛德雷方森林北，C77——洛德雷方森林南。

· A38——特丁要塞（指挥官为马尔凯里中尉），Aca1——特丁梅斯筑垒地域型炮台（配备 2 门 M1897 型 75 毫米野战炮），附加 33 个配有机枪和反坦克炮的隔段工事、4个帕马特型炮台、配有7门65毫米火炮的野战要塞工事群、34个可拆卸炮塔、8门25毫米反坦克炮、8个观察哨。

冯·维茨勒本的部队（C集团军群第1集团军）突破萨尔要塞区后，将麾下各师部署到了马其诺防线后方，打算等到要塞投降为止，而并未计划进行任何进攻。由奥斯卡·沃格尔指挥的第167步兵师（属于德国国防军陆军后备军）在希斯特·冯·阿尼姆将军指挥的第95步兵师（隶属于第1集团军下辖的第30军）之后穿过萨尔隘口，并运动到了福尔屈埃蒙要塞区后方。6月19日，由海因里希·莱希纳（Heinrich Lechner）上校指挥的一支摩托化部队——第331步兵团，运动到了特丁要塞和洛德雷方要塞后方，莱希纳派出信使前往洛德雷方要塞3号隔段，而信使遭到了来自要塞的射击。这导致冯·维茨勒本改变主意,并决定从要塞后方对其发起进攻。他同意采取一系列“间接”行动，只要这些行动风险较低。不仅是同意了进攻，而且进攻的团将配备2个88毫米高射炮组、2个连的20毫米高射炮和来自第95步兵师第195炮兵团第4营的重炮。莱希纳想立刻发起进攻，但日期被定在了6月20日。

其他的德军部队于6月19—20日夜间抵达，第339和第315步兵团进入了防线后方。第315步兵团的目标从邓丁小型步兵要塞扩展到了莫滕贝格小型步兵要塞，而第339步兵团则进攻从特丁到科尔芬特之间的区域。第167步兵师的弗朗茨·哈斯（Franz Haas）被命令于下午发起进攻，期间传来了一些对德军有利的消息。沃格尔被告知巡逻队发现巴姆贝斯赫[①]西南的森林尚未被清理，随即他们突进到要塞边缘，发现那里已无法军踪迹。这样一来一个连的突击部队即可穿过树林，从近距离发起进攻，而可以在距离要塞非常近的范围内架起88毫米高射炮的法军射击死角处也被发现，沃格尔遂命令第339步兵团开始进攻。

巴姆贝斯赫要塞由3个隔段组成：1号隔段，也被称作北隔段，配备有一个混合武备炮塔；2号（中）隔段是一个配有一个装有JM/AC47并朝向南方的侧翼炮台的入口；3号（南）隔段也是一个入口，配有一个朝向北方的侧翼

① 该要塞被德军标注为第230装甲工事，科尔芬特则为第240装甲工事。

炮台，巴姆贝斯赫要塞可以获得其邻近的科尔芬特小型步兵要塞来自北方的支援。2 个位于南部的邦比代尔斯特罗炮台（北和南）于 6 月 15 日被破坏，守军撤离。截止到 6 月 17 日，巴姆贝斯赫要塞的任务是就地抵抗，其指挥官为安德烈·帕斯特中尉。

要塞存在一系列关于防御的致命问题。首先，它没有自己的炮兵，没有来自相邻要塞的炮火支援,也没有来自炮台的侧射火力。林木线距离要塞太近，很容易被进攻者渗透，这是个本该早点解决的严重错误，树木本该砍伐、烧毁或者制作陷阱，抑或在树木之间缠绕铁丝网，总之是任何可以阻滞一次进攻的措施。另外帕斯特本可以有很多时间做一些有助于解决防御问题的事情，然而一切都未变成现实。

6 月 20 日，帕斯特与邻近多个防御工事的指挥官——艾因塞灵要塞的维兰特中尉、洛德雷方要塞的卡蒂奥上尉和特丁要塞的马尔凯里中尉——进行了电话联系，德军已经对洛德雷方要塞的 3 号隔段展开行动，由于该隔段的 81 毫米迫击炮覆盖了特丁，因此成了德军的“眼中钉”。中午前后，一门德军火炮从奥尔巴赫山谷（Albach Valley）方向向南隔段开火，10 分钟后哨兵发现了一门 88 毫米高射炮加上几门反坦克炮正向南隔段射击，每发炮弹都在隔段外立面上击碎掉一小块儿混凝土。帕斯特要求艾因塞灵要塞提供支援，但其机枪炮塔显然够不到距离。他同时还寻求科尔芬特要塞和洛德雷方要塞的 81 毫米迫击炮的支援，但同样是鞭长莫及。

88 毫米高射炮继续对南隔段开火，混凝土被一点点剥离，露出了嵌入其中的钢筋，而反过来这些又被打成碎片，炮弹越来越深入墙体。隔段的防御被完全摧毁，而墙上的破洞越来越大，帕斯特决定撤出该隔段。16 时 30 分左右，88 毫米高射炮停止射击。

要塞内的一氧化碳浓度开始上升，中隔段充满了烟雾，而通风系统则出了些毛病，也许是一个或者多个轴被卡住了。此时帕斯特被告知 1 号隔段的机枪炮塔无法工作，要塞处于极度危险之中。南隔段撤退时，通往下层坑道的楼梯处于不设防状态。如果德军冲入南隔段，没有什么能阻挡他们到达主坑道。就在军官委员会成员聚集起来讨论要塞命运时，他们想起了拉法耶特要塞全体守军的阵亡，他们不想让这样的悲剧重演。工程师被问及要塞的防御和生存能力，通风系统已经是确定无误的无法修复，“投降”这个词被提及。南隔段已经被放弃，机枪炮台无法使用，德军正在进攻北隔段，并在树林中集结准备实施一次大规模进攻。在进行了进一步讨论后，投降的决定被确定下来。继续战斗也只能是无谓地牺牲，尤其是在距离停战只有几天的时候。

阿克尔曼（Ackerman）上尉指挥的第339步兵团第7连被部署在了巴姆贝斯赫森林中，他们惊讶地发现树林中并没有任何障碍物，但他们无意进攻要塞。一个“坦克猎手”分队已经在打开铁丝网阵后到达北隔段，他们向入口投掷了手榴弹，手榴弹落入了壕沟。19时左右，一名法军军官来到门口，表达了他们投降的意愿，其他守军跟随他走出了要塞。第339步兵团的士兵们震惊于要塞如此轻而易举地落入了他们手中，除了之前描述的损毁之外其余完好无损。这个消息于20时传到沃格尔将军位于曼维勒尔的指挥部，仅以少量伤亡的代价就迅速拿下巴姆贝斯赫要塞让沃格尔重新考虑了他的计划，而后他下令于6月21日黎明发起总攻。

沃格尔的计划直到巴姆贝斯赫要塞陷落之前都一直是进攻特丁要塞然后向北机动以进攻艾因塞灵要塞和洛德雷方要塞，此刻他有了新的选择，并决定扩大在防线中央的突破口。新一轮进攻是直接针对巴姆贝斯赫要塞以北的科尔芬特要塞和以南的艾因塞灵要塞，之后进攻洛德雷方要塞和特丁要塞。第339步兵团指挥官格勒（Gollé）少校提议称进攻科尔芬特要塞的计划应在开始阶段以第195炮兵团第4营的105毫米和150毫米火炮进行轰击，之后扩大炮击范围至艾因塞灵要塞。2门架在巴姆贝斯赫要塞北隔段的88毫米高射炮则用于对科尔芬特要塞3号隔段的射击，而3门20毫米炮和16门Pak 37加上多挺机枪则被部署在科尔芬特森林内，用于摧毁莫滕贝格要塞的侧射火力，并对作为主要目标的2号隔段,也就是科尔芬特要塞入口进行射击。突击由2个“突击队”连、1个机枪连、2个工兵分队和1个携带成罐燃油并将其倾倒进射击孔的分队实施。

6月21日2时，由施密特中尉指挥的第339步兵团第3连突入了科尔芬特森林，他们的目标是抵近并打开环绕2号隔段的铁丝网。科尔芬特要塞指挥官布罗奇上尉重蹈覆辙，并没有采取措施预防德军从树林渗透。3时30分，2门20毫米炮和4门Pak 37以及机枪组到达了可以观察到莫滕贝格南炮台和位于山谷对面山顶的莫滕贝格小型步兵要塞的树林北部边缘。炮轰定于6时开始。5时45分，突击部队已经就位。5时55分，88毫米高射炮开始从巴姆贝斯赫开火，部队和反坦克炮推进到了树林的东部边缘。最危险的部分就是德军必须在对方一览无余的视线中推进越过入口隔段前。入口由1个双联装机枪、2个自动步枪哨戒钟型塔和1个榴弹发射器钟型塔守卫。德军火炮有希望在第一时间端掉法军的防御，如果被证明没有奏效，格勒将推动一门88毫米高射炮沿森林公路下行到要塞位置。

炮击于6时开始，莫滕贝格要塞指挥官克洛雷克上尉用3号隔段的机枪炮塔和南莫滕贝格炮台的双联装机枪进行了还击。法军有许多目标可供瞄准射击，其中一发幸运的子弹正中第339步兵团指挥官冯·利希滕斯坦（von Lichtenstein）上校头部，后者于当天深夜伤重不治。格勒命令施密特将第3连前出，德军推进到距离科尔芬特要塞入口80米内的距离上，同时几门88毫米高射炮从巴姆贝斯赫向由约瑟夫·巴拉（Joseph Bara）军士长指挥的3号隔段开火。炮弹撕裂了隔段外立面，大块碎片落入壕沟，沙里（Chary）军士长建议守军退入下方。19时左右，双联装机枪被击中，并飞过炮室，摧毁了电话和电缆以及第二挺雷贝尔机枪的平台。另一发炮弹穿过被打飞的机枪在射击孔上造成的空洞，打中了一个47毫米炮弹弹药箱，引发火灾。大火被扑灭，一个小组将炮弹从炮室移出到安全地带。巴拉将47毫米反坦克炮推入射击孔以取代被打飞的双联装机枪，射击持续到晚上。第339步兵团则在森林中待命。

一个88毫米高射炮连被布置在位于3号隔段1200米距离内，并向该隔断开火，接连在混凝土和钢筋加强筋上炸开，将钟型塔的25毫米厚钢制壳体打得千疮百孔。巴拉此刻考虑撤出该隔段。88毫米高射炮的炮弹穿透混凝土墙体需要多长时间？最后巴拉下定决心，命令守军向下转进。弹药被移出，气密门被关闭。3人志愿在德军冲入时作为后卫留下。其中一人进入炮室，穿过88毫米高射炮留下的弹孔，发现一支德军巡逻队正沿着一条从森林延伸来的交通壕向隔段前进，Pak 37向隔段射击以掩护巡逻队推进。因为此刻隔段看起来已被放弃，炮击节奏被放慢。志愿后卫的另外两人爬入50毫米迫击炮所在的西侧钟型塔，同样发现了巡逻队，他们开始向德军射击。片刻之后，一发炮弹击中了钟型塔，他们顺着梯子爬下，加入了他们的同伴，直奔楼梯。

由于沟通不畅，早些时候3号隔段被巴拉和他的部下放弃时，布罗奇上尉留下了这样的印象——隔段被放弃是因为德军已经攻入隔段，而战斗正在楼梯上展开。即使在战争结束后，报告中依然显示，这一印象被当作真实事件：弹药在隔断内发生爆炸，而由于隔段守军撤离，德军进入了隔段并追击退入楼梯的守军，直到最后被装甲门上的自动步枪击退。而德军的报告没有提及任何此类情况。

“突击队”向2号隔段推进的时候，太阳明晃晃地照在入口前方的阅兵场上，德军将不得不在大白天（bright sunlight）穿过60米的开阔地，而格勒并不想冒伤亡惨重的风险。他电话联系了巴姆贝斯赫的高射炮部队，命令其把其中一门88毫米高射炮架在森林公路上，这将把威力强大的火炮推到距离隔段左翼150米的距离内。88毫米高射炮于7时30分就位，其目标为北边的钟型塔，德军用20分钟时间打穿了金属外壳并敲掉射击孔。之后火炮前移了50多米，然后对准自动步枪射击孔射击。15分钟后火炮又前移了20米。科尔芬特要塞无法阻止火炮发扬火力，后者从容不迫地对隔段表面进行了蹂躏。而在2号隔段内，情况比预想中要好，自动步枪仍然可以击退一次对入口门的进攻。布罗奇的报告显得更加悲观，实际上宣判了隔段的死刑。而恰恰相反，格勒所最害怕的即将发生。

德军突击部队向2号隔段推进，并对门两侧的射击孔打出机枪弹，就在这一刻，奥赛（Haussy）军士长的机枪炮塔升起并向森林开火。莫滕贝格的机枪炮塔也加入进来，并向穿过阅兵场的德军士兵开火。一些德军士兵逃入森林，另一些则背靠隔段的混凝土墙作为掩护。关键时候到了，如果格勒选择撤退，那他就等于将胜利拱手送给布罗奇。而如果格勒继续进攻，科尔芬特要塞很可能就到了终结时刻。

一个德军105毫米炮兵连在德军部队前打出了一道徐进弹幕，直接砸进了钟型塔和炮塔。格勒命令高射炮和反坦克炮再次开火，他被告知有两个重机枪组正在路上，他随即下令发起进攻。梅纳特（Mehnert）中尉手下的几名步兵穿过阅兵场并接近了入口，然而，他的部下没有任何爆炸物，而部队无法顶着自动步枪射击推进到足够近的距离。梅纳特知道他必须做些什么，于是大声疾呼，让他的部下前进，迫使法军投降，并将所有他掌握的弹药——手榴弹、烟幕弹、子弹——一股脑儿射向隔段。此后他听见从后面传来一声叫喊和一声欢呼，一抬头就看见从钟型塔的射击孔里伸出一面白旗。格勒的大胆决定起作用了，科尔芬特要塞被拿下。

布罗奇确信 2 号隔段必须撤离，因此，据他所知，2 号和 3 号隔段都被放弃了。然而，事实并非如此。德军尚未进入 3 号隔段，也没有到达 2 号隔段的入口。布罗奇召集了他的军官委员会，军官们得出结论称，他们无法在部下不冒巨大风险的情况下坚守下去，他们觉得这些人打得非常光荣并且已经坚持到了最后。布罗奇之后表示，他希望他的部下不要像拉法耶特要塞里的守军那样死在走廊里。布罗奇忐忑地将投降告知了身处洛德雷方的德努瓦少校。后来，布罗奇指出德努瓦表示了理解，但德努瓦从未提及这一对话曾经发生。第 339 步兵团第 2 营此刻继续进攻艾因塞灵要塞，而第 339 步兵团第 3 营则向南进攻特丁要塞。

对洛德雷方要塞的轰击从 6 月 21 日早晨拉开序幕，一枚炮弹直接命中 2 号隔段钟型塔的射击孔，击中了让·高厄尔（Jean Gauer）下士的头部，致其阵亡。3 号隔段指挥官克罗内中尉向隔段副官文森特（Vincent）中尉报告称他的炮塔整夜保持开火，以防德军接近铁丝网，他同时报告称，在布兰斯图登（Branstuden）农场和 400 高地之间发现了 7 个德军炮兵连。他的一挺机枪被打坏，炮弹持续剥离混凝土外立面。文森特命令克罗内缩回炮塔，等待事态平静下来。文森特之后打电话给夸特文茨南炮台指挥官凯勒（Keller）中尉，后者报称德军在艾因塞灵要塞后方活动，看来德军正在那里计划什么。

艾因塞灵要塞是第 339 步兵团的新目标，该要塞是“单隔段”设计，初始计划是通过地下坑道连接两个此时被称为艾因塞灵北炮台和艾因塞灵南炮台的相邻隔段，但没有足够资金以完成建设。2 个炮台已于 6 月 15 日被撤离，但维兰特手下的工程师在每个炮台都接通了一条电话线，而且每天晚上都有一支配有一挺自动步枪的小规模巡逻队操作炮台，并通过射击让德国人产生炮台被一直占领的印象。维兰特后来写道，这是一个令人难以置信的勇敢表现，这些志愿者占据了无论从哪个角度看都是死地的炮台——没有灯光、通风、武器（除了他们随身携带的武器），甚至没有门——尤其是在死寂的夜里，但这样的计谋奏效了，德军直到停战都相信炮台还在运作，并为其浪费了成打的 88 毫米高射炮弹。艾因塞灵要塞位置绝佳，处在山脊的前坡上，并从山体后方突出出来。德军没有从后方直射隔段，但除非将炮塔升起，否则要塞也无法观察到后方，而这有可能使其被 88 毫米高射炮击中。艾因塞灵要塞指挥官阿尔伯里克・维兰特中尉指望着夸特文茨南炮台和洛德雷方要塞的观察员能保持对要塞后方倾斜的冰川的观察。

7 时 30 分左右，第 339 步兵团第 2 营发起进攻。步兵在 105 和 150 毫米炮兵连打出的徐进弹幕后向前推进，他们向冰川进发的场面被洛德雷方要塞和夸特文茨南炮台的观察员尽收眼底。“突击队”迅速冲击，但在到达要塞周围的铁丝网阵后放慢了速度。洛德雷方要塞 1 号隔段的 81 毫米迫击炮开火，艾因塞灵的炮塔就位并开火，冰川被炮弹所覆盖。钟型塔内的双联装机枪也开火了，迫击炮对工兵和 Pak 37 型反坦克炮构成了毁灭性杀伤。第 339 步兵团第 2 营的德军官兵带着伤员仓皇后撤。

作为回击，德军炮兵对洛德雷方要塞 1 号隔段倾泻了火力。10 时左右，一发德军穿甲弹直接从 1 号隔段的自动步枪射击孔穿入并爆炸，炸裂了水管、通风管和柴油发电机。隔段的外立面被打成碎片。尽管遭受损失，炮手们还是抓住一切机会使用 47 毫米反坦克炮和 81 毫米迫击炮进行了还击。

特丁要塞由沙维尔・马尔凯里中尉指挥，要塞由 3 个战斗隔段组成。1 号隔段并不与要塞其余部分相连，是一个轻武器炮台；2 号隔段配备一个改装成混合武备式样的机枪炮塔；3 号隔段充当入口，配备了 1 门 47 毫米反坦克炮。该隔段被德军炮兵狂轰滥炸长达两天，混凝土被打得坑坑洼洼，钢筋也被直接削去。2 号隔段的机枪炮塔可以全向射击，但其保持在炮台内的时间有限。1 号隔段距离树林边缘 30 米，与要塞其他部分的唯一沟通方式就是电话线。

6 月 19 日，一发炮弹击穿了 3 号隔段射击室的射击孔并爆炸，炸伤了其中一名炮手，另一发炮弹则导致南钟型塔的反射投影仪碎裂。法军急忙试图填补缺口，混凝土墙上的一道裂缝被用沙袋堵住。在一个平静的夜晚过后，6 月 20 日 9 时，一门 Pak 37 开始对入口门射击，一门 88 毫米高射炮开火，将投影仪的安装杆打断，并将无线电天线基座从混凝土中扯出。与此同时，钟型塔内的机枪开火，片刻过后，几发从克罗内指挥的洛德雷方要塞 3 号隔段的 81 毫米迫击炮打出的炮弹落在了树林边缘，直接打中了德军 2 门 105 毫米火炮。据守树林的德军被牢牢压制在原地，直到停战他们都留在那里。由于这种局面，沃格尔决定不向北往莫滕贝格要塞方向发起进攻，他惊讶于 4 门迫击炮和 1 个机枪炮台居然能挡住 2 个营。

就在福尔屈埃蒙要塞区各要塞进行坚决抵抗的同时，克吕斯内斯要塞区同样遭到了德军进攻。该要塞区实力同样强大，主要由“筑垒地域组织委员会”型要塞工事组成，包括以下这些要塞工事：

阿兰西（Arrancy）次级要塞区：第 149 要塞步兵团〔指挥官为波普（Beaupuis）中校〕

（A= 要塞，O= 观察哨，C= 炮台，X= 地表掩蔽所。所有要塞工事均为“筑垒地域组织委员会”型）

· A1——查皮农场要塞（指挥官为蒂博中尉）。

· O2——普谢观察哨和 C1——普谢炮台。

· A2——费尔蒙特要塞（指挥官为奥贝特上尉）。

· C2——博伊维尔森林（Bois–Beuville）炮台，O4——上昂古尔观察哨，C3——上昂古尔西炮台，C4——上昂古尔东炮台，C5——塔佩森林（Bois de Tappe）西炮台，C6——塔佩森林东炮台，C7——埃米蒂奇 · 圣 · 昆丁炮台，C8——普劳考特（Praucourt）炮台。

· A3——拉蒂蒙特要塞（指挥官为菲洛弗拉特少校）。

· C9——贾劳蒙特西炮台。

莫芳丹（Morfontaine）次级要塞区：第 139 要塞步兵团〔指挥官为里特尔（Ritter）上校〕

· C10——贾劳蒙特东炮台，O7——上维涅观察哨，C11——切尼埃（Chénières）西炮台，C12——切尼埃东炮台，C13——莱西炮台。

· A4——莫瓦伊斯森林要塞〔指挥官为科隆纳（Colonna）上尉〕。

· C14——莫芳丹炮台，C15——维勒拉蒙塔涅（Villers–la–Montagne）西炮台，C16——维勒拉蒙塔涅中炮台，C17——维勒拉蒙塔涅东炮台。

· A5——杜福尔森林要塞〔指挥官为德·麦基尼姆（de Mecquenem）中尉〕。

· C18——维尔布什（Verbusch）西炮台，C19——维尔布什东炮台，

O10——杜福尔森林农场观察哨，C20——蒂里（Thiéry）炮台，C21——布伦（Bourène）西炮台，C22——布伦东炮台。

欧梅斯次级要塞区：第128要塞步兵团〔指挥官为鲁林（Roulin）上校〕

· C2B——布雷海因西炮台[1]。

· A6——布雷海因要塞（指挥官为万尼尔少校）。

· C23——克吕斯内斯沟壑炮台，C24——克吕斯内斯西炮台，C25——克吕斯内斯东炮台，C26——新克吕斯内斯西炮台，C27——新克吕斯内斯东炮台，O1——莱塞沃尔观察哨，C28——莱塞沃尔炮台，C29——奥唐格公路西炮台，C30——奥唐格公路中炮台，C31——奥唐格公路东炮台。

· A7——欧梅斯要塞〔指挥官为让·布劳恩（Jean Braun）中尉〕。

· C32——特雷桑日炮台，C33——布雷炮台，C34——阿万格洼地炮台，C35——格罗斯森林炮台，X1——格罗斯森林掩蔽所。

费尔蒙特要塞的枪炮是德军行军经过隆吉永时的一根芒刺，尤其是其75/33型火炮炮塔射程可达11900米，因此德军决定拔除费尔蒙特要塞和拉蒂蒙特要塞。进攻由赫尔曼·威尔克将军的第161步兵师执行，进攻定于6月21日开始，包括第641重炮营（德语名称：Schwere Artillerie Abteilung，SAA）的305毫米重迫击炮在内的重炮将进行轰击，3个营的210毫米重迫击炮、6门105毫米火炮、2门88毫米高射炮和几门Pak 37组成了炮兵分遣队。突击部队由第371步兵团〔指挥官为纽格（Newiger）上校〕、第161步兵师第241“坦克猎手”营〔指挥官不明，有埃沃特（Ewert）上尉和爱森堡（Amsberg）上尉两种说法〕和劳（Lau）少校指挥的工兵分队组成。他们的任务是用炸药包攻击炮塔和钟型塔，之后37毫米和47毫米火炮被从博伊维尔森林推进至费尔蒙特要塞入口隔段后方的反坦克铁轨阵边缘处。

拉蒂蒙特要塞炮兵指挥官卢梭（Rousseau）中尉正与费尔蒙特要塞炮兵指挥官布雷耶（Braye）少校进行联系，由贝尔霍斯特（Belhoste）中尉指挥的拉蒂蒙特要塞6号隔段配有3门掩护西翼的75毫米炮台炮。一旦德军进攻，贝

---

① 也被称为布雷海因C2，这是一个靠近但不与要塞相连的隔段，通炮台和要塞的工程在1939—1940年的冬季展开。

尔霍斯特的隔段就将处于戒备状态以支援费尔蒙特要塞。

6月21日，拉蒂蒙特要塞2号隔段的折射观察和直接观察钟型塔内的观察员报告称有几道烟柱升起约50米高度，笼罩着费尔蒙特要塞，这是305毫米炮弹落在1号隔段的结果。炮弹在混凝土表面爆炸，但并未造成任何破坏。隔段内的炮手被命令离开炮塔，炮塔即使受到直射也依然能安然无恙，但一发炮弹直接命中了自动步枪哨戒钟型塔，并使其钢制壳体碎裂。裂痕必须被立刻焊接以维持气密性，这样守军才能在要塞遭遇毒气攻击的情况下存活。大口径炮弹持续命中炮塔顶盖，但未造成损害。

在西边3千米开外的位置，查皮小型步兵要塞被105毫米炮弹、架在要塞附近被放弃的隔段工事[①]里以及周围的Pak 37打出的反坦克炮弹击中。6时30分左右，一发37毫米炮弹击中掩护西翼的1号隔段的47毫米反坦克炮炮位，将射击孔打凹，火焰顺着炮位的炮架蔓延开。这一裂缝迅速被工程师们修复。2号隔段的双联装机枪钟型塔射手勒布鲁恩（Le Brun）在一发炮弹击中瞄准镜镜头时被炸身亡，而5号隔段的自动步枪哨戒钟型塔机枪手丹尼斯·吉萨德（Denis Guissard）则被命令向一队德军开火，这队德军正借助5号隔段和人员入口隔段之间的大片浓雾掩护向前推进。吉萨德刚一开枪，他的机枪就被一发炮弹命中。他爬下钟型塔去取新武器，回到平台时钟型塔再次被命中，当场身负重伤。

入口隔段的钟型塔群也被掩护德军步兵从博伊维尔公路向反坦克轨道阵进攻的Pak 37命中，德尔哈耶中尉在3号隔段观察哨发现正在行军的德军几乎是无精打采，仿佛只是期待能走进要塞，而这正是威尔克将军在长时间的猛烈轰击后所期待的，他希望305毫米和210毫米火炮粉碎要塞的抵抗意志并打压守军的士气。但费尔蒙特要塞所受的实际损害轻微：装备损失包括2挺双联装机枪、4门50毫米迫击炮和2挺自动步枪，加上部分人员损失。虽然轻微，但也让人伤感。德军震惊地看到2个机枪炮塔加上81毫米和75毫米火炮升起，就像德尔哈耶中尉所说的那样——“一场大屠杀开始了。”

---

① 最有可能是2号隔段以西的黑莓树篱（Haie aux Mures）1号或2号隔段。

埃沃特上尉的突击部队向铁丝网阵推进，恶劣的天气限制了能见度，因此他的部下对安全接近要塞过于自信。他们试图架起一门47毫米反坦克炮，结果立刻被发现，并被法军的75毫米炮击中，炮手们将炮收起并转移到另一地点。在这里，47毫米炮弹击中了入口分段的钟型塔，在厚重金属外壳上发生跳弹，震撼了整个隔段。法军观察员通过其射击室内他们的47毫米反坦克炮的观察孔看去，未能发现敌人。钟型塔的反射投影仪被一发炮弹爆炸后的弹片击中，观察员弗洛里安·皮顿（Florian Piton）被立刻打死。

机枪打出的曳光弹最终被精准定位，自动步枪对其方位进行了射击，然后将坐标传给了波本（Bourbon）少尉[①]指挥的5号隔段。在不到1分钟的时间里81毫米迫击炮炮塔被升起，之后旋转并对德军枪炮打出了20发炮弹，结果炮弹落点太近。就在射程被调整时，德军炮组成员掉头前往博伊维尔森林附近的一个隔段工事寻找掩护。平静的几分钟过后，德军炮组成员又回到了炮旁，81毫米迫击炮炮组成员正等着，一通迫击炮弹落到了猝不及防的德军炮组成员头上。大量炮弹发生爆炸，炮连被摧毁。

与此同时，拉蒂蒙特要塞的6号隔段的75毫米炮台炮朝博伊维尔森林边缘开火，不幸的是法军的炮弹却帮德军在铁丝网阵上打开了缺口，一小股德军得以向前推进。不过他们的好运并没有持续太久，他们遭到了5号隔段迫击炮以最高射速进行的射击。1号隔段的75毫米火炮炮塔也开火了，将德军死死压制在博伊维尔森林中。所有的费尔蒙特要塞隔段此刻火力全开。这就是马其诺防线近战能力的经典范例。一群德军工兵接近了普谢观察哨，这里处于波本的迫击炮射程范围内，他们无法再前进一步。而一次试图拿下查皮小型步兵要塞的进攻则被普谢炮台掩护西翼的JM/AC47挫败，德军的47毫米火炮一一停止了射击。11时左右，德军突击队撤回到费尔蒙特要塞以南的森林中。下午早些时候，一队德军打着白旗接近了要塞，要求收敛尸体并带走伤员。奥贝特下令停火，允许他们执行这一可怕的任务。德军的进攻已经结束，并禁止对费尔蒙特要塞有任何进一步行动。

---

① Sous-Lieutenant，在指挥权上与中尉处于同一级别，但是个等级更低的军衔。

克吕斯内斯要塞区所有其他要塞都曾遭到不同形式不同程度以及不同强度的进攻，尤其是在欧梅斯次级要塞区。6 月 19 日，德军将一个 Pak 37 炮连布置在了古井（Anciens Puits）峰顶部并对欧梅斯小型步兵要塞的 3 号隔段（配有 JM/AC47 的炮台,由提利军士指挥)外立面开火。炮击给隔段造成较大冲击，但实际受损轻微，德军反坦克炮后来被布雷海因要塞的火炮摧毁。之后 2 支德军巡逻队沿梅斯－隆维铁路线推进，遭到欧梅斯小型步兵要塞 2 号隔段〔指挥官为居里恩（Curien）少尉〕的机枪炮塔以及罗雄维勒尔要塞的火炮射击并被驱散。6 月 20 日，德军从希普斯农场进攻了布雷海因要塞的前部隔段，他们立刻被观察员们发现并被布雷海因要塞的枪炮射击。

主要由来自奥地利的兵源组成的第 262 步兵师（隶属于第 24 军，包括第 462、第 486 步兵团和第 262 炮兵团）由埃德加·泰森（Edgar Theissen）将军指挥，他将第 462 步兵团留在了马其诺防线以北的萨尔以东位置，以掩护一段 35 千米宽的正面，而第 482 和第 486 步兵团则于 6 月 20 日穿过萨尔并通过隘口向南推进，这两个团由于法军撤退后留下的各种障碍和被摧毁桥梁而进展缓慢。泰森选择了将上普里耶尔要塞作为他的第一个目标，该地陷落后，炮台群将纷纷步其后尘，之后他将进攻维尔朔夫要塞。不过对德军而言，攻下法军要塞所面临的一个突出问题就是火力不足。这两个团穿插到马其诺防线后方时，泰森仅有一个炮兵连的 150 毫米火炮而没有 88 毫米高射炮。

6 月 20 日，几支德军侦察巡逻队在要塞区后方区域展开侦搜。在卡尔豪森和拉兰（Rahling）之间，其中一支巡逻队发现了几个位于上普里耶尔后方仅仅数百米处的隔段工事和大量被遗弃的弹药，泰森将 Pak 37 炮组部署到了隔段工事内。6 月 21 日，巡逻队确认，无论是上普里耶尔要塞还是维尔朔夫要塞都没有任何野战炮兵或者要塞炮兵的支援，维尔朔夫处于西姆塞霍夫要塞的 75 毫米火炮炮塔的射程边缘。进攻奉命于 13 时开始。

第 262 炮兵团将 150 毫米火炮布置在卡尔豪森以北以瞄准上普里耶尔要塞，15 时左右火炮对 3 号隔段〔指挥官为博诺姆（Bonhomme）中尉〕开火。由于要塞设计和构筑的原因，混合武备炮塔无法攻击后方目标，隔段在这个方向上只能以双联装机枪迎战，炮塔守军无法发扬火力，其他上普里耶尔要塞守军也无计可施，只能眼睁睁看着上千名德军毫发未伤地沿他们的左翼移动，占领防线后方的村镇。

步兵进攻以一轮炮轰拉开序幕，150 毫米火炮、Pak 37 和各种轻武器轮番上阵。烟幕降下，德军突击部队推进并进入了最靠近铁丝网阵的隔段工事内。8 时 15 分，博诺姆报告称要塞后方的隔段工事此刻已被德军占领。15 时，150 毫米火炮打出反混凝土弹，105 毫米火炮则打出穿甲弹。在北翼，埃森斯图克（Eisenstück）上校指挥的第 462 步兵团通过将“突击队”前出到要塞防线分散了法军注意。与此同时，冯·施罗滕（von Schrocten）上校指挥的第 482 步兵团在维尔朔夫要塞后方集结，而沃尔夫斯贝格（Wolfsberger）上校指挥的第 486 步兵团则位于上普里耶尔要塞后方。泰森禁止步兵在上普里耶尔要塞化作一片废墟之前发动任何进攻。

德军的炮弹击中了隔段表面。下午早些时候甘博迪上尉被告知 1 号隔段外部有一团浓烟。空气被进行了毒气检测，结果为阴性，被确定为是用以掩护步兵推进的烟幕。大约在同一时间，第 262 步兵师的一个 150 毫米炮连被部署在位于上普里耶尔要塞后方的施密特维尔（Schmittviller）和奥埃尔曼让（Oermingen）之间。博诺姆指挥的 3 号隔段是主要目标，150 毫米火炮和从之前的法军隔段工事开火的 Pak 37 一道展开轰击。德军部队正在隔段工事后等待，并沿法军堑壕向要塞推进。唯一可以挡住他们前进的就是西北阿尚炮台[①]和 1 号隔段中应急用的一门迫击炮。

炮轰的强度不断增加，平均 5~6 秒就有一发炮弹击中后立面，发出一种刺耳的声音，是炮弹进入混凝土外壳之后爆炸并震颤着隔段的声音。一声巨大的金属撞击声表明，探照灯杆被一发 150 毫米炮弹削去。炮弹一点一点吞噬混凝土外壳，切削去钢筋。

甘博迪和若利韦讨论了局势，要塞正被撕成碎片，烟雾和尘埃包裹住了要塞，唯一的防御武器就是 3 号隔段的训练机枪。1 号隔段的迫击炮被一门 Pak 37 敲掉，西北阿尚炮台也遭到德军猛烈轰击，内部充满了烟雾。甘博迪和若利韦意识到他们已无能为力，隔段将被一点点吞没直到被摧毁，之后德军步

---

① 指挥官为维尔（Will）少尉，配有 JM/AC47 和双联装机枪、混合武备钟型塔以及 B 型自动步枪哨戒钟型塔的双炮台。

兵将向前推进。

在德军部队迂回到防线后方后，维尔朔夫小型步兵要塞于 6 月 19 日进入战备状态。卡车被发现向距离要塞后方 1500 米的村镇辛格林开进，海特中尉顺楼梯爬上 1 号隔段，通过潜望镜向辛格林方向望去，他可以清楚地看到德军部队正在进入小镇。15 时 30 分，海特看到德军在距离维尔朔夫 1300 米的辛格林南部边缘处架起一门 150 毫米火炮，他命令入口门关闭，随时等候火炮开火。格栅被关闭，但装甲门依旧保持开启以使空气进入要塞。不幸的是，德军的第一发炮弹穿过了门户，打穿了格栅的栅栏条。

和上普里耶尔一样，维尔朔夫没有自己的炮兵力量，所有的间隔炮兵火器都已被撤走或是被破坏。西姆塞霍夫要塞的 5 号隔段提供了仅有的支援，其隔段的 75 毫米炮只能打到维尔朔夫，且前提是风向正确。海特很快向西姆塞霍夫要塞呼叫支援，西姆塞霍夫要塞炮兵指挥官乌尔贝洛（Urbero）上尉接听了电话，他被告知德军火炮从辛格林村镇向维尔朔夫开火的消息。他还获知了坐标。

德军打出的第 2 发炮弹落在了壕沟里，因为预先准备破坏后撤离要塞，所以壕沟内被灌满了汽油。汽油被点燃，一道烟柱升入空中。甘博迪从上普里耶尔要塞打来电话，想搞明白到底发生了什么，而维尔朔夫要塞 1 号隔段指挥官弗里茨（Fritz）少尉向他保证这是燃料在燃烧。乌尔贝洛告知海特西姆塞霍夫要塞的第一轮炮火正在准备的同时,德军的第五发 150 毫米炮弹击中了要塞。几乎不到一秒，突然一连串爆炸就席卷了那门德军火炮。西姆塞霍夫要塞打出了相距数秒的 25 发炮弹，德军炮组成员仓皇逃窜。几分钟后他们又卷土重来，再次开火，但西姆塞霍夫要塞反应极快，打出了一轮 30 发炮弹的急促射。海特让西姆塞霍夫要塞知道德军炮组成员正在将炮收起并撤回。

有坏消息传来，22 时，维尔朔夫要塞获悉上普里耶尔要塞正在投降，整个下午，上普里耶尔要塞的 3 号隔段都在遭到德军 105 毫米和 150 毫米炮弹的打击，炮弹不断凿击深入进混凝土，平均每 6 秒就有一发炮弹命中。最后金属加强筋被打击移位，一发炮弹打穿了内墙。18 时 30 分，左右炮击停止，隔段内的一部分守军被转往下层休整，而几名守军则留在上层。突然一声可怕的爆炸发生了，灯光熄灭，钟型塔平台发生坍塌，射击室内部陷入一片恐慌。一发

150 毫米炮弹射穿了双联装机枪下方的墙壁，穿入外室后在存放有 300 发 47 毫米反坦克炮弹和 500 发 50 毫米迫击炮弹的内室发生爆炸，炮弹发生殉爆，当场炸死 3 人。处于震惊状态下的博诺姆在隔段中逡巡，试图弄清刚刚发生的事情，但没能搞明白。甘博迪呼叫了位于北阿尚炮台的凯苏尔中尉，告诉他上普里耶尔无法防御后方。西北阿尚炮台的维尔少尉以其炮台的双联装机枪对 3 号隔段进行了射击。然而，19 时 30 分，机枪发生了故障。

在 1 号隔段，一门 50 毫米迫击炮被固定在一个球形支座上，这个球形支座由几名工程师在几天前特别安装在钟型塔射击孔上。由于安装的性质和缺少可视范围的现实，炮手并没有办法看到目标，所以他们只能呼叫其他钟型塔。然而，其他钟型塔也没有观察员，所以事实上这门迫击炮毫无价值。

甘博迪在寻找一种能将 3 号隔段与要塞其他部分隔离开的办法，有两种选择：炸毁楼梯，或是以在钢轨之间浇筑混凝土的方式在楼梯底部隔断连接坑道。后一个办法将同样隔绝掉厨房和发电站，而且如果德军拿下了它们，他们可以切断要塞剩余部分的电力，结果就是：没有灯光，也没有通风换气。

军官委员会于 20 时聚集开会，若利韦并不是要塞守军一员，因此并没有得到这些军官的尊敬，但他身为高级军官，将是最终拍板的人。他指出，上普里耶尔最初所局限的任务是坚守到 6 月 17 日，届时要塞将被破坏后放弃，而这一命令他已经撤销。他补充道，事实上德军已经攻下了法国的大部分地区并且在向南推进，东部的法军已经投降，而贝当已经在寻求停战。因为 3 号隔段此时并未设防，上普里耶尔要塞随时面临着德军攻入要塞坑道的进攻，而且遍寻不到炮兵支援。他重复了贝当可怕的言论："我们必须停止战斗！"（法语原文：Il faut cesser le combat!）军官们对投降是唯一选择这点表示赞同，战斗继续下去只能徒增守军伤亡，这可能导致全体守军阵亡。这当中有一些争论，但最终他们都意识到这一决定是正确的。

甘博迪下令打出白旗，这一任务交给了 1 号隔段指挥官伊斯纳尔（Isnard）中尉，想到他将不得不在他指挥的隔段升起白旗就不由得潸然泪下。尽管如此，他还是回到隔段以完成任务，将一块白毛巾贴在了钟型塔上。10 分钟后，2 名奥地利军官靠近要塞并被允许进入要塞商讨投降事宜。在若利韦打电话后，上普里耶尔要塞附近的 5 个炮台也投降了。守军在要塞内睡过了一整夜，6 月 22

日星期六早晨，他们列队进入了战俘营。

上普里耶尔要塞和周围炮台群陷落的最严重后果是德军可以在不遭受抵抗的情况下接近维尔朔夫要塞——其侧翼此刻完全洞开。投降还使得德军战线缩短了 6 千米，并释放出 2 个营的兵力。第 262 步兵师此刻在朝此方向移动。6 月 22 日的进攻被推迟到星期日，以便将所有部分部署到位。重炮被部署在辛格林以西的炮位，这里处在西姆塞霍夫要塞的射程之外，巡逻队则在寻找可供布置 Pak 37 的被放弃的隔段工事。6 月 22 日星期六上午晚些时候，辛格林西炮台指挥官希尔施（Hirsch）少尉发现 3 门反坦克炮被布置在东北阿尚炮台，希尔施的 47 毫米反坦克炮向德军开火时，他们大吃一惊，作为回击，一门 150 毫米火炮向希尔施的炮台进行了射击。

当天晚间，停战协定已经签署的消息不胫而走，维尔朔夫附近的德军士兵举行了庆祝活动，在法国村镇内打出信号弹，还敲响了教堂大钟。西姆塞霍夫要塞和西斯塞克要塞的枪炮继续开火，表明马其诺防线仍在战斗。不过有部分德军却不知何故继续对要塞发起进攻，直到停火令宣布生效，他们本可以撤出要塞炮火覆盖范围然后坐等战争正式结束。

6 月 23 日凌晨，第 262 步兵师的炮兵轰击了维尔朔夫要塞，一发 105 毫米炮弹正中西北辛格林炮台的双联装机枪，打死打伤机枪手各一名。辛格林西炮台也被命中，辛格林炮台未被德军炮兵轰击。战斗对守军而言意味着死亡。8 时 30 分，炮台外纷纷打出白旗。

西姆塞霍夫要塞的炮手试图以轰击北阿尚炮台以西的一个 150 毫米炮兵连的方式支援维尔朔夫要塞，但炮弹射程太近，而德军 150 毫米火炮则在仅 1000 米距离上以每分钟 3 发的射速对弗里茨少尉的 1 号隔段进行轰击。1 号隔段的 47 毫米反坦克炮被摧毁，整个隔段被烟雾笼罩，47 毫米炮弹被转移到隔段外以防在炮室内发生殉爆。维尔朔夫要塞对轰击雅克（Jaques）中尉指挥的 3 号隔段的 Pak 37 毫无应对之策，法军伤亡不断增加，守军准备应对针对 1 号隔段入口门的步兵进攻。150 毫米火炮整夜都在炮击，1 号隔段的射击孔旁出现了一个弹孔，每次射击时炮室内都充满烟雾，炮组成员转移到了下层以掩蔽。

军官们就是否采取与上普里耶尔要塞相同的策略展开激烈争执。吕瑟塞特上尉同意将投降推迟到第二天，到时候再看是否有更多关于停战的消息，也许还能避免投降。与此同时，他下令在1号隔段楼梯最顶部准备一面白旗以避免德军攻入隔段时发生一边倒的杀戮。这一命令通过电话传到了1号隔段，白旗被安放到位。守军神经已经濒临崩溃，白旗的出现更使得士气大减，不过当晚过得倒是很平静。

4时30分，德军对比宁炮台的西射击室开火，炮台指挥官皮埃尔（Pierre）中尉下令将炮弹转移到炮台下层，包括47毫米和50毫米炮弹以及手榴弹。就在他们组成人链开始传递时，一发德军炮弹从入口门射入，将入口门撕成碎片后在炮台内发生爆炸。守军必须立刻撤离以防第二发炮弹射入。47毫米反坦克炮的炮闩被取下，炮手逃出了炮台。5时15分，一面白旗在比宁炮台升起。

7时30分，吕瑟塞特上尉询问停战消息，他被告知此事“迫在眉睫”。一切似乎都很平静，直到工程兵负责人被告知德军正通过厨房排气管释放催泪瓦斯。之后通风孔被关闭，通风系统被打开。9时15分，1号隔段报告称德军在夜间进入隔段，但可能已经被赶走。守军于前一天夜间在破裂的混凝土墙体上打开了一些射击孔，但早上发现这些射击孔已被堵上。他们同时还发现尘土上有新鲜足印。结合这些消息，吕瑟塞特下令放弃该隔段，并在隔段外打出白旗。同样的命令还被下达给2号和3号隔段。吕瑟塞特则前往3号隔段的紧急出口，之后他被俘获，要塞落入德军之手。

至于阿格诺要塞区，6月21日，德军收紧了合围要塞区的包围圈。午夜时分，092和088号观察哨听见从布雷默尔巴赫炮台所在地区的方向传来炮弹爆炸和重机枪射击声。同时，整整一夜都有从6号炮台、9号炮台和德拉钦布隆炮台发来的支援请求，声称要塞遭到进攻。哨兵们报告称在1号和4号隔段之间发现了德军突击部队，朔恩伯格要塞和霍赫瓦尔德要塞向阴影处打出了近900发炮弹。米科耐特将霍赫瓦尔德东射击总监（Directeur de Tir）齐罗姆斯基（Zyromski）上尉派往其中一个哨所，确认敌人是否存在。他本人在6号或2号观察哨均未发现敌情，但哨兵向他保证他们看见了有人在移动，人影跳入弹坑并向他们开火。

指挥所内军官们一致认为，哨兵提到的这些人影有可能是被派来试探当地防御的小股巡逻队，霍赫瓦尔德东里没有人想承认这是任何形式的真正进攻，尽管敌人可能已经接近了1号和6号隔段。对9号、6号和德拉钦布隆炮台同时发动的进攻让他们得出结论——这是在试探防御。但他们一直等到破晓才出门搜寻尸体。下午派出的一支巡逻队则没有发现任何德军曾在要塞附近驻足的证据。法军对上述的发现进行了分析，得出的可能解释如下：23 时 47 分时，霍赫瓦尔德东向瓦尔克穆尔（Valkmuhl）掩蔽所进行了防御性射击，守军认为德军正试图接近霍赫瓦尔德要塞入口。一名哨兵出于紧张——也许是在“斯图卡”的轰炸后产生倦怠和不安——觉得有阴影在向要塞移动，便用他的自动步枪进行了射击。其他哨兵看见了这些子弹的弹道轨迹，以为他们遭到射击，于是进行还击，击中了邻近的钟型塔，然后子弹跳到了相邻的炮台。6 号炮台的一名哨兵还报告称德军使用了一具火焰喷射器对要塞进行攻击，后来经查实，发现是附近一丛灌木意外失火。

事后看来，这一系列草木皆兵的“警报”都显得相当荒诞，但在那个时刻所有守军都无比认真地进行了应对。毕竟这是在 1940 年 6 月下旬这样一个遭到敌军合围的悲剧性时刻，而且之前还有埃本 – 埃马尔要塞和拉法耶特要塞被攻陷的前车之鉴，将这些怀疑成是对要塞的一次教科书式的进攻才是更合乎逻辑的，也没有人会嘲笑那些误报的守军。同样的事件在莱姆巴赫和福尔 – 肖也有发生，它们也遭到了猛烈空袭，哨兵自然处在震惊与紧张中。

8 时 30 分，“斯图卡”飞返并轰炸了朔恩伯格要塞，之后是一轮猛烈的炮轰，以及对霍芬以东炮台群的空袭，这似乎是在为一轮进攻做准备。同样明显的是，与前一天收到的报告相反，除了奥博洛德恩北以外，防线并未被突破。炮台被围困了数小时，但德军已经后撤了。

到了中午，占领塞尔茨的德军部队向北推进，并被据守在雷特斯克维勒（Retschwiller）公墓的法军第 22 要塞步兵团的“法兰西集群”架设的机枪击退。绝大多数战事发生在从兰伯特洛赫到洛伯桑（Lobsann）的南部地区。对洛伯桑的一轮猛攻被要塞炮兵火力进行的 30 分钟射击击退。而在安斯帕克，德军一个连沿铁路线的进军被霍赫瓦尔德东的 6 号隔段驱散。到下午晚些时候，德军从苏尔茨渗透进了霍芬和莱特斯韦勒（Leitersweiler），法军战线过长，无法阻挡德军占领两个村镇，德军不费一枪一弹就拿下了赖勒肖芬（Reilershoffen）。北部也有小规模入侵行动，但德军未取得重大突破。

19 时，朔恩伯格要塞指挥所报告称要塞被一门超大口径重炮击中，在 90

分钟时间里，德军一门420毫米榴弹炮对准要塞打出了14发炮弹，炮弹撕碎了要塞表面，但绝大多数都打飞了。一发炮弹打中了4号隔段的西北角，炸掉了一大块混凝土，如果弹着点再偏移1.5米，炮弹将击中钟型塔的观测平台，然后在内部爆炸，这可能会引爆储存在炮塔附近的1200发炮弹。

要塞炮兵仍然保持建制完整，没有一门炮损失，炮组成员依然士气高昂。然而02号观察哨已退出战斗，它的两个潜望镜和钟型塔射击孔已经被反坦克炮和88毫米高射炮摧毁。03号观察哨的自动步枪哨戒钟型塔的双联装机枪被摧毁，但潜望镜依然可操作。两个观察哨之间的电话线被切断，他们不得不依靠无线电与朔恩伯格要塞进行联系。由于孚日要塞区中部已经沦陷，福尔–肖要塞、莱姆巴赫小型步兵要塞以及剩余炮台群被置于阿格诺要塞区的指挥之下。

德军第257步兵师[①]由马克思·冯·韦伯恩将军指挥，这位踌躇满志的指挥官一直希望能拿下一个或者多个马其诺防线要塞为自己博得荣誉。他的指挥范围包括西姆塞霍夫、西斯塞克和大霍赫基尔等坚固要塞。指挥第257步兵师第457步兵团3个营的卡尔·弗斯科（Karl Fusik）上校也急于进攻一个“要塞”。他的部队沿着两条轴线运动，其中一个目标是位于比特克营以南金德尔伯格后坡的金德尔伯格掩蔽所，这并不是一个要塞，而是一个带有轻武器防御的洞穴掩蔽所。另一个目标则是由圣–费尔热上尉指挥的罗尔巴赫小型步兵要塞，该要塞位于罗尔巴赫–莱–比特克（Rohrbach-lès-Bitche）村镇以北的罗尔巴赫高原。弗斯科选择罗尔巴赫的原因颇有几分“攻心”的意味，因为根据一些当地人和逃兵的说法，该要塞中有大批阿尔萨斯人，而弗斯科认定他们更有可能向德军投降。6月21日早晨，弗斯科派遣信使前往要塞，大大出乎他意料的是，这些信使在靠近要塞之前就遭到了射击，弗斯科就这样得到了关于迅速招降的答案。

6月21日，第457步兵团派出的“突击队”接近了金德尔伯格掩蔽所，之后被大霍赫基尔要塞打出的75毫米炮弹击中。另一组向罗尔巴赫要塞推进

---

① 该师隶属于第24军——该军另有第215步兵师，下辖第457、第466、第477步兵团和第257炮兵团。

的“突击队”则获得了3门Pak 37的火力支援。这次直接针对2号隔段入口的进攻被挫败，但一门反坦克炮对准隔段射击孔开火，打坏了一挺自动步枪，打伤了射手。坐镇西姆塞霍夫要塞的乌尔贝洛上尉接到了来自罗尔巴赫要塞的电话，片刻之后，5号隔段的75毫米火炮炮塔就对西姆塞霍夫要塞的2号隔段进行了火力支援，驱散了进攻者。

比森伯格炮台虽然在官方层面说隶属于孚日要塞区，但处于大霍赫基尔要塞的75毫米火炮炮塔的射程范围内。这是一个“军事建设”/RFL型炮兵炮台，配有2门75毫米M33型火炮，用以掩护东北的施瓦茨巴赫谷地。比森伯格集群包括4个位于炮台以西的隔段工事和3个位于炮台以东的隔段工事，配备有自动步枪，被依次标注为比森伯格1号至比森伯格7号，而整个集群则有机枪和50毫米迫击炮。隔段工事相对较薄弱，几乎无法抵挡88毫米高射炮的射击。福尔（Foll）中尉是第2炮台守军连以及比森伯格集群指挥官，他对大霍赫基尔的75毫米炮提供的保护相当有信心，但如果炮台和隔段工事同时遭到进攻会如何？火炮将如何成功掩护整片区域？同样的情况在6月19日发生过，当时福尔－肖要塞被呼叫同时防御阿施巴赫的炮台群。

6月21日，比森伯格要塞以南的格拉斯博恩步兵炮台（编号482号炮台）指挥官西博尔特（Thiébault）军士呼叫福尔，称有2名德军打出白旗出现在炮台门口声称战争已经结束。福尔让西博尔特引开德军，他随后电话联系了大霍赫基尔要塞炮兵指挥官贝隆（Bayron）上尉，请求对格拉斯博恩开火。片刻之后，安德里奥（Andriot）中尉指挥的4号隔段的炮塔向炮台附近打出数发炮弹，德军旋即落荒而逃。

同一天德军还进攻了比森伯格。13时30分，德军按他们的习惯派出一名信使，当即被法军赶走。就在法军表示拒绝后，进攻很快打响。法军守军进入阵位，自动步枪手奉命对南方的树林边缘打出短点射。坐镇比森伯格炮台的福尔放声大喊，警告德军不得接近炮台。一挺德军机枪开火了，福尔以50毫米迫击炮对森林中的堑壕位置射击作为回应。在比森伯格4号隔段中的罗伯特中士也以他操作的50毫米迫击炮对德军藏身的树林进行了射击。德军将2门Pak 37推上前沿，打出数发炮弹，击中了南钟型塔的反射投影仪，摧毁了隔段内的自动步枪。福尔打电话给大霍赫基尔要塞，随即要塞的75毫米火炮炮塔开火，打哑了德军的 37 毫米反坦克炮和机枪。自此，树林中除了昆虫声响外几乎是万籁俱寂。低估了小小炮台的实力的德军后撤了，他们在突袭中伤亡惨重，之后第 257 步兵师也再未发动下一步攻势。

对米歇尔斯伯格要塞的进攻——6月22日

希斯特·冯·阿尼姆将军指挥的第 95 步兵师正位于沃格尔的第 167 步兵师以北，其目标是塔利少校指挥的韦尔奇山要塞和由佩雷蒂尔少校指挥的米歇尔斯伯格要塞。这两个要塞的侧翼分别被北边的哈肯伯格要塞和南边的昂泽兰要塞所掩护。冯·阿尼姆的部队并没有配备“斯图卡”，也无重炮兵支援，原因不得而知。

对这两个要塞的进攻定于 6 月 22 日，德军炮兵由第 95 步兵师下辖的第 195 炮兵团指挥官贝斯万格（Beisswanger）上校指挥，其任务是摧毁要塞炮兵力量。第 195 炮兵团由以下部分组成：

· 第 193 炮兵团第 1 营——88 毫米高射炮〔指挥官为莫德尔（Model）上尉〕。

· 第 371 炮兵团第 4 营——20 毫米机关炮。

· 第 195“坦克猎手”营〔指挥官为古策尔（Gutzeil）少校〕。

· 第 278 步兵团第 14 营的 Pak 37 反坦克炮和第 278 步兵团第 13 营的步兵炮，用以掩护第 278 步兵团第 3 营的推进。

“突击队”被安排进攻米歇尔斯伯格要塞，而与此同时韦尔奇山要塞和其观察员将被 88 毫米高射炮和 2 个第 195 炮兵团的炮群所压制。炮火准备后，将派出信使前往各要塞进行劝降，如果失败，所有火炮对准米歇尔斯伯格要塞开火。

6 月 21 日下午，德军侦察巡逻队被派出试探法军防御，米歇尔斯伯格要塞的“绊索”是 9 号和 9 比斯[①]隔段，坐落在通往位于入口隔段后 300 米处的荣瓦尔德（Jungwald）的艾欣（d'Ising）公路上，任何接近米歇尔斯伯格要塞的敌军都将遭到隔段工事的射击。这就是 6 月 21 日所发生的事情。这两个隔

① 该隔段为用于正面交战的 RFM35 型，于 1935—1936 年在蒂永维尔地区修建，配有 1 门装在一个混合炮架上的 47 毫米反坦克炮和 1~2 挺哈奇开斯 M1914 型 8 毫米机枪。

段工事的指挥官皮纳德（Pinard）中士发现德军正朝他所在方向移动，他带着一挺自动步枪走出炮台外以驱散德军。就在他准备这样做时，由格勒尼耶（Grenier）少尉指挥的配有一个 81 毫米迫击炮炮塔的米歇尔斯伯格要塞 3 号隔段以 3 轮急促射将 54 发炮弹打到了荣瓦尔德的树丛中，而 6 号隔段的 135 毫米火炮炮塔则打出了 8 发炮弹，有数名德军士兵死伤。

7 时 30 分，位于 2 号隔段的 09 号观察哨的梅里克（Meric）军士长电话联系了米歇尔斯伯格要塞炮兵指挥官德·圣－索弗上尉，向他通报德军在要塞以北的村镇达尔斯坦（Dalstein）的活动情况。就在 7 时，冯·阿尼姆将军担心他的炮兵连会在布置完毕之前被发现并被瞄准攻击，遂发起进攻。德·圣－索弗上尉电话联系了 5 号隔段指挥官卡斯（Kaas）少尉和 6 号隔段指挥官德尚（Deschamps）中尉，卡斯将其指挥的 75 毫米火炮炮塔提升至开火位置并打出一发炮弹，而 6 号隔段的 135 毫米火炮则更适合轰击位于达尔斯坦的目标。圣－索弗同时向韦尔奇的炮兵指挥官阿戈斯蒂尼（Agostini）上尉、哈肯伯格要塞射击总监加塞特（Gasset）上尉和昂泽兰要塞射击总监萨洛蒙上尉发出来袭警报。哈肯伯格要塞 5 号隔段的 75 毫米炮台炮和 2 号隔段的 75 毫米火炮炮塔准备提供支援。

守在 09 号观察哨的梅里克在另一个电话里报告称，几门德军反坦克炮正被架在霍姆伯格公路上，而德军步兵被目击到出现在霍夫工厂（Usine de Houve）附近的堑壕内，在达尔斯坦的德军活动也在增加。马其诺防线的反击强度也在增加，考虑到可能距离停火仅剩数小时，各要塞并不担心弹药告罄。韦尔奇山要塞的火炮集中火力打击了西边的克朗森林，而昂泽兰要塞的 75 毫米火炮炮塔则横扫了靠近福尔兰奇（Volmerange）的道路，并一直追击达尔斯坦附近的德军步兵。米歇尔斯伯格要塞的火炮对要塞后方倾泻火力，严重妨碍了德军集结。

16 时左右，德军的 88 毫米高射炮布置就位，并随机对米歇尔斯伯格要塞的 2 号和 3 号隔段进行射击，后两者位于森林北部边缘，可以俯瞰达尔斯坦。这次的炮击是零星进行的，并没有集中于一点，只是对隔段外立面进行了扫射，造成了一定损伤，无法与福尔屈埃蒙要塞区和罗尔巴赫要塞所受到的毁灭性打击相提并论。

16时30分，3名德军军官打出一面白旗接近要塞，冯·阿尼姆认为米歇尔斯伯格要塞守军士气极差，他们将乐于投降。德军军官被蒙上眼睛并被带到位于入口隔段的佩雷蒂尔少校那里。德国人恭维了佩雷蒂尔和他部下抵抗的英勇，但向他保证现在几乎没有要塞还在坚守。佩雷蒂尔知道这是胡扯，冷冰冰地告诉德国人他已经下达命令，而这些命令将被执行。德国人一行被圣–索弗护送出要塞，这次他们的眼睛没有被蒙上。他们被告知有15分钟时间用于离开，之后法军将再次开火。事实上，圣–索弗没让他们戴上眼罩是有原因的——这样德国人就能看见88毫米高射炮带来的损失是多么微不足道。这一发现被报告给了第95步兵师，他们意识到，如果260发88毫米高射炮弹几乎没有造成伤害，那么之后就将需要重炮，例如420毫米重炮，但这并不在计划之内。

德军又向韦尔奇山要塞和米歇尔斯伯格要塞各打出500发和160发炮弹，马其诺防线的炮火太过猛烈，几乎可以对每个威胁都立刻给予回击。根据这一天的战事，冯·阿尼姆取消了对这两个要塞的进攻。它们的炮兵威力太强，而且其射程也不容许德军集中兵力进行一次成功的进攻，将88毫米高射炮架在距离1000米以内这样一个能给予最大限度杀伤的位置也是不可能的。18时30分，第95步兵师奉命向南行军前往马恩河畔沙隆。当天夜间一道命令被下达给C集团军群各师，要求不得对马其诺防线要塞进行任何下一步进攻行动。

阿格诺要塞区，6月22—23日

在阿格诺要塞区，6月22日是以一个平静的夜晚和一个更加平静的白天开始的。德军并没有进攻霍芬次级要塞区，只有几支小规模巡逻队在要塞区内被发现。朔恩伯格要塞和霍赫瓦尔德要塞对敌军行动或者潜在威胁进行了射击。16时，第22要塞步兵团的“法兰西集群”奉命夺回雷特斯克维勒，霍赫瓦尔德东的135毫米火炮炮塔向该村镇西侧打出40发炮弹。10分钟后，在听见机枪射击声后，088号观察哨发现约有30人从梅桑塔尔（Meisenthal）向梅梅尔肖芬（Memelshoffen）跑去，这是正在撤退的“法兰西集群”。

16时15分，一门420毫米重炮开始向朔恩伯格要塞开火，炮击由一个位于迪尔巴赫（Dierbach）地区上空的气球进行校射，每发炮弹出膛间隔约为 7 分钟。有几发炮弹未爆，灰尘和烟雾标记出了弹着点。要塞炮塔被回缩以防遭到损伤。

19 时 12 分，088 号观察哨发现德军一个炮兵连正在卡岑豪森以南的铁道上展开部署，7 比斯隔段对炮兵连打出 20 发炮弹。德军炮组成员逃窜，现场冒出巨大黑烟，另有 40 发炮弹打掉了落在后面的 4 门火炮，还有 10 发炮弹落在了位于霍施洛奇（Hoeschloch）以北的树林中的一个德军车队中，致使车队被打散。

21 时，所有观察哨都报告称从佩切尔布隆次级要塞区和霍芬次级要塞区以北的德军战线升起了许多彩色信号弹，这无疑是法德停战协议签署的一个信号。21 时 45 分，来自德军第 404 步兵团（隶属于第 246 步兵师）的一名军官和一名士兵在苏尔茨附近骑自行车时被捕获，随即被送往哈肯伯格要塞。他们提到要塞"愤怒"的炮兵火力不停地袭扰他们，并证实了炮火的精准，甚至惊呼法军的"这些炮兵可以在比赛中打死野兔"。

看样子德军正处于阻碍了他们向东进军的朔恩伯格要塞射程之外。到这天结束时，防线北段非常平静，而在霍芬次级要塞区和更东边还有规模有限的行动。在佩切尔布隆次级要塞区，在沙夫布施（Schafbusch）附近发现了德军分队，而几支巡逻队则出现在格罗森瓦尔德（Grossenwald）附近。在南部，德军继续向马滕穆尔（Mattenmuhl）推进，他们并没有向已经被法军放弃的洛伯桑开进。10 时，佩切尔布隆次级要塞区指挥官将守军派往洛伯桑以北的森林边缘以寻获一些撤回后留下的补给品。

在朔恩伯格要塞以南，德军向面朝村镇的山脊推进，但被法军步兵和炮火击退。在阿格诺森林，德军对林间工事房和村镇希尔海姆发起了一次突袭，俘获了第 70 步兵师的一个连。德军继续对霍芬次级要塞区的炮台群和以南位于内德尔贝特斯克多尔（Niederbetschdorf）地区的法军阵地发起零星袭扰射击。德军据守在村镇南部和东部区域，但被法军炮兵压制。在霍芬次级要塞区内的法军防线非常薄弱，德军很可能寻求突破，并在哈腾地区将法军分割成两部分。然而，在洛伯桑附近，霍赫瓦尔德要塞的 2 门 135 毫米火炮、1 门 75 毫米火炮加上炮台火炮抵挡住了他们。霍赫瓦尔德西要塞北区的 16 号隔段以洛伯桑南面为目标打出了 270 发炮弹。

朔恩伯格要塞的 3 号隔段对安戈尔桑以北打出数发榴霰弹，而后炮塔被一发 105 毫米炮弹命中。弹片卡住使得炮塔无法完全降下，夜间，一把凿子将其取出。集群指挥官命令炮塔严格挑选目标，在非紧急情况下不得暴露自身，以防被攻击受损。

6 月 23 日，德军试图向马滕穆尔以北推进，但被要塞炮火阻挡，对里特斯霍芬的一次进攻也被击退。除此之外，总体保持平静。德军基本上躲藏在森林中，前线没有部队，但大股部队渗透到了该地区南部。8 时，德军车辆进入罗特，遭到霍赫瓦尔德东要塞的 135 毫米炮塔轰击。炮弹落下，一道黑烟冲上天空。

第 800 重炮营的重炮——中口径和大口径，105 毫米、150 毫米和 420 毫米——对朔恩伯格要塞集中火力猛轰。7 时 52 分，420 毫米重炮打出了 14 发炮弹——平均每 7 分钟一发。在轰击期间，守军下至下层走廊，那里相对平静一些。他们在大约 6 分钟后开始蜷缩起来，等待着下一发炮弹落下并震撼大地。3 号隔段的炮塔被一发炮弹命中顶部装甲，但受损轻微——仅仅是一些轻微裂痕。一发 420 毫米炮弹命中了 6 号隔段的通风孔堆栈（俗称“蘑菇”，champignon），并将其抛上了 50 米高度。另一发炮弹落在了距离 3 号隔段炮塔 2 米以内的位置，炸碎了一小块混凝土，而装甲炮塔侧圈的转动滑轨完好无损，其他炮弹则摇撼着 4 号、5 号和 6 号隔段之间的地面。10 时，在格罗斯瓦尔德（Grosswald）的东南角发现了德军骡马炮兵，7 比斯隔段打出 50 发炮弹，人和马都落荒而逃，有几匹马当场被炸死。

6 月 23—24 日夜间风平浪静，唯一的动静来自法军火炮对观察哨发现的斯坦塞尔茨、罗特和奥伯霍芬的德军步兵队伍进行的轰击。而在德军战线后方则并没有什么活动，他们位于马其诺防线北部和南部，等待命令下达。这里没有大规模德军纵队，只有一些零星的被发现——这儿一辆汽车，那儿一辆摩托车。15 时，德军 105 毫米火炮从南方对朔恩伯格村镇开火。16 时 30 分，朔恩伯格要塞遭到 105 毫米火炮猛烈轰击，目标是炮塔。有怀疑称德军观察哨正从上瓦尔德、中瓦尔德和下瓦尔德的森林中进行观测，因此霍赫瓦尔德东要塞的 6 号隔段打出了一道 60 发炮弹的弹幕。德军的轰击持续到深夜，朔恩伯格村镇内的教堂被命中起火。20 时 10 分，朔恩伯格要塞和要塞后方树林中重新集结了 105 毫米和 150 毫米火炮，霍赫瓦尔德要塞未被击中。23 时 20 分左右，零星的机枪射击声从朔恩伯格村镇内传来，在那里教堂仍在燃烧。

在阿格诺森林和以南地区，德军遭到了来自塞森海姆的猛烈进攻。守卫村镇斯塔特马滕（Statmatten）的第 68 要塞步兵团第 1 连在 17 时 30 分和 20 时分别打退了德军的总攻，他们获得了来自路易斯堡方向的 81 毫米迫击炮支援，后者对塞森海姆以南树林的轰击一直持续到 6 月 25 日——停战日——的 1 时 30 分。

第十七章
曲终人不散

就炮兵行动而言，6 月 23—24 日是停火之前战斗最残酷的日子。德军乐于坐下来等待，巡逻队保持了距离，而炮塔则不断开火以保持这种状态。在 6 月 24 日晚间，意大利签署停战协定，停火将于 6 月 25 日 0 时 35 分在整个法国生效。直到最后一分钟，几个要塞仍在持续开火，其中一些在停火后还打出了一些炮弹。

无线广播中传来的非官方宣布让要塞指挥官们左右为难，其中一些，比如说大霍赫基尔要塞指挥官法布雷，他坚持要等待通过指挥链下达的官方停火命令，他将继续战斗直到法国陆军当局正式宣布战争结束。对法布雷而言，无论是否打出白旗，敌军任何接近行为都将被视为敌对行为，他将不承认任何被德军带到要塞的法军俘虏的特权。大霍赫基尔要塞守军被命令坚守阵位并准备好击退任何进攻。

午夜左右，德军敲响了阿斯佩尔斯谢德（Haspelscheidt）的教堂大钟，大霍赫基尔要塞以火力全开予以回应，有可能法布雷只是想在停战时间到来之前尽可能多地消耗弹药，不给德军留下任何东西。

而在西部，从 6 月 24 日早晨起罗尔巴赫就成了德军炮兵轰击的目标，这些德军火炮处于西姆塞霍夫要塞的 75 毫米火炮射程范围内，故而被迫部署在距离罗尔巴赫要塞 2000 米的位置上。保罗·阿奇夸德（Paul Hacquard）中尉通过罗尔巴赫要塞 1 号隔段的钟型塔（同样也被编号为 O26，并被配属于西姆塞霍夫要塞）内的潜望镜指挥了西姆塞霍夫要塞的火炮瞄准，德军以 105 毫米和150毫米火炮回击，但造成的损坏甚微。

罗尔巴赫要塞指挥官圣-费尔热上尉完全期待着德军进行一次进攻，罗尔巴赫要塞此时位于防线左翼，各隔段已严阵以待。射击孔以沙袋加强防御，以缓冲爆炸，下层的守军准备好一旦德军从地下发起进攻便将其击退。弹药被搬出了射击室的上层，以防止有德军炮弹打穿隔段或者从射击孔穿入而引发殉爆。守军士气极佳，而且“投降”一词“并不是我们词汇的一部分”。然而，德军的进攻从未到来。泰森将军对炮击要塞迫使其投降表示满意，但圣-费尔热上尉保有最终决定权。收到停火命令后，他宣称：“我们仍在坚守，他们没有攻克我们。”

在福尔屈埃蒙要塞区，6月23—24日，一场猛烈轰击持续席卷了艾因塞灵要塞、洛德雷方要塞和特丁要塞。从6月21日起，德军第167步兵师不间断地轰击这三个要塞，尤其是集中轰击了洛德雷方要塞。宽泰（Cointet）中尉指挥的1号隔段的81毫米迫击炮群是3个隔段和被掩护的艾因塞灵要塞的抵抗主支撑点，而克罗内中尉指挥的3号隔段的81毫米迫击炮群则掩护了特丁要塞。德努瓦少校说：“在地下40米，（整整）24小时（每天）都是相同的；（那里）不分白天黑夜，噪声表明上方的地面正遭到轰击，但我们只能通过隔段内给出弹着点位置以及（它们造成的）损伤情况的电话操作员的眼睛看到这些。”

炮击导致凯勒中尉指挥的夸特文茨南炮台严重受损，一发88毫米高射炮弹击中了探照灯灯杆，使其坠入堑壕。6月23日晚间，装甲门被打得弯曲垂下，炮弹击中了炮台的后内侧墙体。电源和灯光被切断，通风装置也停止工作。浓烟弥漫在炮室内，守军开始想到窒息和毁灭，炮台成了一个死亡陷阱。之后文森特中尉打来的一个电话让情况变得更加明确——他们将打出一大片弹幕，所有在这一区域的武器一齐开火。热内（Geneste）中士高声招呼自己的部下：“开工了，伙计们，你们的朋友们需要你们！”

文森特中尉知道留给洛德雷方要塞的时间已经消耗殆尽，1号隔段的混凝土外立面越来越薄。6月23日18时，双联装机枪失去战斗力，射击室被撤离。一发炮弹击中了双联装机枪，将其打回了室内并打掉了射击孔依托，留下了一个大洞，随后的每一发炮弹都扩大了漏洞。到了夜间，洞口被一块钢板覆盖。

3号隔段的情况同样糟糕，除了位于较低层的2门迫击炮。6月24日13时，瞄准入口门的几发反坦克炮弹将格栅撕成碎片，潜望镜被击中且无法修复。18时25分左右，文森特被告知距离停火仅有数小时，结局将以这样或那样的方式来临，但洛德雷方要塞以更光荣的方式坚守着。3号隔段内部的氛围是令人窒息的，德军炮弹在爆炸前撞击混凝土发出阵阵尖啸声，每当他们击中钟型塔，都会发出一阵敲锣般可怕的声响。21时，炮塔被击中，且无法被收回。

在特丁要塞，马尔凯里中尉想到了与3号隔段指挥官克罗内思考过的相同的问题——他们还能承受多久的炮轰？3号隔段的射击室已经待不住了，所有的射击孔都已经扭曲变形，一挺双联装机枪被打坏，47毫米反坦克炮无法射击，而钟型塔内的自动步枪则被打成齑粉，超过60发炮弹从墙上的缺口射入室内。马尔凯里将弹药和人员转移到了更低的楼层，直至工程师们可以修复隔段的通风设施。6月24日的轰击并没有前一天猛烈，但下午有所增强。马尔凯里觉得有必要进行回击，于是命令克罗内向在洛德雷方－特丁公路沿线的军官兵营开火。这并没有影响到德军的射击速率，马尔凯里又下令机枪炮塔向特丁村镇射击。23时30分左右，马尔凯里接到来自德努瓦的一条消息，声称停战协定可能已经签署，但要保持警惕，等待下一步命令。这一点被一条补充消息证实，补充消息声称停战协定已于6月24日18时35分签署，敌对行动将于6小时后的6月25日0时35分停止。

德军对特丁的轰击一直持续到最后时刻，愤怒的马尔凯里下令3号隔段的迫击炮群继续对特丁外围开火。一枚迫击炮弹击中了一个不走运的Pak 37炮组。马尔凯里希望能在最后一锤定音，但到了0时35分，火炮一门接着一门地停火，除了通风系统的嗡嗡声，一切归于沉寂。

在伯莱要塞区，哈肯伯格要塞、米歇尔斯伯格要塞和韦尔奇山要塞保持了10千米半径的火力范围。德军巡逻队一直规避进入这一范围。昂泽兰要塞继续开火，而德军则回击了9号隔段。对于昂泽兰要塞的135毫米和75毫米火炮炮塔的炮手而言，忘记法国战败的最好方法就是继续开火，直到最后他们都在这样做。昂泽兰要塞7号隔段的75毫米火炮炮塔于0时35分打出了最后2发炮弹，之后塞扎德（Cézard）少尉拆掉了他的火炮炮架锁的卡扣。开火后，失去制退器束缚的炮管从炮架上飞出，猛地撞在了炮塔墙壁上。

6月24日23时15分，科钦纳德上校向伯莱要塞区守军发出一道命令，宣称法国电台已经宣布当晚停火。所有要塞于0时35分停止射击。自毁武器弹药被禁止，部队被命令保持冷静，维护军人荣誉，在收到新命令之前不得离开要塞。

蒂永维尔要塞区直到最后依然保持镇定，德军之后并未试图进行任何进攻，只派出了几股小规模巡逻队。奥苏利文传达了停战协定细节和停火命令，所有德军信使都被带往A17号要塞（梅特里希）。奥苏利文最后表示，守军必须“保持要塞门紧锁，守军守在背后，比以往更注重军人荣誉和纪律”。

在停火之前的数小时里，哈肯伯格要塞的钟型塔遭到了德军火炮的攻击，艾伯兰德（Ebrand）中校下令比利格向哈肯伯格西和弹药入口隔断射击。他同时命令韦尔奇山要塞提供支援火力。蒂永维尔要塞区最后的作战由比利格要塞的5号隔断完成，从22时至6月24日午夜，炮塔对准哈肯伯格要塞顶部打出2030发炮弹以阻止德军渗透。午夜之后该要塞区回归平静。

德军在费尔蒙特要塞遭遇惨败后停止了在克吕斯内斯要塞区的进攻。6月24日晚间，费尔蒙特要塞和拉蒂蒙特要塞打出了数发炮弹，布雷海因要塞对维勒普特和莫芳丹营打出数发75毫米和135毫米炮弹。0时10分，由格法（Graveel）中尉指挥的5号隔段的135毫米炮塔对维勒普特和奥丹莱蒂克外围进行了袭扰性射击。射击于0时30分停止，剩余弹药被向下送往M2号弹药库。

在欧梅斯小型步兵要塞，与命令相反，让·布劳恩中尉决定自毁枪炮。由于一处电话耦合交换室被德军发现并破坏，要塞与外界的联系被完全切断，无线电设备仍然可以工作，但只能与布雷海因要塞进行联络。星期天，也就是6月23日，德军一支小型巡逻队接近了3号隔段的铁丝网阵，一名德军士兵被隔段的自动步枪击倒后身亡。6月24日，机枪炮塔对欧梅斯村镇内被德军占领的建筑物开火。尽管停战协定规定不得破坏任何武器，但布劳恩无视这一命令，他不能让它们落入德军之手，他想在0时35分后继续开火，并将其所部化整为零突围出去，但他意识到这将造成无谓牺牲。他将所部军官召集起来，他们观点一致，他们没有时间去浪费。他们的计划是烧毁官方文书档案并在0时35分后摧毁武器，机枪炮塔将被捣毁，这样它就无法被升起；双联装机枪被摧毁，枪栓被抽出丢入深井中。光学设备、马达和抬升炮塔的机械设备将被拆散，电气系统以及必要时需要使用的通风和传动装置则被保留，至于弹药则由于摧毁时过于危险而未被毁掉。

在拉蒂蒙特要塞，菲洛弗拉特考虑自毁要塞。此时仍有大量弹药储备——包括 160 万发机枪弹、45000 发 75 毫米和 81 毫米炮弹。菲洛弗拉特与所部军官讨论了这一点，他们得出结论，要在整个要塞内放置能造成他们预想的毁坏效果的弹药和爆炸物需要数天时间，这个想法遂被放弃。

和要塞不同，在小型炮台内，守军们已经被封锁数周之久。他们在狭小的空间内相互依存，他们已无处可逃。守军们怀着渺茫的希望，难以入眠。夜间警报响得过于频繁。卫生条件恶劣，用于清洁的水极少——仅能应对非常之需。伙食质量不佳，而且无法足量供应。持续不断的空气穿流声和枪炮声在狭窄的走廊里、昏暗的光线里和光秃潮湿的混凝土墙之间回荡。整个 6 月 24 日晚间，塔佩西（Tappe Ouest）炮台的双联装机枪一直都在开火，直到枪管打到炽热发红。在昂古尔炮台,哨兵于 0 时 30 分离开了钟型塔。在埃米蒂奇炮台，守军们在等待着，每个人都想独自思考。在普劳考特炮台，莫伊特里（Moitry）少尉在停火时下令将枪炮从射击孔中抽出，清理身管并给枪栓 / 炮闩上油。奥贝特上尉电告位于普谢的哈梅林（Hamelin）中尉，战事将在 0 时 35 分结束。

23 时 30 分，普谢观察哨的布雷格（Brégon）军士长要求费尔蒙特要塞提供火力支援以打击附近一支巡逻队，在如此晚的时间发生这样的事确实难以置信，但 1 号隔段的 75 毫米炮塔指挥官布里中尉很乐意担起职责。24 日 20 时 30 分至 25 日 0 时 30 分，该隔段打出了总计 1300 发炮弹。

虽然法德双方都要求各自部队遵守停战命令，但凡事总有例外，而费尔蒙特要塞也因此打出了马其诺防线乃至整个法兰西战役中的“最后一战”。就在时针指向 0 时 35 分时，布雷耶少校绝望而心有不甘地下达了“停火”（法语原文：cessez le feu）命令，于是费尔蒙特要塞的枪炮逐渐归于沉寂。布雷耶环视他位于要塞地下 30 米的小指挥所，看着那些在过去 10 个月中一起工作一起欢笑并一起分享食物的人们，有些人满脸沮丧甚至开始哭泣，有些人则为噩梦终结而高兴。但是他很清楚，他作为要塞指挥官的使命仍然没有结束，还有一系列问题等待他最终拍板解决，并等待关于这些人（守军）的部署和将要塞移交德军的可怕指示。

片刻后指挥所电话的铃声打破了沉寂，有人将话筒递给布雷耶，电话来自一名要塞的观察员，他报告称从东边博伊维尔（Beuville）炮台方向依然有机枪射击声。炮台是不是还在射击？他们没收到布雷耶的停火命令，还是他们没理会命令？布雷耶设法联系上炮台指挥官安德烈·雷纳丁（André Renardin）中尉，质问道："怎么还在开火？"雷纳丁回应称一个德军机枪组正在从318号隔段工事——东博伊维尔森林向他们开火，而且看起来他们正在准备一次对炮台的突击——哨兵察觉到有"阴影"在铁丝网中移动。这些到底是德军士兵还是幻觉？布雷耶当下最想做的就是重新开始交战，但是机枪弹是真实的，而且如果德军正在计划一次对炮台的进攻，他需要发送一条他们能理解的信息。为了慎重起见，布雷耶召集部下军官在炮兵指挥所进行商议，最终他们得出结论，枪声可能来自某个未接到停火命令的德军机枪组。

布雷耶告知费尔蒙特要塞第5隔段指挥官波本少尉对东面的射击还在继续，命令他指挥隔段向博伊维尔炮台的铁丝网阵和附近区域打出数发81毫米炮弹，隔段的81毫米迫击炮组正在切断炮塔，他们的工作显然完成了。突然响起一声警报声，炮组成员被告知有一个新目标。炮塔指挥官本能地对组员喊出命令，在听到坐标后拨动信令传送器上的拨盘将命令传给位于头顶上狭小炮室内的炮组成员。炮手们顺着梯子爬到顶层的炮室内，瞄准手们处于中间位置，每个人本能地担负起自己的职责。顷刻间82吨的炮塔柱体开始沿着活塞轴体升起至开火位置，然后整个炮塔结构平滑地运转至给定的方位和仰角角度。迫击炮使用的1936型炮弹被从存储架上通过小型起重机提升至炮室。在那密闭得让人罹患幽闭恐惧症的空间里，2名迫击炮手将刚送来的炮弹装填进2门灰色迫击炮的炮尾，并转动转轮调节每门炮顶部的2个汽缸内的气压以调节射程。"开火"命令下达后的几秒内，5号隔段打出的迫击炮弹就落到了博伊维尔炮台的铁丝网阵中。炮弹落点位于318号隔段工事前，但德军机枪手继续进行了1小时的射击，也许德国人没有从他们的指挥官那得到停火消息，或者他们想在战事结束前再打几枪，实情无人知晓。1时40分，德国人的枪声终于停止，而马其诺防线打出了其短暂历史中的最后一发炮弹，之后一切归于寂静。这也标志着人类有史以来建成的最强大要塞就此偃旗息鼓。

为确保停火命令得到遵守，6月25日凌晨，施瓦茨以阿格诺要塞区指挥官的名义下达了一道命令：

来自阿格诺要塞区指挥部——6月25日0时15分

1. 法国国家广播电台于23时30分发出的通知宣布，所有作战行动必须于6月25日子夜0时35分停火。

2. 直到0时35分与防御有关事宜都不做变化。

3. 阿格诺要塞区所有部分必须坚守当前位置，不得放弃任何阵位。

4. 不得与敌方军使接触。

5. 仅与经过唯一有权限查看其文书的部门指挥官确认身份的法军指挥官的代表进行联系。

6. 在0时35分之前拒绝任何（德军的）接收。

签名：施瓦茨中校，阿格诺要塞区指挥官

0时26分，088号和092号观察哨报告称有机枪弹从朔恩伯格村镇中射出，德军正试图从霍芬森林的南部边缘发起一次突袭，但被法军步兵火力击退。0时35分，佩切尔布隆次级要塞区指挥官下达了停火命令。0时40分，鲁道夫下令道："A1，A2，A3，停火！"他们的战争结束了。无法理解这个国家为何溃败得如此迅速的士兵们陷入了巨大的悲哀中。阿格诺要塞区进行了出色的战斗，并且还能继续抵抗。

7时许，一名德军军使抵达霍赫瓦尔德东要塞，他收到了霍赫瓦尔德东要塞炮兵指挥官巴依尔（Barrier）上尉和06号观察哨指挥官威瑟（Weisé）中尉的接待。他们告诉军使，他们正在等待他们上级的命令，而他（军使）最好离开，军使照做了。

6月25日清晨，德军第246步兵师指挥官德内克将军向霍赫瓦尔德东要塞派去一名军使，并捎去一封要求在罗特会面的信件。这封写给"上森林要塞"指挥官的信中指出，他必须准备好率要塞投诚。米科耐特中校口头答复军使，称他无意投降，他正在等待来自其指挥官的命令。现在他的部下被命令开始清理要塞内部，处理废弃物。大多数地方都看不见德国人，而在C24号炮台则是"等待，等待，一切都结束了"。

对很多并未在停战前向德军投降的马其诺防线守军而言，停战协定的签署让他们的坚守多少有些“不战而败”的意味，即使在最终放下武器时，他们中的很多人依然带有未被战胜的骄傲。的确，德军直到停战也未曾突破他们的防御。为了褒奖这些跟随他出生入死的袍泽，鲁道夫于6月25日下达了一道命令：

第3号命令

第3要塞炮兵群

自1939年9月起，要塞炮兵就在不断完善其战斗准备，守军全力投入，并从6月14日投入作战以来经受住了严峻考验。

从那时起，要塞炮兵数量战损了三分之二，同时受到来自侧翼和后方的进攻，而要塞炮兵在这样的局面下出色地顶住了。

尽管遭受了大规模的空袭和重炮轰击，但由于有机警的观察员夜以继日地提供情报，要塞炮兵得以随时向己方步兵提供支援，使其能够粉碎敌军的反复进攻。

要塞炮兵对空打出弹幕以充当高射炮。

要塞炮兵袭扰敌军集结点、观察哨、炮兵连和步兵行军纵队。

要塞炮兵通过快速、准确、猛烈和频繁的炮击，保住了要塞和炮台防线以及前沿步兵哨所防线。这些得到敌人承认的辉煌战果要归功于全体军官、士官和士兵们，他们每个人都在自己的岗位上尽心尽力地履行了自己的使命。

我感谢他们，并且告诉他们我为能指挥这样一支部队而感到多么自豪。无论如何，所有劳特尔要塞区的要塞炮兵都可以骄傲地扬起头。

他们将他们骄傲的座右铭恪守到了最后：“无法通过！”

1940年6月25日，来自霍赫瓦尔德要塞指挥所

鲁道夫中校

第3要塞炮兵群 指挥官

签名

从停火命令正式生效起，整个马其诺防线的守军都开始准备向德军投降的有关事宜。在克吕斯内斯要塞区，德军将领们非常成功地说服法军放弃抵抗，

并使其于6月27日早晨开始陆续投降。布雷海因要塞指挥官万尼尔少校在雷恩（Rennes）与德军第161步兵师指挥官威尔克将军举行了会面，之后又从雷恩赶往梅斯与德军第31军指挥官坎皮奇（Kampisch）将军会面。万尼尔同意莫瓦伊斯森林小型步兵要塞、杜福尔森林小型步兵要塞、布雷海因大型炮兵要塞和欧梅斯小型步兵要塞在6月27日早晨放弃抵抗。同一天，在与万尼尔进行联系后，拉蒂蒙特要塞指挥官菲洛弗拉特少校同样前往雷恩与威尔克将军会面，在简短的会面后，通过谈判，他决定他指挥的要塞——包括查皮小型步兵要塞、费尔蒙特大型炮兵要塞和拉蒂蒙特大型炮兵要塞——的投降仪式于6月27日上午举行。

6月27日，克吕斯内斯要塞区的守军在他们各自要塞的入口外集合，之后徒步前往唐库尔、莫芳丹和埃鲁维尔（Errouville）。除了欧梅斯小型步兵要塞之外，其他要塞都被完整保留下来。德国人进行了一次调查以确认布劳恩是否违反了停战协定，但并无下文，布劳恩和他剩余的部下一道进入了俘虏营。

蒂永维尔要塞区被置于科本布什要塞指挥官查纳尔中校的指挥下，6月26日，他与德军第183步兵师指挥官迪伯德（Dippold）将军取得联系并商讨投降事宜。查纳尔在未知会奥苏利文中校的情况下与迪伯德签署了一份协议，协议规定要塞于7月初投降。而迪伯德并不想等待如此长一段时间，要塞区于6月30日落入德军之手。

对德军而言，在摩泽尔河另一侧岸边收容投降法军显得更加困难。在那里，法军指挥官们拒绝投降，他们仅仅通过无线电台得知停战协定已经签署，并未收到来自法军最高统帅部的官方来电，这是他们完全有权利等待的。这样的拒绝被报告给了停战委员会，后者统一派出一个法军代表团前往各指挥官处以加速投降进程，并向他们解释摩泽尔河西岸的要塞群已经落入德军之手。该委员会派遣了马里昂（Marion）上校、德·索兹（De Souzy）中校和西蒙（Simon）中校，德·索兹前往阿尔萨斯，在罗伯斯巴恩附近与施瓦茨中校会面，要求其将阿尔萨斯地区的要塞移交给德军。投降书在霍赫瓦尔德要塞签署，并于7月1日生效。

西蒙中校的任务是在冯·维茨勒本将军陪同下前往比特克，他们被准许进入大霍赫基尔要塞和西姆塞霍夫要塞，并分别与这两个要塞的指挥官法布雷和邦拉龙会面。这两个要塞立刻投降了。

马里昂上校前往昂泽兰，与科钦纳德上校会面，之后他被带往位于蓝登维尔（Landonviller）的第45军指挥部并与奥苏利文、德努瓦会面。第二天马里昂与已被移交给德军的科本布什、加尔根贝格、布雷海因和拉蒂蒙特等要塞指挥官进行了会面。而伯莱要塞区的要塞群也已投降，守军大部于7月2日撤离，几名专家被留下维持要塞运作，这些人也在数周后撤离。这些要塞下一次回到盟军手中已是1944年末的事情了。

霍赫瓦尔德要塞的最后几天

6月26日：枪炮被擦拭，打出的枪炮弹弹壳被清除，营房和住宿区域得到清洁，并且进行了检查。要塞区指挥官向德军步兵师指挥官提出与法军指挥官取得联系以接受指令的请求，他觉得他的部下并未在停战前被德军俘获，因此他们将前往法国南部“中立区”。为了激励士气，当天施瓦茨中校下达了一道命令。

阿格诺要塞区

第46号命令

阿格诺要塞区的军官们、士官们、士兵们：

尽管敌人采取了一系列强有力的办法，你们仍然没有让防线被攻破。

感谢你们凭借毅力和才能保持住了凝聚力。

敌人未能通过！

你们被无上的荣耀所环绕，并赢得了敌人的钦佩。

我已经向上级请求为每名在6月14—25日驻守在阿格诺要塞区的官兵颁发军功十字勋章以表彰你们杰出的表现。在你们即将面对的考验里，通过纪律和对我们患难与共的兄弟情义的信任，你们将始终是坚定不移的决心的生动写照。

法兰西万岁！

施瓦茨中校

阿格诺要塞区指挥官

6 月 27 日：清理工作继续进行，对射击报告进行概述的文书准备转运至档案库，集群指挥官到霍赫瓦尔德西检视受损情况。

18 时，德军要求进行人数统计，以确定这些人将被送往何处，将这些人送往“中立区”的意愿得到批准。

6 月 28 日：尚无命令，守军越发紧张，有谣言称法军统帅部将派人前来，但无人出现。

6 月 29 日：依然杳无音信。下午，一名来自德军第 246 步兵师的军使冯·德·海德（Von der Heide）上尉前来，他是一个来自古老法国家庭的奥地利人，会说一口流利的当地方言。他叙述了最后战斗的情况，他指挥了对 PA 4 号前哨站的突击，他的部下不断受到朔恩伯格要塞炮塔的威胁，只得跳入战壕以躲避炮火。他在看到“斯图卡”对霍赫瓦尔德西造成的轻微损伤和枪炮依然能持续开火时感到震惊。

6 月 30 日（星期日）：来自法军最高统帅部的特使到来。11 时，在靠近 M1 弹药库的主走廊里举行弥撒，“拯救，拯救法兰西”的歌声不绝于耳，很多人吟唱时眼含热泪。15 时，法军最高统帅部的军官途经沃斯，施瓦茨中校和他的参谋部人员集合起来在距离 8 号隔段约 200 米的位置与其会面。15 时 30 分，一辆大型车辆载着魏刚的参谋德 · 索兹中校和陪同的德军第 246 步兵师参谋长抵达，守军展示了武器，并一一向德 · 索兹介绍。他们进入要塞，到达指挥所。施瓦茨中校将米科耐特叫到一边，告诉他守军将沦为俘虏。这对守军而言无疑是当头一棒，因为这完全是意料之外的。

正如鲁道夫在多年后所回忆的那样：“在若明若晦的走廊中进行的迟缓且沉默的仪式看上去就像是法兰西的葬礼……”在指挥所里，施瓦茨在一张地图上指出了 6 月 25 日停战时守军的位置。他强烈抗议在 5 天后的现在宣布守军的命运。德 · 索兹和德国人称他们了解他们（守军）会有怎样的感受以及这样的决定是何等的错误，但他们所能做的也就是传达消息。他继续说道，要塞部队被认为已被包围并需要放下武器。德 · 索兹要求统计要塞受到攻击的情况，鲁道夫陪同他前往朔恩伯格要塞，在那里后者被告知尽管遭到狂轰滥炸，但要塞依旧完好无损。18 时，德 · 索兹准备离开，鲁道夫再次要求他代为干预，声称法国政府必须清楚他们的处境，后者保证会照办，但机会渺茫。作为可能被视为威胁的最后一击，鲁道夫解释称要塞仍然具有坚守很长一段时间的能力，德军军使要求这些人在第二天离开其阵位，并将它们关押在阿格诺。命令于23时被发送给守军。

7月1日早晨7时，守军在霍赫瓦尔德东要塞8号隔段前集合，法国国旗被降下，人员则列队向罗伯斯巴恩前进。技术人员留下维持要塞运作，直到德军接手控制权。这是根据施瓦茨中校和德内克将军之间达成的一项协议而执行的。

9时，鲁道夫前往部队集结点，该点位于通往罗伯斯巴恩的道路上。根据守军类型被分为多组：一般人员——工程师由德·莫金斯中尉和哈里斯佩（Harispe）中尉领头；西要塞炮兵由杜克罗特（Ducrot）上尉和休洛特（Hulot）、豪尔（Hauer）、谢尔齐格（Schertziger）、西蒙、勒费弗尔（Lefebvre）和蒙嫩（Monnen）中尉领头；而东要塞炮兵则由齐罗姆斯基上尉领头。整个行军纵队由巴依尔上尉和吉列特（Gillet）、安格尔斯（Angles）、法雷（Faure）、科夸特（Coquart）、威瑟、皮埃特（Piet）和斯肯纳齐（Skenazi）中尉率领。行军命令被下达，守军成员一个接一个地通过，每一列都被下令"向右看齐"，以向鲁道夫中校致以最后敬意。这些人携带着大大小小装有从进入要塞服役开始携带的食物、个人物品和纪念品的行李，其中一些人还带着自行车和乐器。行军纵队行进30千米前往阿格诺，并于19时到达。期间从比特克出发的孚日要塞区守军加入了他们。

7月4日，德军246步兵师向兰道（Landau）移防，临行前德内克将军祝留守在要塞的法军好运，希望他们被关押时间不会太长。而施瓦茨等最后一批法军于次日最终离开霍赫瓦尔德要塞后，他也于同日前往阿格诺。

第十八章
战后的战后

根据战后统计，在马其诺防线上的22个大型炮兵要塞中，2个位于莫伯日要塞区的要塞（切斯诺瓦要塞和沃洛讷要塞）于6月12日自毁，其余均完好无损，其中费尔蒙特要塞、朔恩伯格要塞和霍赫瓦尔德要塞遭到猛烈轰击，但所有枪炮仍可使用。在31个小型步兵要塞中，拉法耶特要塞于5月19日被攻下，托内尔要塞于6月12日被破坏，科尔芬特要塞、巴姆贝斯赫要塞、上普里耶尔要塞和维尔朔夫要塞投降，到6月25日尚有25个处于法军控制下，另有130个炮台、60个掩蔽所和数十个观察哨幸存。自6月16日马其诺防线被合围起，有25000名守军被围困其中。

虽然德军在突破马其诺防线的战斗过程中并未耗费太多人力物力财力，但其坚固程度依然给无数参与进攻马其诺防线的德军官兵留下了深刻印象，因此在部分要塞被攻占或者宣布投降后就已经有德军官兵冒险沿要塞内部通道对其构造进行探查，获得了相当多的第一手资料。而到了停战之后，这样的调查研究还在继续。为了便于研究，德军将几个在停战时依然保存较为完好的要塞作为“标本”，其中就包括霍赫瓦尔德要塞、朔恩伯格要塞等上文中提到的德军重点进攻的大型要塞。

这些调查人员首先对马其诺防线要塞的地下工事规模感到震惊——巨大的走廊、电力机车、炮兵隔段、操作自如的炮塔、电话系统以及丰富的弹药物资。在霍赫瓦尔德要塞中，德军调查人员们认为整个要塞环境保持得相当整洁，尤其是7比斯隔段“就像一间诊所”，每一件物品都相当干净，枪炮上涂了油脂，看起来就像从未开过火那样。当他们发现在要塞的 M1 弹药库还存放着大量物资时，甚至有人当场询问法军向导要塞是否曾开过火——回答当然是肯定的。在走访各个“标本”要塞期间，德军调查人员花费了大量时间对要塞内部各个隔段进行拍照和测绘，形成了一系列要塞的详细图纸。

除此之外，德军调查人员还对马其诺防线要塞的抗打击能力留下了深刻印象。来自德军第 246 步兵师的冯·德·海德上尉在停战后考察了霍赫瓦尔德要塞，在此之前他刚刚指挥一个连进攻了 PA 4 号前哨站，在发起进攻的 3 分钟后，他和他的部下被朔恩伯格要塞射出的炮弹击中。6 月 20 日，他乘坐一架侦察机飞临遭到猛烈轰击的霍赫瓦尔德西上空，在此之前他已经愉快地报告称该要塞“被摧毁了”，但在近距离观察之后他震惊地发现，要塞仍然完好无损，并且保持战斗状态。“斯图卡”投下的炸弹给地表造成巨大破坏，地表被炸得弹痕累累一片狼藉，但对要塞本身造成的毁损却相当轻微，7 比斯隔段中甚至有 3 根闪闪发亮的 75 毫米火炮炮管毫发无损地从射击孔中伸出。一名叫的沃温克尔（Vowinkel）的德军中尉则实地观察了 07 号观察哨，对法军火控和观察系统评价甚高，尤其是其中性能优良的潜望镜，他对法军观察员借由潜望镜所显著扩展的视野评价道：“（有了这样的潜望镜）施克莱塔、奥伯塞巴赫、阿施巴赫这一系列要塞打出的炮弹能取得如此之高的命中率确实不足为奇。”德军调查人员在实地参观后发现，他们之前对其运作方式的推测和战前获得的情报都是错误的，为了丰富认知，他们专门要求守军提供相关数据资料，并且在他们介绍时做了大量笔记。

当然，德军调查人员最关心的还是各种武器对马其诺防线要塞的损毁效果。首先让他们感到“相当满意”的就是 88 毫米高射炮近乎摧枯拉朽式的火力，无论是坚固的钢制炮塔或者厚重的混凝土壳体都很难抵挡住其在近距离的直射。但该炮作为高射炮的“身份”导致其火线高度较高，从而易于被要塞守军发现并遭到反击。而 Pak 36 尽管由于火线高度较低、射击精度较高而经常被用于瞄准射击孔进行射击，但其威力尤其是穿甲能力已经显得较为羸弱，因此在法兰西战役后开始逐渐转入二线部队或用于训练。另外值得一提的是，在占领多个马其诺防线要塞的战斗中，德军工兵进行的爆破和土工作业对最终取得胜利贡献颇多，德军专门对其经验进行了总结，并在之后包括苏德战争等一系列战事中予以了应用。

除了在地面参与进攻的德国陆军官兵，一些曾经在空中俯瞰甚至参与轰炸马其诺防线的德国空军官兵也在停战后第一时间前来对之前空袭对要塞的打击效果进行调查确认，而结果让他们“大失所望”。在霍赫瓦尔德要塞，一群参观要塞的德国空军飞行员对他们投下的炸弹给要塞带来的损失如此微不足道而感到震惊，尤其是法军军官向他们展示了空袭对要塞造成的唯一一处显著损害——06 号观察哨的钟型塔外部被炸坏的温度计时。飞行员们告诉法军军官，他们投下了 50 千克、100 千克、500 千克、1000 千克和 1500 千克炸弹，并由于弹药告罄而停止轰炸。

经过对马其诺防线的实地调查，德国空军得出结论，现有的航空炸弹已经无法对各种永备工事体系构成毁灭性打击，因此在之后陆续推出了更大更重的巨型航空炸弹,并且投入到之后对英国和苏联等同盟国的要塞工事的打击中。

如果说这样的调查研究是“学术”性质，其他德军军官对马其诺防线要塞的参观则更多的是“到此一游”的“纪念”性质。由于有已经放下武器的马其诺防线守军作为向导，整个参观过程进行得相当顺利。非常有意思的是，以胜利者身份进入被他们征服的要塞的德军并没有对“手下败将”流露出太多奚落之意，大多数参观要塞的德军官兵表现得彬彬有礼，并对法军军官表达了尊敬。期间也有一些德军对法军向导表现出傲慢和敌意，不过这些法国人事后被告知德军并不会容忍这样无礼的举动，并将对其予以纠正。

在霍赫瓦尔德要塞，从 7 月 1 日守军主力撤离起，就有一批接着一批的德军前来参观,其中绝大多数是被该要塞枪炮“款待”的第 246 步兵师的军官。7 月 3 日，来自第 246 炮兵团的军官造访该地，作为向导的施瓦茨受到了一位德军中校的热情问候。沃温克尔中尉对施瓦茨耳语称，此人正是在 6 月 23 日于佩切尔布隆和许尔伯格之间遭到轰击的德军炮兵集群指挥官，炮击造成 23 人受伤以及大量挽马损失，而他则因将部队带往该地的行为遭到严厉申斥。不过很显然，这名中校并未就此事迁怒于法军，在对要塞进行一番漫长的参观后，他就枪炮射击精度这点对施瓦茨赞不绝口，并希望他不会被关押太长时间，颇有几分“英雄惜英雄”的味道。12 时 30 分，德内克将军到访，为了表示对他的欢迎，德军甚至允许在留守法军中选出 10 名官兵与 10 名德军官兵共同组成仪仗队在入口迎接。

停战后，整个德军乃至纳粹德国国内都陷入了胜利的狂喜之中，各路达官显贵纷纷前往法国前线慰劳，参观马其诺防线要塞的贵宾们的规格也就顺理成章地不断提升。7月4日午餐时间，萨尔布吕肯和莱茵河之间地区德军部队指挥官冯·莫罗（von Molo）将军到访霍赫瓦尔德要塞，据在场人员回忆，这名小个子德军军官到达时，在座的所有德军官兵都跳了起来，并致意道："嗨，希特勒！"7月5日，霍赫瓦尔德要塞又接待了冯·勒布元帅。当然，在众多的参观者中，无论是将军还是元帅都比不上"元首"——就在法兰西战役结束后，颇为志得意满的希特勒本人曾在亲自前往法国视察的过程中抽出时间参观了马其诺防线上的几处要塞。在他看来，德军"拿下"马其诺防线不仅是报了一战中兵败凡尔登要塞的"一箭之仇"，同时也算是让自己出了口恶气。

考虑到马其诺防线在欧洲乃至全世界都早已名声在外，纳粹党的宣传机器自然没有放过攻占马其诺防线这样一个塑造德军"无敌神话"的机会，不仅编造了大量攻克马其诺防线要塞的"新闻报道"，还邀请了来自盟国和仆从国的外交使团、军方代表亲临现场参观，从而让他们在慑服于德军的"赫赫威风"的同时更加死心塌地地将自己绑定在德国的侵略战车上。

虽然这些被请来的"小角色"当中绝大多数都只是抱着"走过场"的猎奇心态，但也颇有些人利用这一难得的机会对要塞进行了一番探查。法兰西战役结束后不久，"波西米亚和摩达维亚保护国"（捷克语名称 :Protektorát Čechy a Morava）少将，同时担任"帝国中央保安总局"局长的莱因哈特·海德里希（Reinhard Heydrich）与驻扎当地的德国国防军联络人利伯尔·维特兹（Libor Vitez）受邀参观了马其诺防线。参观期间，维特兹拍摄了大量照片并做了大量观察笔记，返回布拉格后，利用一年多时间对参观中的所见所闻进行了整理汇总，在总结了马其诺防线从设计到战后（法兰西战役后）的沿革以及对马其诺防线和捷克斯洛伐克在战前构筑的要塞工事进行了详尽对比研究之后，最终于1942年以德语创作并出版了《马其诺防线的盛名与倒下》（德语名称 : *Ruhm und Fall der Maginot–Linie*）一书。尽管作为一名纳粹德国傀儡国的高级将领，维特兹在书中对马其诺防线的作用和意义多有贬低（例如他认为马其诺防线缺少武器，同时要塞也不够坚固），但经由他搜集整理的大量图片和文字资料已然成了今天研究马其诺防线的重要参考。

短暂的喧嚣过后，马其诺防线重新归于平静。由于希特勒本人坚持将西线防御的重点放在修建抗登陆要塞——即著名的“大西洋壁垒”（德语名称：Atlantikwall）——上，处于法国腹地的马其诺防线的地位自然一落千丈。其中一些要塞被用于存储战备物资，一些被用作地下工厂，武器装备则被拆卸下来以便用于“大西洋壁垒”及其他德军要塞。

截止到1944年9月，马其诺防线的绝大部分地域都已经“沉默”了超过4年。但随着反攻欧洲大陆的进程不断推进，美军、英军等西线盟军在1944年发起了两次大规模登陆行动，分别是于1944年6月6日打响的“霸王行动”（Operation Overload）和于1944年8月14日打响的“龙骑兵行动”（Operation Dragoon）。“龙骑兵行动”中，包括美军第7集团军在内的部队于8月15日在戛纳（Cannes）和勒拉旺杜（Le Lavandou）之间的法国南部海岸登陆，自此他们与自由法国部队一道向北推进，兵锋指向阿尔萨斯和德国本土。在这些部队中，美军第7集团军由亚历山大·帕奇（Alexander Patch）将军指挥，而第3集团军则由乔治·巴顿（George Patton）将军指挥。

11月下旬，美军第11集团军正在穿越孚日山脉，该部包括下辖第4装甲师（被第12装甲师替代）、第44步兵师、第100步兵师、第45步兵师和第79步兵师的第15军。其中第100步兵师将推进至孚日山脉顶峰以进攻位于弗洛赫米尔（Frohmuhl）和英格威勒（Ingwiller）之间的德军中央部位，而第44步兵师位于其左翼，由斯普拉格林（Spragin）将军指挥的该部将继续向北推进至原马其诺防线地段，该部将向东北方向上位于比特克以西4千米的西尔斯塔尔（Siersthal）发起进攻。由2个师同时发起的主攻原定于12月3日打响，目标是达成突破并向“西墙”推进。受到重大打击的德军一路败退，除了利用崎岖地形进行梯次抵抗，还紧急抢修和占据了一部分之前未被摧毁的马其诺防线要塞工事，试图以此拖住盟军进攻步伐。

第15军的攻势在12月5日打响，其中第12装甲师推进过辛格林和罗尔巴赫之间区域，第44步兵师在西尔斯塔尔以西越过霍尔巴赫，而第100步兵师则在西尔斯塔尔和比特克之间直面德军第25装甲掷弹兵师和第361国民掷弹兵师。与此同时，第106团作为预备队。

第6军下辖的第45步兵师穿过莱姆巴赫（莱姆巴赫要塞和福尔肖要塞）和韦根（wingen）向沃斯以西推进，第103步兵师从卡里姆巴赫（霍赫瓦尔德要塞）和哈腾之间穿过原阿格诺要塞区。第14步兵师则穿过了朔恩伯格要塞前往施克莱塔和哈腾。这些单位面对的是德军第245、第246步兵师以及第21装甲师。

12月5日这天，第100步兵师的第397和第398团向北推进，由于德军已经后撤，因此未遇到抵抗。第44步兵师的第324和第114步兵团同样在12月5日和6日迅速推进。12月7日，他们进攻道路上的抵抗变得激烈起来，他们遭到迫击炮和压制火炮轰击。桥梁和道路被炸毁，并且被布设下陷阱。

同一天，第12装甲师A装甲战斗团取得进展，第9装甲师则向辛格林和罗尔巴赫（维尔朔夫和罗尔巴赫要塞）推进，12月9日拿下前者，次日占领后者。该师穿过了原罗尔巴赫要塞区的一系列被放弃或是轻兵把守的混凝土防御工事。

直到12月11日，第44步兵师第71步兵团才占领了西尔斯塔尔，而在右翼推进的第100步兵师则仍然对比特克望而兴叹。德军决定固守马其诺防线上的比特克要塞以威胁美军侧翼，而第44和第100步兵师奉命对要塞群发起突击行动。德军的决定无疑是非常明智的：比特克集群完全有能力防御来自南方的进攻。

德军此时能利用一些法国要塞的炮台炮（炮塔已被拆卸作为备件），他们的防御得到位于要塞防线以北的火炮和迫击炮加强。第25装甲掷弹兵师防御西姆塞霍夫要塞、西斯塞克要塞和奥特贝尔要塞，而第361国民掷弹兵师则防御大霍赫基尔要塞。

美军起先计划从西开始一个接一个地拿下这些要塞，第44步兵师率先进攻西姆塞霍夫要塞，第71步兵团发起主攻，而第324步兵团负责掩护。第71步兵团遭遇了德军炮兵和迫击炮火力的顽强阻击以及德军从弗罗伊登贝格农场发起的一次反击，因而进展缓慢。次日，第71步兵团占领了位于西姆塞霍夫要塞和西斯塞克要塞之间的一些隔段，并得以向西迂回，以便从东边进攻西姆塞霍夫要塞。美军使用了所有他们能用上的火力（包括火炮和坦克歼击车）对西姆塞霍夫要塞的隔段倾泻火力。与此同时，第71步兵团派出战斗工兵向人员和弹药入口推进。12 月 17 日夜间，工兵已经进入了要塞，原定于 12 月 19 日发起最后进攻，但谢天谢地，德军已经“转进”了。

与此同时，第 100 步兵师的第 398 步兵团对西斯塞克要塞和奥特贝尔要塞发起进攻，他们遭遇了来自 2 个要塞的炮火打击。包括 240 毫米重榴弹炮在内的军属和师属炮兵配合航空兵开始了长达 2 天的轰击，但事后调查显示，炮击和空袭所造成的伤害甚微。

12 月 17 日这天，第 398 步兵团占领了“弗罗伊登贝格堡”以及西斯塞克要塞的人员和弹药入口。步兵工兵分队继续往电梯井、楼梯井和通风井中投掷炸药包，将德军压制在较低的楼层，除此之外他们并没有下攻的企图，只是继续围困要塞并消灭藏身其中的德国人。该要塞于 12 月 20 日被攻占，第 100 步兵师转向奥特贝尔要塞。

第 398 步兵团为这次攻势付出了 15 人阵亡、80 人受伤的代价，较低的伤亡数字源于采用炮火打击而非步兵突击的决定。作为对比，10 月时采用步兵突击进攻梅斯的德里昂堡（Fort Driant）就遭遇了远较此次重大的伤亡；同时德军开始撤往“西墙”。

而在右翼，第 45 步兵师于 12 月 13 日拿下莱姆巴赫要塞，第 103 步兵师穿过克林姆巴赫，于 12 月 13 日到达罗特。再往东，第 79 步兵师逼近劳特和法德边境，而第 14 装甲师则于 12 月 15 日肃清了里德塞尔茨的德军。当天下午晚些时候，法德边境被突破，美军将在此坚守到德军发起编号为“北风行动”（Operation Nordwind）的攻势，在此次攻势中美军丢掉了自 12 月 7 日起占领的土地，但到 1 月底又完全夺回了失地。

1944 年 9 月，巴顿麾下的第 3 集团军第 20 军逼近位于凡尔登东北部的艾坦（Étain），装甲骑兵部队将向蒂永维尔进发，以便在梅斯以北渡过摩泽尔河，第 7 装甲师则穿过梅斯直奔德国而去。与此同时，第 5 和第 90 步兵师则对这座要塞化城市展开进攻，直到 11 月才最终将其拿下。美军被迫将阻挡第 3 集团军各师的德军据守的要塞一一拿下。而在此之前，第 90 步兵师在欧梅斯以南与德军第 106 装甲旅展开激战。9 月 10 日，第 357 步兵团攻向艾昂格（Hayange），第 358 步兵团攻向昂热维尔，而第 359 步兵团则拿下了欧梅斯及其以北和以西的土地，包括一些无人据守的掩体。

11 月初，梅斯终于被攻克，第 20 军最终得以向德国进军。11 月 9 日凌晨，第 90 步兵师趁着拂晓时的黑暗在蒂永维尔以北渡过了因雨势涨水的摩泽尔河，第 358 步兵团突袭并占领了科尼格斯马克尔要塞，这是个和梅斯地区的要塞相似的旧德军要塞。工兵们用爆破筒炸开了铁丝网阵，从一个隔段推进到另一个隔段，将德军从要塞一头驱赶到另一头。几天以后，德军在那里被迫投降。11 月 11 日，第 90 步兵师第 3 营转向梅特里希和与其同名的要塞，工兵们再次小心翼翼地接近各隔段。主力部队穿过后，一支小分队留下封锁要塞以便将德军围困在内，而第 357 步兵团的其余部队则绕过沿山脊线构筑的间隔隔段工事和炮台，只留下小分队打扫战场。当天结束时，德军在梅特里希的防御已被攻破。

德军并没有认真地尝试在这一区域的原马其诺防线要塞严密设防，他们既没有人员也没有枪炮。德军的报告显示，当时该地有 58 名军官和 218 名士兵，这样一支“令人生畏”的力量驻守在一个“功能齐全”的系统中，但当时要塞工事中仅有 51 挺机枪和 16 门较大口径的火炮。

11 月 15 日，在沿着原马其诺防线蒂永维尔要塞区内的山脊线推进后，第 90 步兵师第 2、第 3 营于 6 时 45 分接近布德林（Budling），遭到德军炮击。前进观察员们准确地将炮弹来源定位在了哈肯伯格要塞。第 90 步兵师第 3 营动弹不得。一个配备 76 毫米火炮的 M10 型坦克歼击车排接近到 3000 米以内，对射来炮弹的炮台展开直射打击。这是 8 号隔段。坦克歼击车并没有造成任何损害，因此美军改用 203 毫米和 240 毫米重榴弹炮，但它们并没有让德军“闭嘴”。夜间，M12 型 155 毫米自行榴弹炮被推进到 2000 米内。11 月 16 日，炮台的 75 毫米火炮最终被摧毁。第 90 步兵师第 3 营向前推进以占领要塞。此时美军向东穿过马其诺防线前往德国，它们再也没有遭遇到来自洛林地区的原要塞德军的抵抗。

马其诺防线上的其他区域内外爆发了一些小规模战斗，但并没有类似梅特里希附近的攻势或是对西姆塞霍夫要塞、西斯塞克要塞逐个隔段清缴的战斗。第 4 和第 6 装甲师以及第 35 步兵师打过了希灵、比宁以及维尔朔夫要塞，第 20 步兵师则凿开了维特兰和阿尚附近的要塞工事。陆军工兵将其标定为维特兰和大布瓦要塞。维特兰炮塔是一个“筑垒地域组织委员会”型单炮台，有 1 个 JM/AC47 型射击孔、1 个双联装机枪射击孔、1 个混合武备钟型塔（武器为 25 毫米反坦克炮和双联装机枪）以及 2 个配有自动步枪的 B 型自动步枪哨戒钟型塔。而大布瓦炮台则是一个“筑垒地域组织委员会”型单炮台，有 1 个 JM/AC47 型射击孔、1 个双联装机枪射击孔、2 个混合武备钟型塔以及 2 个配有自动步枪的 B 型自动步枪哨戒钟型塔。

阿尚炮台群投降后，第 328 步兵团 K 连于 12 月 8 日下午接近维特兰，该炮台的三面被一座德军据守的工厂所包围。一辆坦克歼击车打出数发炮弹敲掉了混合武备钟型塔内的 25 毫米炮。黄昏时，一名中士冲上去，朝入口门投出一枚手榴弹，但这名中士被机枪火力击中。工兵们在门边放置了炸药，但未能将其炸倒。黎明时分，工兵们在门上安放了 200 磅炸药，钢制大门被炸碎，并引爆了炮台内部的弹药，将据守在此的德军炸死。对大布瓦炮台的攻击要简单得多，美军向其推进时，德军已经离开，美军继续向萨尔地区进发。

和德军的策略相似，美军并没有在马其诺防线上浪费过多时间，大多数情况下，美军直接穿过防线，因为他们的主要目标是“西墙”和柏林。在向德国本土进军的短暂休整停留过程中，一些对马其诺防线有所好奇的美军官兵参观了部分马其诺防线要塞，还有一些美军部队利用马其诺防线要塞作为训练场，把一些将用于打击“西墙”的武器装备进行测试。

和公众们的普遍印象不同，法兰西战役乃至整个第二次世界大战的结束都没有意味着马其诺防线作为永备工事体系的终结。德国投降后，法军重新接管了马其诺防线，他们发现，防线上的不少要塞都未被撤退德军破坏，因此在随后到来的冷战期间被重新启用。这些要塞被彻底翻新，不仅升级了机械设备，还加强了抵御核生化攻击的能力，直到 20 世纪 60 年代北约部队都在使用它们，甚至将其作为北约在法国的指挥中心。即使在驻法北约盟军（主要是美军）撤离后，原马其诺防线要塞工事依然是法国国防的重要组成部分。例如，罗雄维勒尔作为法军第 1 集团军司令部一直被使用到 90 年代末，并且到 21 世纪的头十年时外表看起来依然不错，但法军在 1998 年将其放弃后，内部就遭到了破坏。霍赫瓦尔德则一直充当雷达站直到 2015 年 6 月，此后也同样被遗弃并等待进行破坏除密处理。除此之外，一些要塞工事仍然被法军用作仓储设施或者演习场所，它们不再继续原来的用途，大部分防线都已空空如也，并被拆除了武器装备。例如，囊括了奥特贝尔要塞和大霍赫基尔要塞的比奇营直到现在依旧是一处运作中的军事设施。

相比起仍然具有利用价值的要塞，其他一些在战争中被摧毁或者在战后被废弃的防御工事的维护状况就不尽如人意了。其中一些较为“幸运”的“无主”工事被当地政府修缮后作为“人防工事”使用，也有一些被当地居民用于生产经营，还有部分残破工事甚至被无家可归者当成了临时居所。随着“军事探险”的热潮在包括法国在内的不少西方国家兴起，马其诺防线当仁不让地成了历史爱好者们“寻宝”的“圣地”。一来报纸上传出消息称原本作为最高机密的要塞如今已可参观，公众对马其诺防线的历史和技术特征的兴趣被激发出来；二来不少马其诺防线沿线带有掩体或炮台或整个要塞的土地被挂牌出售，还有一些混凝土掩体干脆被漫不经心地弃于乡野。一些“寻宝者”们携带工具潜入包括马其诺防线在内的要塞工事试图搜集昔日战争所遗留下的各种“文物”，或是破坏其裸露在外的金属件进行回收加工。为了避免贸然闯入的参观者在要塞工事内发生意外，20 世纪 90 年代，驻梅斯的法军指挥官曾下令掩埋要塞工事入口——当然，这并没有起到什么作用。

为了避免硕果仅存的马其诺防线要塞工事沦为“违章建筑”式的结局，法国政府开始有意识地对仍然存在的马其诺防线要塞工事进行整理研究，并选取部分保存较为完好的要塞进行保护性开发，成为每年接待数十万游客的“爱国主义教育基地”。有赖于这一系列“文物保护”工作，马其诺防线才没有完全成为历史。

第十九章
从过去到永恒

从法国政府决定为其拨款开始，马其诺防线就成了军事工程史乃至20世纪人类史上一个难以回避的话题。围绕其设计建设和战场表现而发表的著述可谓汗牛充栋，而对执着于马其诺防线的历史研究者们而言，他们对马其诺防线研究的终极问题自然是马其诺防线是否完成了其使命——保卫法国边境。这是个复杂的问题，任何笼统的回答都是不负责任的。不能一概而论地说马其诺防线是完全成功的，也不能一概而论地说它是完全失败的。换句话说，应当对整个防线的每个部分甚至每个隔段进行评估，然后才能做出最终的判断。

作为马其诺防线防御体系的主干部分，要塞是马其诺防线上实力最强的防御工事，也是防线上最大的亮点。其炮火投射能力使其在需要提供火力支援时能够对各种威胁予以相当精准和迅速的回击。其最主要的弱点可以追溯到初始阶段——规划和工程设计之间的差距。在规划阶段，防线上没有任何薄弱之处，但到了工程设计阶段，防线就变成了由一系列坚固设防区域和其他一些在面对重兵进攻时聊胜于无甚至可忽略不计的防御工事组成的混合体。如果假定敌军永远不会进攻防线的薄弱环节，或者说在薄弱环节之前还设置有其他障碍物用以阻滞敌军，那这样的防线可以在一定程度上与用不同强度的材料搭建成的幕墙相提并论。预算限制在这当中起到了很大作用，但预算限制本身并不是造成这一结果的唯一原因。

“筑垒地域组织委员会”在不考虑所涉及经费问题的情况下以地理环境为基础设定了一个样本，这一样本基于一个概念，即各种天堑关隘本身难以逾越，敌军将不会对那里发起进攻。这被证明是个严重的错误，因为德军进攻的确切地点正是默兹河、萨尔、下孚日山脉和莱茵河流域。德军仅仅进攻炮兵火力不足和防御工事薄弱的阵地，一旦他们突破了主防御阵地，缺乏防御纵深的法军将无法阻挡德军直接穿过并迂回包抄剩余的防线。

马其诺防线缺乏纵深主要由于预算短缺，它理应有一条由一系列大型炮兵要塞和炮台组成的主防御防线，并辅以一条次级防线和后方反坦克壕沟，但只有主防御防线被建成，并伴有一系列提供“些许”掩护的前沿哨所和脆弱隔段工事，以至于在实战中经常出现要塞或是炮台被德军轻易扫清外围防御后逐渐“失血”而“死”的悲剧。

除了一些用于防备突然袭击的要塞配有与他们没有任何联系方式的机动炮兵连之外，这一防线并不具有防空能力，不过，朔恩伯格要塞和霍赫瓦尔德要塞的 75 毫米炮塔被进行调整，以便向给定高度发射炮弹，防止德军飞机准确投弹。然而，事实证明，这样的“防空能力”在德国空军面前实在只能是聊胜于无，在面对德军空袭时防线守军只能凭借要塞坚固的外壳默念“你有狼牙棒，我有天灵盖”。

此外，很多历史学家们认为在原马其诺防线规划上增加的“新防线”由于设计和建造更加仓促以及预算更加短缺，从而导致问题更加普遍：

· 改用混合武备炮塔是个令人遗憾的决定，这使要塞不具备打击来犯之敌的远程炮兵。

· 从北海到齐尔斯河的整条防线上有长达数千米的缺口。

· 防御这一防线的炮台和隔段工事质量远不及更早的“筑垒地域组织委员会”型和“工程技术部”型。

· 在艾斯凯尔特要塞区和蒙特梅迪桥头堡之间只构筑了 9 个马其诺防线要塞——艾斯、萨尔茨、萨尔玛涅、贝尔西利斯、布索伊斯、拉法耶特、切斯诺瓦、托内尔和沃洛讷要塞。

· 所有 9 个要塞都投降或放弃：其中 5 个——艾斯、萨尔茨、萨尔玛涅、贝尔西利斯、布索伊斯宣布投降；拉法耶特要塞被攻陷，守军被德军工兵消灭；剩下 3 个——切斯诺瓦、托内尔和沃洛讷则按命令于 6 月 13 日进行破坏后放弃。

· 要塞之间相对薄弱的防区间防御让德军如入无人之境，他们可以从容穿插进防线后方并发起进攻。

· 艾斯小型步兵要塞和莫伯日要塞区的要塞完全没有远程火炮，但他们依然进行了艰苦卓绝的防御，当内部空气难以呼吸，所有武器都被摧毁后才宣布放弃抵抗。

· 拉法耶特要塞是敌人唯一从正面发起进攻的要塞，也是马其诺防线上唯一被以这种方式攻陷的要塞。

· 野战工事毫无用处，只有在蒙特尔梅的那些达到了良好的防御效果，隔段工事防线被轻易突破。

除了在设计上就存在的缺陷，马其诺防线在工程建造上也同样存在一些缺陷，主要为以下几点：

· 通风系统方面：通风装置噪音太大，以至于经常盖过电话交流，在投降的要塞中，放弃抵抗的主要原因之一就是担心窒息。莫伯日要塞区的所有要塞的通风系统都失效了，通风井也被德军炮兵“重点关照”，从而阻碍了有害气体的排出。

· 部分要塞的厕所设施尚能保持清洁无味，但大多数要塞已经无法保持。

· 守军生活区非常逼仄，原本可以容纳 24 人的房间被改造成可以容纳 36 人的 3 层铺位布局房间，这样狭小的房间拥挤得宛如贫民窟。

· 废弃物经常被堆积在走廊上，直到被运出。

相比起要塞内的其他设施，马其诺防线中装备的武器性能表现相当理想，无论是步兵轻武器还是火炮均能在实战中有效杀伤进攻之敌，只有少数出现事故的报告，例如 75 毫米火炮身管在战斗中曾发生炸膛，81 毫米迫击炮在战斗中曾发生爆炸事故等。

马其诺防线的混凝土外壳非常有效地抵挡住了重炮轰击，但对 88 毫米高射炮和 Pak 37 型反坦克炮的高速穿甲弹的防御力较弱，尤其是其后部墙体，主要是因为德军能够将火炮推进至近距离开火，而且这里的墙体厚度较薄，防御力不及正面。尽管混凝土外壳由密密麻麻的钢条加固，但炮弹最终射穿了钢条并穿入下一层墙体中，这也是没有考虑到防线会遭到来自后方炮击的结果。由于防线缺乏纵深，而且德军极有可能穿插到防线后方，因此这一点尤为危险。同样的情况于 1914 年出现在比利时列日（Liege）要塞，要塞被从后方命中，那里的混凝土墙体较薄。

用于制作装甲和钟型塔的钢板被证明存在缺陷，高初速火炮将其作为主要目标予以打击。炮塔因为采用了可伸缩式结构所以具有更强的生存能力，这样一来钟型塔就成了“阿喀琉斯之踵”。它们对观察至关重要，但由于必须看到周围一切，因而必须像竖起的大拇指一样突出。由于轮廓投影有所缩减，机枪塔和配置潜望镜的观察钟型塔并没有遭到严重破坏，自动步枪哨戒钟型塔、混合武备钟型塔、折射观察和直接观察钟型塔才是德军优先打击的目标。早期的自动步枪哨戒钟型塔设计相当糟糕,但在后来的B型中设计得到了一些修正。“新防线”上的钟型塔数量相比之前要多得多，在一些情况下一个隔段配有4个钟型塔，为德军提供了大量的目标。反射投影仪是德军主要打击的目标，并且在玻璃部件被击中后出现碎片飞溅的情况，导致多起伤亡。多张照片显示了德军对钟型塔射击孔射出的炮弹数量以及造成的破坏，钟型塔被炮弹击中时，里面就再也不可能待得住人了——就像教堂钟声响起时很难待在教堂里一样。一些情况下，炮弹从敞开的射击孔中射入，打死了里面的守军。

射击孔防护良好，只有周围混凝土出现脱落导致钢架脱位时才会受到影响,而直接击中射击孔的装甲防护则会由于震动而对混凝土层造成进一步破坏，尤其是机枪射击孔特别容易出现问题。在各种机枪和火炮的射击孔中，最受诟病的是135毫米火炮射击孔，很多人认为其存在缺陷。

总的来说，以其建设和服役的年代看，马其诺防线是一条具有一些瑕疵的强大防线，但防线和其他各种武器装备一样，能否发挥其效能最终还是取决于决策和操作它的人，而这恰恰就是其最终悲剧命运的根源。

马其诺防线的首要作用是防止突然袭击，并为部队得以安全进行动员集结提供安全保证。这一任务完成了，但必须考虑的一点是，在动员期间，德军尚在波兰，并没有对法国发起进攻的意图，而法军在“静坐战争”中的表现相当糟糕，将有可能遏制德军进一步扩张的机会白白浪费。

其次，马其诺防线的存在将使得法军在敌军发起攻势时能在己方占据优势的地形下作战，迫使敌军转向侧翼，这样一来他们将被迫“借道”比利时进攻。这一作用得到了验证，因为德军正是如此行动的。问题是甘末林也做了德军希望他做的——放弃北方，挥师进入比利时。对甘末林而言，他面临着在比利时平原进行运动战和在马其诺防线上进行阵地战的选择，而他选择了更危险的选项——舍弃要塞赋予的安全，去打一场运动战，而法军的装备并不适合这样的战争。当然这还不是甘末林唯一犯的错误，因为马其诺防线还“跑偏”了它的另一个作用——节省兵力。实际上，这条防线已经足够稳固，法军可以最大限度地腾出部队应对比利时方向的威胁，并成为这些部队的坚强后盾。然而法军指挥官并没有利用这个机会，马其诺防线非但没有节省兵力，反而拖住了相当多的部队，而这些部队在最需要它们的时候却缺位了。

另外，法军最高统帅部对马其诺防线在编组指挥上的特殊性缺乏认知，从而导致了作战时的混乱。1939 年末，法军最高统帅部取消了作为指挥控制元素的“要塞区”概念，取而代之的是介于陆军普通单位的军、要塞步兵师和野战集团军部队之间的混合组织。一个组织良好的要塞系统突然发现自己从属于野战部队，并接受一个当地的军级指挥官的节制。这的确是一个令人遗憾的决定，因为要塞不再是阵地防御的支柱，而是成了野战部队的“帮手”。因为要塞并没有“唱主角”的地位，如果战斗沿着筑垒地域打响，那么这片筑垒地域将是几乎不给野战部队留下任何主动权的“预设战场”，这就导致了组织混乱，而且最重要的是，这将导致作战决策由对要塞能力知之甚少的军官做出。

即便如此，德军对马其诺防线依然相当忌惮，哪怕在间隔部队撤离后，德军也没有选择对筑垒地域进行正面强攻，取而代之的是选择了小心翼翼地穿过防御最薄弱的点（萨尔、莱茵和孚日），并且只有在法军野战部队和其中一些要塞部队开始撤离时才这样推进。毫无疑问的是，导致德军决定强攻这些“鱼腩”的因素之一是法军步兵的“缺席”，但一个更大的因素是法军炮兵力量严重不足，难以将德军火炮“赶到远处”，使其得以推进到距离法军要塞非常近的距离上发扬火力。

根据战时和战后获得的信息，德军最高统帅部流露出的担忧中最“靠谱”的就是法军从马其诺防线对德军侧翼发起总反击，并且经常采取“预防性”攻势。举个例子，德军针对隆维前哨点发起的几次行动，除了降低第 19 军侧翼遭法军袭击的风险之外，并没有其他目的。这样的担忧是合理的，但不幸的是并没有相关依据。法军统帅部在任何时候都没有利用防御工事赋予的时机来切断敌军阵型，对德军装甲师侧翼发起猛烈的装甲进攻足以击退德军，或者至少德军会因为存在这样的可能性而有所忌惮。

对于马其诺防线而言最悲剧的一点是，虽然它在军事上有颇多可指摘之处，但普罗大众中的大多数都选择了非理性地将其与法国的战败当成一个整体看待，在某些方面，它甚至被指责为法国战败的原因，以至于成为法国在第二次世界大战中悲剧性命运的一个标志。然而，板子只能打在那些在一开始就做出非常糟糕的决定的指挥官们身上。最不幸的后续是，关于要塞部队进行的战斗的大量历史资料已经丢失，鲜有人知道他们的故事。

但幸运的是，随着法国军队对堡垒的兴趣和军事必要性的减弱，人们对修复被遗弃的堡垒和恢复该线声誉的兴趣再次高涨，最终让这段历史重见天日。历史学著作方面，20 世纪 70 年代由罗格·布鲁格（Roger Bruge）耗费多年心血创作出了三卷本的详细介绍马其诺防线沿线战斗的佳作，内容主要取材于在防线上战斗和服役过的法德两军军人的书信和访谈记录，直到今天依然是马其诺防线历史研究领域的重要著作。而一些回忆录性质的著作同样层出不穷，除了马森所撰写的回忆录之外，霍赫瓦尔德要塞亲身经历战斗的鲁道夫在战后撰写了一部关于阿格诺要塞区战斗的纪实文学《马其诺防线上的战斗》（*Combats dans la Ligne Maginot*）。此外，曾服役于马其诺防线的前陆军工程兵菲利普·特鲁特曼（Philippe Truttmann）、让 – 伊芙斯·玛丽（Jean–Yves Mary）和让 – 伯纳德·瓦尔（Jean–Bernard Wahl）创作了大量展示要塞区和要塞的历史和技术细节以及服役军人情况的作品。其他一些马其诺防线老兵则根据自身经历创作或是口述了个人回忆。无论是“正统派”还是“战壕真实派”，这些作品从不同角度展示了战争中的马其诺防线，让更多的人了解了曾经发生在这里的真实历史。

同样令人感到鼓舞的是，很多要塞、炮台、隔段工事和掩蔽所已经作为博物馆开门迎客或者正在被翻新。被开放要塞工事的名单在不断变长，马其诺防线已经获得新生，非常有希望赢得新的赞誉。

马其诺防线并不是个有血有肉的人，但它最终升华成了一个人格——一个每个人都想在大屏幕上目睹其芳容的法兰西明星。然而，它归根结底只是一件冷冰冰的武器，就像一辆坦克、一艘舰艇或者一架飞机，它的战斗效能取决于操作它的按钮或者开关的人。作为一件武器，它的表现无可挑剔，直到最后一刻依旧如此。

CASE

《红色方案：法国的崩溃》

THE COLLAPSE OF FRANCE

颠覆传统观点，重现敦刻尔克大撤退后、
不列颠之战前法国战役完整历史的扛鼎之作

深挖英、法、德原始史料，
配有六十余张来自作者收藏的震撼黑白照片

RED